高职高专"十二五"规划教材

国家骨干高职院校建设"冶金技术"项目成果

高炉炼铁生产实训

主编　高岗强　王晓东　贾锐军

北　京

冶金工业出版社

2013

内 容 提 要

　　本书内容主要包括"上料操作"、"送风操作"、"喷煤操作"、"炉内操作"、"炉前操作"、"冷却操作"、"安全生产"六大工作情境和安全生产管理知识。书中内容突出生产现场的岗位操作标准及规程，并配有大量的生产经典案例，让学生不仅有真正置身于生产一线的感觉，而且可以达到学完就能动手操作的效果。书中内容紧密结合生产实际，既考虑了工艺知识的系统性，又考虑了学生对技能知识的需求，有很强的针对性。

　　本书适合作高职院校钢铁冶金类专业学生的实训用书，也可供炼铁企业的生产技术人员和管理人员参考。

图书在版编目（CIP）数据

　　高炉炼铁生产实训/高岗强，王晓东，贾锐军主编 . —北京：
冶金工业出版社，2013. 12

　　高职高专"十二五"规划教材　国家骨干高职院校建设"冶金
技术"项目成果

　　ISBN 978-7-5024-6552-0

　　Ⅰ. ①高…　Ⅱ. ①高…　②王…　③贾…　Ⅲ. ①高炉炼铁
—高等职业教育—教材　Ⅳ. ①TF53

　　中国版本图书馆 CIP 数据核字（2014）第 030609 号

出 版 人　谭学余
地　　址　北京北河沿大街嵩祝院北巷 39 号，邮编 100009
电　　话　（010）64027926　电子信箱　yjcbs@ cnmip. com. cn
责任编辑　张耀辉　美术编辑　杨　帆　版式设计　葛新霞
责任校对　郑　娟　责任印制　李玉山
ISBN 978-7-5024-6552-0
冶金工业出版社出版发行；各地新华书店经销；北京印刷一厂印刷
2013 年 12 月第 1 版，2013 年 12 月第 1 次印刷
787mm×1092mm　1/16；14.75 印张；348 千字；219 页
35. 00 元
冶金工业出版社投稿电话：**（010）64027932**　投稿信箱：**tougao@ cnmip. com. cn**
冶金工业出版社发行部　电话：**（010）64044283**　传真：**（010）64027893**
冶金书店　地址：**北京东四西大街 46 号（100010）**　电话：**（010）65289081（兼传真）**
（本书如有印装质量问题，本社发行部负责退换）

序

    2010 年 11 月 30 日我院被国家教育部、财政部确定为"国家示范性高等职业院校"骨干高职院校立项建设单位。在骨干院校建设工作中，学院以校企合作体制机制创新为突破口，建立与市场需求联动的专业优化调整机制，形成了适应自治区能源、冶金产业结构升级需要的专业结构体系，构建了以职业素质和职业能力培养为核心的课程体系，校企合作完成专业核心课程的开发和建设任务。

    学院冶金技术专业是骨干院校建设项目之一，是中央财政支持的重点建设专业。学院与内蒙古大唐国际再生资源开发有限公司共建"高铝资源学院"，合作培养利用高铝粉煤灰的"铝冶金及加工"方向的高素质高级技能型专门人才；同时逐步形成了"校企共育，分向培养"的人才培养模式，带动了钢铁冶金、稀土冶金、材料成型等专业及其方向的建设。

    冶金工业出版社集中出版的这套教材，是国家骨干高职院校建设"冶金技术"项目的成果之一。书目包括校企共同开发的"铝冶金及加工"方向的核心课程和改革课程，以及各专业方向的部分核心课程的工学结合教材。在教材编写过程中，面向职业岗位群任职要求，参照国家职业标准，引入相关企业生产案例，校企人员共同合作完成了课程开发和教材编写任务。我们希望这套教材的出版发行，对探索我国冶金职业教育改革的成功之路，对冶金行业高技能人才的培养，能够起到积极的推动作用。

    这套教材的出版得到了国家骨干高职院校建设项目经费的资助，在此我们对教育部、财政部和内蒙古自治区教育厅、财政厅给予的资助和支持，对校企双方参与课程开发和教材编写的所有人员表示衷心的感谢！

内蒙古机电职业技术学院　院长　张美清

2013 年 10 月

前　言

近年来，作为高职院校基本建设之一的实训基地建设取得了可喜成绩，但作为体现高职人才培养特色、实现培养目标最重要环节的实训教材建设，却滞后于高职教育发展的步伐，直接影响着学生职业技能的培养。

本书坚持以能力为本位、以学生为主体，把提高学生的技术应用能力放在首位，围绕高炉炼铁岗位群能力培养，以冶金企业真实生产任务设计课程的实训项目。通过课程学习，学生可以初步具备高炉冶炼各工种操作能力，今天在学校掌握的知识和技能就是明天到企业从事岗位工作所需要的知识和技能，真正实现工学结合。

在课程体系开发上，以"精简、综合、够用"为标准，打破以知识传授为主要特征的传统学科课程模式，以模块、项目和任务取代章、节，按照工作流程组织课程内容，让学生在完成具体项目的过程中学习相关知识，训练职业技能。理论知识的选取依据工作任务完成的需要而定，并考虑可持续发展的需要。通过整合，更新教学内容，以"实际、使用、实践"为原则，理论与实践紧密联系，可提高学生的实际操作能力。

本书由内蒙古机电职业技术学院高岗强、贾锐军和内蒙古科技大学王晓东担任主编；包钢技术质量部（科协）贺俊霞，包钢钢联股份有限公司棒材厂白东坤，包头钢铁职业技术学院王晓丽、管红梅、杨开平、朱燕玉参编。其中，贾锐军编写情境2，王晓东编写情境3，贺俊霞、白东坤编写情境4，王晓丽编写情境6，管红梅、杨开平、朱燕玉编写情境7，高岗强编写情境1、情境5、附录1和附录2，并负责全书的统稿工作。

内蒙古呼和浩特市回民区攸攸板学校徐慧杰负责本书的内容编排及文字校核。内蒙古机电职业技术学院冶金与材料工程系石富教授审阅了本书并提出许多宝贵建议。在此对他们表示衷心的感谢。

由于编写时间仓促，编者水平有限，书中不妥之处，敬请广大读者不吝赐教，以便于修订，使之日臻完善。

编　者
2013 年 10 月

前　言

目　录

情境 1　上料操作

1.1　知识目标

(1) 掌握原燃料基础知识；

(2) 掌握上料系统知识；

(3) 掌握装料制度知识；

(4) 了解上料系统工作原理及设备参数，掌握设备操作规程及制度，掌握设备的日常维护知识。

1.2　能力目标

(1) 能够完成原燃料备料、称量、取料工作；

(2) 具备上料卷扬机操作能力；

(3) 能够按装料制度完成炉顶装料工作；

(4) 能够熟练操作设备和对设备进行日常维护。

1.3　知识系统

知识点 1　原料、燃料质量指标

入炉原料以烧结矿和球团矿为主，应采用高碱度烧结矿，搭配酸性球团矿或部分块矿，在高炉中不宜加熔剂。

入炉原料含铁品位及熟料率应符合表 1-1 的规定。

表 1-1　入炉原料含铁品位及熟料率要求

炉容级别/m³	1000	2000	3000	4000	5000
平均含铁品位/%	≥56	≥58	≥59	≥59	≥60
熟料率/%	≥85	≥85	≥85	≥85	≥85

注：不包括特殊矿。

烧结矿质量应符合表 1-2 的规定。

表 1-2　烧结矿质量要求

炉容级别/m³	1000	2000	3000	4000	5000
铁分波动/%	≤ ±0.5	≤ ±0.5	≤ ±0.5	≤ ±0.5	≤ ±0.5
碱度波动	≤ ±0.08	≤ ±0.08	≤ ±0.08	≤ ±0.08	≤ ±0.08
铁分和碱度波动的达标率/%	≥80	≥85	≥90	≥95	≥98

续表 1 - 2

炉容级别/m³	1000	2000	3000	4000	5000
含 FeO/%	≤9.0	≤8.8	≤8.5	≤8.0	≤8.0
FeO 波动/%	≤ ±1.0	≤ ±1.0	≤ ±1.0	≤ ±1.0	≤ ±1.0
转鼓指数（+6.3mm）/%	≥71	≥74	≥77	≥78	≥78

注：碱度为 CaO/SiO_2。

球团矿质量应符合表 1 - 3 的规定。

表 1 - 3　球团矿质量要求

炉容级别/m³	1000	2000	3000	4000	5000
含铁量/%	≥63	≥63	≥64	≥64	≥64
转鼓指数（+6.3mm）/%	≥89	≥89	≥92	≥92	≥92
耐磨指数（-0.5mm）/%	≤5	≤5	≤4	≤4	≤4
常温耐压强度/N·球⁻¹	≥2000	≥2000	≥2000	≥2500	≥2500
低温还原粉化率（+3.15mm）/%	≥85	≥85	≥89	≥89	≥89
膨胀率/%	≤15	≤15	≤15	≤15	≤15
铁分波动/%	≤ ±0.5	≤ ±0.5	≤ ±0.5	≤ ±0.5	≤ ±0.5

注：不包括特殊矿石。

入炉块矿质量应符合表 1 - 4 的规定。

表 1 - 4　入炉块矿质量要求

炉容级别/m³	1000	2000	3000	4000	5000
含铁量/%	≥62	≥62	≥64	≥64	≥64
热爆裂性能/%	—	—	≤1	<1	<1
铁分波动/%	≤ ±0.5	≤ ±0.5	≤ ±0.5	≤ ±0.5	≤ ±0.5

原料粒度应符合表 1 - 5 的规定。

表 1 - 5　原料粒度要求

烧 结 矿		块 矿		球 团 矿	
粒度范围	5 ~ 50mm	粒度范围	5 ~ 30mm	粒度范围	6 ~ 18mm
>50	≤8%	>30	≤10%	9 ~ 18	≥85%
<5	≤5%	<5	≤5%	<6	≤5%

注：石灰石、白云石、萤石、锰矿、硅石粒度应与块矿粒度相同。

焦炭质量应符合表 1 - 6 的规定。

表 1 - 6　焦炭质量要求

炉容级别/m³	1000	2000	3000	4000	5000
M_{40}/%	≥78	≥82	≥84	≥85	≥86

续表1-6

炉容级别/m³	1000	2000	3000	4000	5000
M_{10}/%	≤8.0	≤7.5	≤7.0	≤6.5	≤6.0
反应后强度 CSR/%	≥58	≥60	≥62	≥65	≥66
反应性指数 CRI/%	≤28	≤26	≤25	≤25	≤25
焦炭灰分/%	≤13	≤13	≤12.5	≤12	≤12
焦炭含硫/%	≤0.7	≤0.7	≤0.7	≤0.6	≤0.6
焦炭粒度范围/mm	75~20	75~25	75~25	75~25	75~30
大于上限/%	≤10	≤10	≤10	≤10	≤10
小于下限/%	≤8	≤8	≤8	≤8	≤8

高炉喷吹用煤应根据资源条件进行选择。喷吹煤质量应符合表1-7的规定。

表1-7 喷吹煤质量要求

炉容级别/m³	1000	2000	3000	4000	5000
灰分 A_{ad}/%	≤12	≤11	≤10	≤9	≤9
含硫 $S_{t,ad}$/%	≤0.7	≤0.7	≤0.7	≤0.6	≤0.6

入炉原料和燃料应控制有害杂质量，其控制范围宜符合表1-8的规定。

表1-8 入炉原料和燃料有害杂质量控制值

入炉原料和燃料有害杂质	控制值/kg·t⁻¹	入炉原料和燃料有害杂质	控制值/kg·t⁻¹
$K_2O + Na_2O$	≤3.0	As	≤0.1
Zn	≤0.15	S	≤4.0
Pb	≤0.15	Cl^-	≤0.6

知识点2 原料系统设备

A 工艺流程

原料系统工艺流程如图1-1所示。

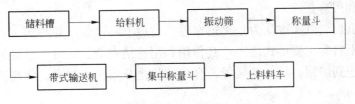

图1-1 原料系统工艺流程

B 设备结构

a 作用及用途

按高炉冶炼要求，把一定数量的原燃料按一定顺序进行称量并送往上料系统。同时，当原燃料供应系统发生故障或检修时，矿槽系统储存的原燃料能够维持高炉一定时间的连续生产。

　　b　主要结构及特点

　　矿槽系统由储矿（焦）槽、给料机、振动筛、称量斗等设备组成。

　　（1）储（焦）槽：一般用钢筋混凝土浇灌成截四棱锥形，内衬耐磨衬板，其数量与容积应根据高炉使用原料品种、料批、矿批、称量斗、振动筛等来确定。

　　（2）给料机：一般采用电磁式振动给料机，由电动机及给料机体等组成。

　　（3）振动筛：由电动机、筛体、筛网和弹簧等构成。

　　（4）称量斗：由称量斗和压头传感器组成。

　　c　操作及维护要点

　　（1）启动矿槽系统要按设备启动程序进行，禁止逆向启动和误操作。

　　（2）定期检查矿槽闸门开度，发现异常及时手动调整。

　　（3）定期检查筛网堵塞情况，堵塞率超过 30% 时清理。

　　（4）定期检查设备磨损情况，漏料严重时及时维修。

　　（5）定期检查带式输送机运转情况，并及时纠偏。

　　（6）定期校核称量秤"零点"，防止称量有误。

知识点 3　上料系统设备

　　A　工艺流程

　　无料钟炉顶工艺流程如图 1－2 所示。

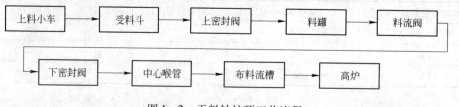

图 1－2　无料钟炉顶工艺流程

　　B　主要设备

　　上料系统主要设备有料车上料机和炉顶装料装置。

　　a　料车上料机

　　（1）作用和用途。

　　料车上料机长期以来被认为是比较完善的高炉上料设备，并得到了广泛的应用，是目前国内高炉上料的主要形式之一。其作用和用途是安全、及时、准确地把高炉冶炼的各种原燃料运送到炉顶，经布料装置，合理地将之分布于高炉内，实现高炉生产的最佳操作。

　　（2）主要结构和特点。

　　料车上料机主要由斜桥、料车和卷扬机三部分组成。其工作原理如图 1－3 所示。

　　1）斜桥。斜桥是一个专门装置——类似斜梯的结构件，安装有料车行走轨道等。料车行走轨道通常分为三段：①料坑段；②中间段；③曲轨段。

　　2）料车。料车主要由车体、前后轮和钢丝绳张力平衡装置组成。

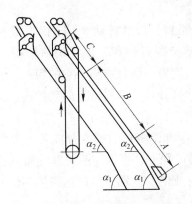

图1-3 料车上料机工作原理图

①料车：料车内壁的底部和两侧用耐磨衬板保护，衬板所形成的交界做成圆形角，防止卡料，料车尾部开有小孔，便于人工把撒料重新装入车内。

②前后轮：前后轮的构造不同，前轮只有一个踏面，轮缘在斜板轨道内侧，沿主轨道和主曲轨道滚动；后轮有两个踏面，轮缘在两个踏面之间。在料坑段和中间段时，后轮内踏面与轨道接触；在曲轨段时，后轮外踏面与辅助轨道接触，内踏面脱离主曲轨道，实现卸料。

③钢丝绳张力平衡装置：它是套杠杆机构，由三角杠杆、横栏杆和直接杆等组成。通过补偿钢丝绳不均衡的拉长，实现两根钢丝绳张力的基本平衡。

3）卷扬机。卷扬机是高炉生产的关键部件，由机座、驱动系统、卷筒和安全保护装置四部分组成。

①机座：用来支撑料车卷扬机的各部件之间的相对位置和正常工作，并把外载负荷传给基础。

②驱动系统：包括电动机、齿轮传动装置和工作制动器等部件。

③卷筒：卷筒的圆周表面车有双线左旋绳槽，供钢丝绳缠线用。钢丝绳用梳形板咬住，再用斜铁楔压紧，然后用螺栓紧固，防止钢丝绳抽出。

（3）操作与维护要点。

1）定期检查驱动钢丝绳润滑状况，并及时给油脂润滑。

2）定期检查轨道平行度，防止变形卡料车。

3）定期检查料坑内撒料，并及时清理装入料车。

4）定期检查卷扬机减速器润滑状况，并及时给油脂润滑。

5）按工艺要求及时准确将炉料送往炉顶。

6）按设备参数进行装料操作，防止出现装料过满等现象。

7）开启上料系统要平稳，防止出现钢丝绳过松或过紧现象。

b 高炉装料装置

高炉装料采用"无料钟炉顶"式装料形式。

（1）作用及用途。

同钟式炉顶的作用相同，无料钟炉顶也是把送到炉顶的炉料，按一定工艺要求装入炉内，同时能够防止炉顶煤气外溢。布料方式有单环、多环、扇形、定点和螺旋布料等方式。各布料方式特点如下：

1）单环布料。无钟布一批料，溜槽转动 6～12 圈，放料时间比大钟长 5～10 倍。炉料在缓慢流动中，粉末易在落点附近停留，形成炉料偏析。因此单环布料不适合无钟操作，它不仅失去了无钟的技术优势，而且突显了它的短处，所以单环布料是扬短避长；大钟布料与无钟完全不同，大钟打开后，炉料迅速落到炉内，时间短，偏析少，但界面效应严重。

2）多环布料。按等面积原理，将炉喉截面分成若干个等面积圆环，每个圆环对应一个溜槽倾角——α 角。在布料过程中，将每一圈炉料分布到相同面积的圆环里，炉料在炉内的厚度互相接近或其厚度有成倍的差别，从而达到控制炉喉径向矿焦比变化，进而控制炉内煤气流分布的目的。

3）螺旋布料。与多环布料基本相同。其主要是解决多环布料过程中出现的"台阶"问题，可以达到炉喉径向矿焦比变化更合理。

4）扇形布料。顾名思义，可以实现将一批料落入到炉喉内某一扇形区域，从而达到控制炉喉内某一扇形区域矿焦比，进而控制炉内煤气流分布。

5）定点布料。可以实现将一批料落入到炉喉内某一区域，从而达到控制炉喉内某一区域矿焦比，进而堵塞或发展炉内某一区域煤气流。

（2）主要结构和特点。

无料钟炉顶按料罐布置方式分为并罐式和串罐式两种基本形式（见图 1－4 和图 1－5）。串罐式又分为卢森堡式、SS 型和紧凑式三种。

并罐式无料钟炉顶结构示意图如图 1－4 所示。并罐式炉顶主要由受料斗、料流闸阀、密封阀、密封称量斗（料罐）、布料流槽、均压装置、探料尺装置及控制系统等组成。

1）受料斗：形状与上料形式有关，分固定式和移动式两种。

2）料流闸阀：由两个半球面闸阀构成，每个半球带双爪，开口呈方形。

3）密封阀：安装在料流闸阀下面，密封称量斗入口和出口处，由阀柄和密封胶圈组成。

4）密封称量斗（料罐）：由罐体、称量传感器、γ 射线料位计等组成，采用悬挂方式，通过弹性较好的波纹管同高炉其他部位及均压管道相连接。

5）布料流槽：包括流槽和传动、倾动机构（气密箱）。

6）均压系统：包括管道、均压阀、放散阀。

7）探料尺装置：包括尺斗、链条及电动机、电控装置等。

（3）操作及维护要点。

1）定期校对探尺"零点"，防止"零点"漂移。

2）定期检查装料设备密封状况，发现泄漏及时处理。

3）按工艺要求进行装料作业。

4）定期检查受料斗下料口翻板，发现偏移卡料等及时处理。

5）定期检查装料设备润滑状况，并及时给油脂润滑。

6）密封阀操作要先松动后移动，关闭料流阀要先全开后关闭，防止卡料。

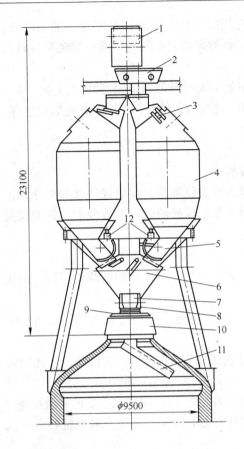

图 1-4　并罐式无料钟炉顶示意图

1—带式上料机；2—移动小车；

3—上密封阀；4—料罐；5—料流调节阀；

6—下密封阀和导料漏斗；7—挡料环；

8—波纹管；9—眼镜阀；10—传动齿轮箱；

11—溜槽；12—电子秤

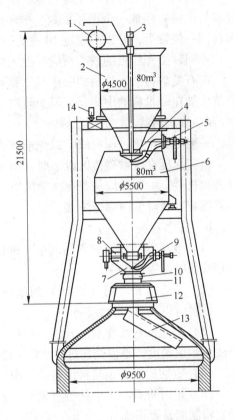

图 1-5　串罐式无料钟炉顶示意图

1—带式上料机；2—旋转料罐；3—油缸；

4—托盘式料门；5—上密封阀；6—密封料罐；

7—卸料漏斗；8—料流调节阀；9—下密封阀；

10—波纹管；11—眼镜阀；12—传动齿轮箱；

13—溜槽；14—驱动电动机

知识点 4　装料制度

A　技能实施与操作步骤

a　确定煤气分布类型

b　确定批重大小

小批重加重边缘，大批重加重中心。如批重过大，不仅加重中心，而且也有加重边缘的趋势。一般批重的大小，可参照同类型同条件（条件相近）指标较好的高炉进行选择。

关于合适批范围，曾有许多经验式。首钢刘云彩教授指出：一批料落入料面后，边缘与中心的厚度比 D_K 是一个特征值。随着批重由小到大的变化，D_K 值可划分为激变区、微变区和缓变区，合理批重应选在微变区。

c　确定料序

在批重和料线不变的情况下，由加重边缘走向加重中心的料序排列一般是：正同装→正装→倒装→倒同装。

　　因此，可根据各种料序对边缘、中心煤气流作用的不同，由几种料序（一般为两种，过多易出错）组成一个循环批数。循环批数的确定要考虑均匀布料的要求，避免某种料总布在同一位置上，并以不超过 10 批为宜。

　　不同种类和粒级的铁矿石应分批入炉，辅料用量不大时可每隔 2~5 批加入 1 次。

　　矿石类炉料落入炉内的顺序是：锰矿→洗炉料→铁矿石。碱性熔剂应避免加在边缘。碎铁块加在一批料的中间，以保护装料设备。

　　d　确定料线

　　一般不宜采用过深料线，以免浪费高炉有效容积。

　　落料深度在炉喉碰撞区以下时，由于炉料反弹，堆尖位置难以显出规律性的变化，徒增破碎机会，故料线应选择在碰撞区以上。落料深度在炉喉碰撞区以上范围内，料面堆尖位置随着料线降低而靠近炉墙。

　　B　注意事项

　　（1）变更料线属于装料制度中一种较为常用的调剂方法。因此高炉料线的零位，每次计划检修时都需要校正。

　　（2）禁止过长时间（如 2h）用单料尺工作。作为一种防止装料过满的措施，高炉如发生偏料时以高料尺为装料标准。

　　（3）禁止低料线作业。若发生低料线情况，应设法在 1h 内赶上正常料线，与此同时应注意炉顶温度，不使其超过 500℃（钟斗式高炉）或 300℃（无料钟炉顶）。

　　（4）定期检查炉顶装料设备的工况。布料器故障若超过 2h，应采取必要的补救措施。

　　（5）定时查看料车中是否有剩料，料车中炉料体积是否正常，以及上料系统各岗位执行装料制度是否正确等。

　　（6）装备先进，检查仍要仔细。对装料设备、装料制度检查疏漏而引起的炉冷事故已多次发生，值得警惕。

　　（7）实际调剂中应注意的问题：

　　1）装料制度的调剂要与送风制度相适应，首钢将两者关系概括为："如装料制度以疏导中心为主，下部能够接受较高的风速；如装料制度以发展边缘为主，则下部接受的风速将要降低。反过来说，高炉风速较低时，装料制度不应过分堵塞边缘气流，只能在疏导中心的同时适当加重边缘；如下部中心气流较为发展时，装料调剂也不能一下子堵塞中心，应适当疏导边缘以减轻中心。"这就是以疏为先，疏堵结合的调剂方针。

　　2）在变动装料制度时，尽量固定几个因素，变动一个因素。变动时分量不可过激。一遇情况，批重、料序、料线一齐动是一种自乱阵脚的鲁莽操作，不可取。

　　3）变动装料制度时还要估计到热制度的变化，特别是由加重边缘的装料制度向疏松边缘的装料制度变动时，应根据变动比例适当减轻焦炭负荷。临时改用若干批疏松边缘的料序时，应注意变更前后的实际料序情况，确定起止料批序号，避免边缘气流的过分发展。小高炉料序简单，加上炉缸热量储备不足，尤应重视这一点。

　　C　基础知识点

　　a　合理批重的选择

　　由生产实践和实验知道，若批重过小，炉料在炉喉内既布不到边缘也布不到中心，如图 1-6 所示。随着批重的增加，炉料在炉内的分布同时向边缘和中心延伸；再增加批重，炉料在向边缘和中心一起延伸的同时，炉料首先布满边缘侧（炉墙与堆尖之间）；继续增加批重，炉料既在边缘侧增厚，又同时向中心侧延伸直至布满中心侧。此时的批重称为临界批重，其数值称为临界值。

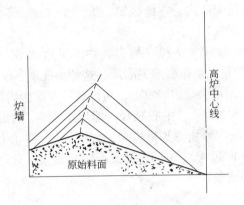

图 1-6　批重过小时炉料在炉喉内的分布

当批重大于临界值时，随矿石批重增加而加重中心，过大则炉料分布趋向均匀，当批重小于临界值时，矿石布不到中心，随批重增加而加重边缘或作用不明显。

为说明这一规律，做如下试验。给批重 W_0（为一具体数值）一个增量 ΔW，则可算出炉料在炉喉内增加的厚度，即炉料在高炉中心线处的厚度 Y_0、炉料在高炉边缘（炉墙）处的厚度 Y_B 以及炉料在堆尖处的厚度 Y_G。以 Y_B/Y_0 和 Y_G/Y_0、批重 W_0 和 $W_0+\Delta W$ 的关系，描述炉料批重的特征曲线，如图 1-7 所示。

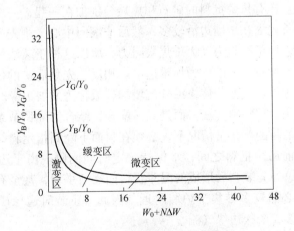

图 1-7　炉料批重特征曲线

由图 1-7 可以明显看出，批重有三个不同特征的区间：激变区、缓变区、微变区。批重值在激变区，增加批重时边缘减轻极快，中心加重也极快，批重值在微变区，不论批重增加或减少，对炉料分布影响都不大，批重值在缓变区，批重变化对炉料分布的影响介于两者之间。由此可知：

（1）当矿石批重在激变区时，批重波动对布料影响较大。所以，矿石批重选在激变区是不合适的。矿石批重在微变区时，不论批重增加或减少，对炉料分布均无显著影响。在微变区炉料分布稳定，煤气流稳定，特别是有利于形成合理的软熔层，对高炉稳定顺行、改善煤气利用，均有重要作用，因此批重值应在微变区。在这种条件下，批重作为临时调剂手段，已失去意义。

（2）如果炉料粉末很多，料柱透气性较差，为保证高炉顺行，防止微变区批重使煤气两头堵塞，合理批重应在缓变区内。在此区域，批重少许波动不致引起煤气流较大变化，适当改变批重，还可调剂煤气分布。

（3）对于大钟布料器，如 $N < d_1/2$（堆尖在炉墙里边），$Y_B = 0$（边缘矿石较少或没有），则此时批重甚小，炉料只能布到堆尖附近。这种小批重不仅不加重边缘而且两头轻。

（4）当 $N = d_1/2$ 时，即堆尖与炉墙重合，边缘料层厚度应为炉料堆尖的厚度。在这种条件下，矿石批重减小（W 减小），中心减轻，即使小于 W_0 后继续减小，也会起加重边缘作用。这就是一般常谈的"小批重加重边缘，大批重加重中心"的规律。

（5）如果批重过大（W 过大），则 Y_B 很大，Y_0 也很大，此时不仅加重中心，亦加重边缘，出现"两头堵"的现象。

　b　装料顺序

矿石和焦炭一同入炉（有料钟的高炉，开一次大钟）的装料方法称为同装，矿石和焦炭分两次入炉（开两次大钟）的称为分装。一批料如果矿石入炉在先，焦炭入炉在后称为正装，矿石和焦炭一起入炉的正装，称为正同装，分成两次入炉的称为正分装。如果焦炭入炉在先，矿石入炉在后则称为倒装，矿石和焦炭一起入炉的倒装称为倒同装，分两次入炉的称为倒分装。介于正装和倒装之间的一种装料方法，即将一批料中的焦炭分成两部分，一部分在矿石之前，另一部分在矿石之后一起入炉，称为半倒装。半倒装的作用介于二者之间，当矿石前的这部分焦炭比例很大时，其作用接近倒装；矿石前这部分焦炭很少时，其作用接近正装。还有将两批料的矿石和焦炭分别加在一起，一次入炉的称为双装。

由于先入炉的料首先堆在炉墙边沿较多，然后才滚向中心，则先矿后焦的正装法，边沿堆放的矿石要多些，而矿石阻力又大于焦炭阻力，所以这种正装法增加了边沿煤气上升的阻力，使边沿煤气流量减少，故称为加重边沿。相反，先焦后矿的倒装法，边沿堆放的焦炭要多些，可改善边缘透气性，使缘沿气流增加，故称为发展边缘。

实际生产中不只用一种装料方法，而是灵活配合，结合实际调节组合比例，达到控制边缘和中心煤气分布的目的。正常情况下，必须在料面下降到指定料线位置时，才允许装入下一批炉料，所以前后两批料之间，常保持一定时间间隔。由于边缘下料比中心下料快，随着时间的延长，原先装料后形成的漏斗状料面逐渐平坦，甚至有可能凹下，在此情况下领先入炉的炉料必然较多堆集于炉墙附近。因此，正装时边缘矿石多，压制边缘气流。倒装时边缘集炭多，疏松边缘气流。

倒同装是焦炭在先，矿石在后一起入炉，矿石是在原焦炭堆角上堆起的。而倒分装的矿石入炉时，先入炉的焦炭已过去一定时间，此时焦炭的料面比倒同装时焦炭的料面平坦些，则此时在较前平坦的料面上再堆矿石时，必然边缘分布较多，比原来倒同装时在边缘布的矿石相对要多些，所以原来倒同装疏松边缘的作用，被这部分矿石减弱了。同样的道理，正同装为压制边缘，而正分装的压制边缘作用则要减弱些。

以上规律在矿石的实际堆角大于焦炭实际堆角情况下适用。如果矿石堆角等于或小于焦炭堆角则不同。例如，采用小粒度烧结矿或粒度均匀的球团矿，其滚动性能都比较好，它们在炉内的堆角可能要比焦炭堆角小4°～6°，此时便会出现反常的规律。

当前高炉熟料率近乎100%，喷吹燃料后，焦比大幅度降低，炉内矿、焦的容积近乎相等，矿、焦的堆角也相接近，因此装料顺序对调剂煤气流分布的作用在不断减弱，料线一般又不常变更，所以批重的作用显得突出了。

1.4 岗位操作

1.4.1 上料岗位操作

1.4.1.1 工作区域的检查

按规定线路对各自区域进行全面检查。

（1）无料钟炉顶设备。

均压放散阀：螺栓齐全、无松动；阀盖、阀座无破损、不跑气；连接销牢固、无裂纹。

上、下料罐：密封完好。

东西料尺：电动机无振动、无异音；钢丝绳无断丝；减速机无漏油，螺栓齐全、无松动。

布料溜槽：电动机无振动、无异音；倾角跟微机对应。

（2）主卷系统电动机：减速器无异音、无松动；地基螺栓、接手。要求：减速机无漏油；钢丝绳无断丝、断股，绳卡无松动；料车车体无开焊、开裂，车轮运行平稳，无轴向窜动、晃动；天轮运转平稳，各机构润滑良好。

（3）槽下皮带电动机：温度小于65℃，无异音、无松动；地基螺栓、接手。要求：减速机无漏油，温度小于65℃，无异音；皮带、皮带轮、皮带架接口无损坏、无撕裂，轴承温度正常，运转灵活，焊口无开焊。

（4）筛体：筛算子、偏心护套。要求：无开焊、螺栓紧固、无磨损、转动灵活。

（5）情况汇总。要求：详细、如实记录。

1.4.1.2 筛粉

（1）取样分析，严格按品种、数量、时间要求进行。

（2）做好记录，记录要真实。

1.4.1.3 卫生清理

（1）按制度对设备及卫生区域进行清理，要求使用专用工具，注意设备的运行情况。

（2）配合作业，相互监护。

（3）班中保持环境整洁。

（4）料坑无水、无杂料，严格清料坑制度。

1.4.2 处理炉顶蓬料作业

（1）作业人员：上料工。

（2）使用工具：大锤、铁棍。

（3）作业时间：5~10min。

（4）故障现象：料罐有料，料流阀动作而不下料，或因卡死料流阀不动作。

（5）故障处理：

1）首先开二次均压，进行充压。

2）均压仍不下料，手动把料流阀开全。

3）料流阀开全后仍不下料，可拉起炉顶放散，降低炉内压力。

1.4.3　处理料线零位错位作业

（1）作业人员：上料工。

（2）作业时间：5~10min。

（3）故障现象：料线提不到零位或上超。

（4）处理过程：

1）联系值班室通知电工断电。

2）人工绞轮校正到零位（两人以上）。

3）通知电工送电，恢复正常。

1.4.4　处理料线卡尺作业

（1）作业人员：上料工。

（2）作业时间：5~10min。

（3）故障现象：料线不提、不放，脱轮或压链。

（4）处理过程：

1）联系值班室通知电工断电。

2）用钢钎复位（两人以上）。

3）通知电工送电，恢复正常。

1.4.5　处理流槽倾角不对应作业

（1）作业人员：上料工。

（2）作业时间：5~10min。

（3）故障现象：流槽倾动角度是否与微机显示对应。

（4）处理过程：

1）联系值班室通知电工断电。

2）加料工监护、协助将仪表校对到对应位置。

3）通知电工送电，恢复正常。

1.4.6　处理皮带接口开裂作业

（1）作业人员：上料工。

（2）作业时间：5~10min。

（3）使用工具：大锤。

（4）处理过程：

1）通知值班室。

2）值班室允许停带后，通知操作室停带，挂牌确认，专人负责。

3）通知二建电工拉闸，挂牌确认，专人负责。

4）把破损螺钉拔掉，拿锤把新螺钉钉紧。

5）确认后，摘牌，合闸，启动带。

1.4.7 更换皮带作业

（1）作业人员：上料工。

（2）作业时间：2h。

（3）使用工具：倒链、扳手、大卡。

（4）准备工作：

1）跟值班室、操作室、二建联系好后，切断电源，停带，并派专人看守。

2）准备好所用工具。

（5）更换过程：

1）先配合二建在旧带上卷上新带（卡子固定两皮带头，倒链拽两卡子使两皮带头对接到合适位置后，用螺钉固定两皮带接头）。

2）确认送电，启动带，依次把旧带割断拉出。

3）调整调带轮，使皮带不跑偏、松紧合适（注意绞伤）。

1.4.8 更换平轮、托轮作业

（1）作业人员：上料工。

（2）作业时间：5～10min。

（3）使用工具：撬棍。

（4）更换过程：

1）跟值班室、操作室联系好后，停带。

2）一人拿撬棍把皮带撑起，一人拿撬棍把破损轮撬下。

3）对准卡头把新轮安装好。

4）确认后，启动带恢复正常。

1.4.9 滚筒加油作业

（1）作业人员：上料工。

（2）作业时间：5～10min。

（3）使用工具：扳手、黄油枪。

（4）加油过程：

1）停带，拉闸，挂牌确认。

2）拧开轴承保护套螺钉，卸下保护盖，用黄油枪一次给滚筒轴承瓦架加满黄油。

3）电动机滚筒需卸开加油孔螺钉，加机油至半径2/3。

4）拧好螺钉，合闸，启动带。

1.4.10　万向轴注油点加油作业

（1）作业人员：上料工。

（2）作业时间：5～10min。

（3）使用工具：扳手、黄油枪。

（4）加油过程：

1）通知电工切断电源，挂牌确认。

2）用黄油枪加油。

3）确认后通电恢复正常使用。

1.4.11　校秤作业

（1）作业人员：上料工、生产科、仪表工。

（2）作业时间：5～10min。

（3）使用工具：砝码。

（4）校秤（在生产科人员监督下进行）：

1）通知操作室停筛。

2）通知电工切断电源，挂牌确认。

3）在秤两边耳子上各放一槽钢，依次往上加砝码到需要的吨数。

4）仪表工进行校对。

5）校正后，通电，启用该筛。

1.4.12　布袋检漏作业

（1）作业人员：上料工。

（2）作业时间：5～10min。

（3）使用工具：手钳、铁锤、12″活动扳手以及连接链、销子。

（4）故障现象：发现风机烟囱冒灰，确认有布袋破损。

（5）检漏过程：

1）停风机。

2）打开检漏孔，启动转盘电动机（上、下两人联系）。

3）对准检漏孔时，停转盘电动机，通过检漏孔观察有无破损布袋，如发现及时更换布袋。

1.4.13　炉顶清灰作业

（1）作业人员：卷扬工（上料工）。

（2）作业时间：5～10min。

（3）使用工具：铁锹、扫帚。

（4）清灰过程：

1）与值班工长联系确认，并有一人在下部监护。

2）两人以上携带煤气报警器上炉顶。

3）注意风向变化，站在上风向。

4）把积灰铲进清灰管中。

5）清完后所有人同时下来。

1.4.14 炉顶点火作业

（1）作业人员：卷扬工（上料工）。

（2）作业时间：5～10min。

（3）使用工具：氧气管、棉纱、钢丝绳。

（4）点火过程：

1）确认休风倒流。

2）关炉顶蒸汽、关料尺蒸汽。

3）用钢丝绳拴牢炉喉人孔。

4）在工长的命令下把人孔销子打下，并站在侧面视风向把人孔打开。

5）用氧气管把油棉纱拴牢。

6）视风向站在人孔侧面点火。

7）确认点着才能检修，并半小时一检查，若灭火，立即组织重新点火。

1.4.15 料车掉道作业

（1）作业人员：钳工、卷扬工（上料工）。

（2）作业时间：5～10min。

（3）使用工具：导链、安全带。

（4）复位过程：

1）慢速点动料车，绷紧钢丝绳。

2）系好安全带，把导链挂在合适位置。

3）站在料车掉道的一侧拉导链，直到料车到位。

4）解导链、解安全带（注意踩好）。

5）开车（所有人员撤离现场后才可进行）。

1.4.16 加料微机工作业

（1）接班后与交班者检查上个班的变料情况和入炉料程序是否与料单对应。

（2）检查料仓的储存量情况，并汇报工长，每班不得少于4次。

（3）对操作画面所有信号及运行情况进行监控，包括筛、秤、皮带、料线、上下密封阀、料车运行情况，发现异常，及时向本班班长进行说明（发现仓门卡料，在无人或必要时要去控制仓门开度），并做好详细记录。

（4）对超出正常范围的数据信息及时反馈（正常气密箱下部温度为40～70℃，当气密箱下部温度在70～90℃时，通知班长到炉顶开应急氮气；高于90℃时，开应急水控制；持续120℃超过半小时，应建议减风控制）。

（5）对全班所有的变料程序进行检查（按变料单准确无误变料），发现长时间只下焦炭或只下料要及时和值班室核实。

（6）设备出现故障，需要进行网络查找时，积极配合维修人员查寻、解释。

（7）每班（不得少于 4 次）检查称量秤的零位，当负 30kg 以上时，要停用该秤，并联系仪表工查明原因，处理后再用。

（8）接到开、停某部位通知后，准确开、停。

（9）下班前，保持室内物品有序、卫生干净。

1.4.17　钉带作业

（1）作业人员：加料工。

（2）首先准备扳手两把、锤一把、螺钉及垫片、槽钢。

（3）由班长联系操作工确认停机进行操作。

（4）停机后挂牌，开始钉带。

（5）钉完后由班长联系确认，操作工方可正常上料。

1.4.18　更换除尘三角带

（1）作业人员：两人。

（2）工具：三角带三根、钢钎一根。

（3）由班长拉闸挂牌，停机操作。

（4）两人同时操作取下旧带。

（5）安装新带，先安小轮，再用钢钎别住安大轮。

（6）安装完毕后，要手动盘车确认正常。

（7）由班长取牌、合闸正常运行。

1.4.19　清理松弛保护

（1）作业人员：两人。

（2）工具：吹氧管 1 m，弯一个小钩使用。

（3）由班长联系操作工停车进行。

（4）把松弛保护推起进行操作去油。

（5）操作完毕后由班长联系确认。

（6）操作工合零压，确认正常方可进行上料。

1.4.20　减速器加油

（1）操作人员：两人。

（2）准备 0 号减速器油一桶，扳手一把。

（3）在上料慢时进行操作。

（4）首先在停机前把加油口螺栓卸开。

（5）班长联系操作工停机操作加油。

（6）加油完毕后把加油口封存好，拧上两条螺栓后联系操作工正常运行。

（7）然后加固螺栓，确认完毕后清理干净油污。

（8）加油周期为一个月一次，加油标准为不准超出减速器盖上沿。

1.4.21 零位检查

（1）操作人员：两人。

（2）准备钢钎一根。

（3）操作工把秤内料放空后，由班长检查秤值及秤斗；用钢钎校正秤斗，清零后确认。

（4）确认零位正常，方可正常称料使用。

1.4.22 传感器检查

（1）操作人员：班长。

（2）工具扳手一把。

（3）班长用扳手轻轻紧固传感器螺钉。

（4）如有松动，停机紧固后使用。

（5）如有螺钉断开现象，停机更换后使用。

（6）每班检查一次。

1.4.23 调整钢丝绳

（1）时间：15~20min。

（2）工具：绳卡、扳手。

（3）与值班室、操作工联系。

（4）确认停车，拉闸，挂牌。

（5）进行调整，调至合适位置。

（6）确认绳卡紧固，摘牌，合闸。

（7）通知值班室、操作工上车。

1.4.24 下料流开不到位处理

（1）现象：下料流（比例阀）开到一半上不动作、不去满点，而且每次都是焦炭。

（2）原因：开度小、焦炭体积大、蓬料。

（3）处理：扩开度，手动捅换向阀。

1.4.25 炉顶布料溜槽不转处理

（1）控制柜故障，及时倒用备用柜。

（2）电缆折断要及时接好。

（3）电动机烧坏及时更换。

（4）电压正常、电流大、转不动要及时盘车。

1.4.26 炉顶料罐压力放不净处理

（1）打开两个放散阀。

（2）检查两个均压阀是否关严。

（3）重新开关一次均压阀，即可排除。

（4）阀体或硅胶圈坏，严重时必须休风处理。

1.4.27　溜槽更换作业

（1）将固定溜槽大盖的销子及四周钢带焊缝全部吹开。

（2）用16t电葫芦将大盖吊离，放于平台上。

（3）将溜槽更换装置用电葫芦和导链平稳吊住并找平。

（4）将溜槽更换装置平稳吊入炉内（大盖为入口）。

（5）将溜槽置于70°的位置，然后用溜槽更换装置固定住溜槽，然后静止不动。

（6）把新溜槽放在溜槽更换装置上，用电葫芦和导链吊住溜槽更换装置，调整好位置使溜槽更换装置和溜槽慢慢进入炉内。

（7）调整更换溜槽装置的角度，退出溜槽更换装置。

（8）调试溜槽的倾角和旋转。

（9）盖上溜槽大盖。

（10）焊接大盖接触面。

（11）注意事项：

1）在吊装过程中由专人负责指挥，任何人不得擅自指挥。

2）照明必须充分，必须保证能见度。

3）倾角钢丝绳必须保护好，绝对不能造成乱股。

4）放入溜槽时安全措施必须完善，防止溜槽掉入炉内。

5）观察溜槽时防止随身物品掉入炉内。

1.4.28　更换上密封圈操作

（1）在上密封圈更换前，必须保护炉喉点火成功，下密封阀关严并关好液压截止阀。

（2）检修单位要听从安全员的指挥安排，经确认后方可拆卸料罐人工口盖螺栓。

（3）把料罐人工口盖螺栓卸下，并同时用倒链将盖板吊离。

（4）将上密封阀启开，开关截止阀。

（5）把损坏的上密封圈拆下，更换新的密封圈。

（6）更换好后，单体手动试车，上密封阀开关3～5次，检查密封圈与阀座接触间隙是否小于0.05mm，并保证结合面均匀，保证送风后不泄漏。

（7）确认正常后，安装料罐人工口盖板，保证其密封。

1.4.29　更换下密封圈操作

（1）确认炉顶点火完成。

（2）关闭γ射线源、煤气蝶阀（将均压管道上的眼镜阀翻过来）。

（3）用扳手将料罐下密封阀检修孔打开。

（4）保持自然通风15min使罐内温度降低和驱散煤气，并用煤气报警器检测，经安全员测量合格，方可进行工作。

（5）用钢板将下密封阀下口盖严。

（6）通知微机操作人员保持下密封阀、均压放散阀全开后，断电挂牌确认。

（7）用手钳、钢钎卸下固定在阀板上并穿过阀柄孔的长销轴，阀板自动下垂呈水平状态，再用人力将阀板翻转90°，密封圈便朝外，此时正对检修孔。

（8）再用扳手拧下压环螺钉，即可更换密封圈。

（9）更换后必须对位准确，并调整好油缸行程，保证下压2~3mm，不易过大或过小，过大易损坏密封圈，过小不能达到密封效果。

（10）更换下密封圈也可不用取下限位销子，从对面检修孔也可更换。

1.4.30 更换均压放散阀

（1）首先确认休风，炉喉点火，下密封箱体盖打开（或下密封阀处于关闭状态）。

（2）均压管道蝶阀关闭，翻眼镜阀禁止煤气流通。

（3）将千斤顶、扳手、螺栓密封垫、铅油和备件等准备好并放到现场。

（4）以上三项确认后，首先关闭油路截止阀，再开始更换均压放散阀。

（5）更换好均压放散阀后，打开油路截止阀单机试车，观察油缸开关是否灵活，液压缸头部和活塞杆连接是否牢固，液压缸伸缩速度是否合适，开关是否到位，保证信号传送。

1.4.31 马槽皮更换作业

（1）准备工作完毕后停机，由负责人挂检修牌。

（2）作业时必须两人以上。

（3）卸螺钉时，防止扳手打滑，站位要正确。

（4）取废马槽皮时，防止托辊碰到脚面。

（5）安装马槽皮时，紧固螺钉时用力要稳，防止自身受到伤害。

（6）确认安好后，由专门负责人摘检修牌，随后联系操作者启动皮带。

（7）注意事项：

1）用扳手卸螺钉时，注意碰伤。

2）马槽皮打眼时，注意电钻伤害。

1.5 典型案例

案例1 炼铁厂高炉原料管理

原料是炼铁生产的基础，是高炉操作稳定顺行不可缺少的前提条件。要提高和保持高的生产水平，必须从原料管理着手，加强管理，常抓不懈。

A 原料质量

a 原料标准

入炉原料质量标准见表1-9。

b 原料的取样与分析

原料的取样与分析严格按品种、数量和时间要求来进行。

表 1-9　入炉原料质量标准

原料名称	分析项目	分析频度	采样地点
焦炭	工业分析、转鼓	1 次/班	焦化厂
	反应性（CRI）、反应后强度（CSR）	2 次/周	
	工业分析、粒度组成、灰分全分析	1 次/周	本炉槽下
槽下小焦	粒度组成	1 次/周	本炉槽下
烧结矿	成分分析、粒度、转鼓（T）、耐磨（A）	1 次/批	烧结分厂
	成分分析、还原度（RI）、低温还原粉化（RDI）	1 次/周	本炉槽下
	粒度组成	1 次/日	
落烧	成分分析	使用时	落地堆场
小粒烧	粒度组成	1 次/周	本炉槽下
球团矿	成分分析	1 次/日	球团厂
	粒度组成、抗压强度、还原度（RI）、膨胀指数（RSI）、转鼓、耐磨、显气孔率	1 次/月	本炉槽下
富块矿	成分分析、粒度	使用前	料场
锰矿	成分分析、粒度	使用前	料场
熔剂	成分分析、粒度	使用前	料场
喷吹煤粉	工业分析、粒度	1 次/日	本厂喷煤
喷吹原煤	工业分析	1 次/批	
瓦斯灰	成分分析	1 次/周	重力除尘器

c　分析值管理

（1）分析值的产生及记录。各种原料均应在规定地点，按标准采样、制样、分析、检验。烧结矿成分由分析中心输入高炉计算机系统，高炉操作人员可通过相应画面查看分析值。当数据通信故障时，高炉工长应电话及时催要并键入分析值。其他原料成分由分析单位电话报工长台并将分析报表报厂技术质量部。

（2）分析值使用。高炉工长应密切关注原燃料分析值，据此酌情变料和调剂炉况。高炉配料计算时，除烧结矿使用最新 3 个移动平均值外（计算机自动生成，如遇烧结矿成分异常波动，可根据具体情况采用最新分析值），其余均使用最新分析值。

（3）收得率的设定。按技术质量部给定的数据进行人工设定。

d　水分值管理

（1）焦炭水分。直送焦、落焦、小焦的水分一般采用人工设定，设定值由炉长参考一周水分分析值决定。

（2）球团矿、精块矿、副原料水分值均采用最新分析值，或参考表 1-10 所列数据。

表 1-10　水分值管理

名　称	球团矿	块　矿	副原料
水分设定值/%	3.3	3.9	0.5

B 进料管理

(1) 进料作业基准。

1) 正常在库量应保持在每个槽有效容积的70%以上。槽内料位低于规定最低料位(烧结矿、焦炭单仓槽位不低于3m)时,应停止使用,并向厂调度汇报。

2) 各槽应遵循一槽一品种的原则,不得混料。如有混料,立即停止使用,报厂调度研究处理。

3) 矿槽改换品种,应在清仓后进行。

4) 炉料入矿槽之前,应进行规定的检查分析。只有分析结果完备,且符合表1-9中质量要求,才准入仓。

5) 各矿槽的使用及使用方案变更,应在不违反其使用性能的原则下,由高炉炉长或原料厂管理人员提出,经双方协商一致,再报双方主管部门核准后实行。

(2) 高炉工长应通过厂调度了解当班烧结配比,炼焦配煤比和喷吹煤种混合比;公司烧结、炼焦部门在配比发生变动时应及时通报铁厂调度,并转达至高炉工长。

(3) 采用新品种原料或原燃料成分、配比发生重大变化时,应先进行冶金性能试验。

C 原料使用基准

a 使用基准

(1) 原料的合理使用比例如表1-11所示。

表1-11 原料的合理使用比例 （%）

原 料	烧 结 矿	球 团 矿	块 矿
I	≥85	0	≤15
II	≥70	≤20	≤10

熟料率不得低于80%,改变用料配比由厂部决定。临时变动用料配比应征得厂调度同意。

(2) 主要原料(焦炭、烧结矿)不能保证正常供应,总在库量低于管理标准时,应迅速判明情况,主动与有关部门联系、汇报,同时高炉做好应变准备。当情况继续恶化时,可参照下述原则进行处理:

1) 总在库量小于50%时,高炉减风10%～30%。

2) 总在库量小于30%时,高炉休风。

(3) 落地烧结矿使用。

1) 当烧结矿产量能满足高炉用量时,为保证落地烧结矿的堆存期不超过两个月,可在一段时间内配用5%～10%落地烧结矿。

2) 当炉机匹配困难时,可使用部分落地烧结矿,但配用比例应小于20%。

3) 直烧供料严重不足时,落地烧结矿比例不受限制,但应采取如降低冶强、退负荷及控制t/h值等措施,保证炉况顺行。

4) 落地烧结矿的配用及用量由厂调度视具体情况作出相应决定后,通知高炉执行。

(4) 落地焦的使用。落地焦用量不大于10%。

(5) 焦炭、烧结矿槽使用数目的确定。为缩短供料时间,提高筛分效率,烧结矿应同时使用5个矿槽,焦炭应同时使用4个焦槽。

（6）称量斗排料方式：

1）采用远槽先开、单槽顺次开的排料方式；

2）熔剂应加在矿料料条的尾部，锰矿及其他洗炉料应加在矿料料条的头部；

3）小粒烧结矿（S_6）（3～5mm）使用时应以单加为主；

4）小焦（C_6）（10～25mm）应均匀洒在矿料料条的表面。

（7）称量方法。批量小于1000kg的料种，可采用隔批加的方法，最多可隔5批加一次。小粒烧结矿最多可隔9批加一次。

b　变料标准

（1）开炉、停炉、封炉及降料线休风的配料由厂技术质量部提出方案，经讨论后，主任工程师或生产副厂长批准执行。

（2）计划检修的休风料，改变铁种的配料，由高炉炉长提出，报厂技术质量部核定后执行。

（3）下列因素变动时，当班工长应调整焦炭负荷：

1）焦炭灰分、硫分及强度等理化性能变化较大时；

2）熟料率变化或性能不同的块矿对换时；

3）烧结矿的粒度、强度、理化性能等有较大变化时；

4）原料中的铁、硫等元素有较大变化时；

5）需变动熔剂用量时；

6）需变动风温或喷煤量时；

7）铁水温度偏离正常时；

8）需调整生铁含硅量时；

9）采用发展边沿的装料制度或有引起边沿发展的因素时；

10）冶炼强度有较大变动时。

（4）下列因素变动时，当班工长应调整配料以保持要求的炉渣碱度：

1）因装入原料的SiO_2、CaO、MgO数量变化，引起炉渣碱度变化时；

2）因改变铁种需调整炉渣碱度时；

3）因调整生铁含硅量而导致炉渣碱度有较大变化时；

4）硫负荷有较大变化时；

5）喷煤比发生变化时。

（5）调整炉渣碱度时，可采用加酸料或碱性熔剂的办法，也可以用改变矿种的方式进行。变矿种时应遵守以下原则：

1）一次变动量：除烧结矿不加限制外，其他变矿量均不得大于矿批总量的5%；

2）变更频度：除烧结矿变烧结矿外，8h内不能进行第二次变配比。

c　变料程序

（1）变料单确认签字后交供料工执行。

（2）检查变料称量是否正确。

（3）变更料装入一批后，检查打印结果，再次对变料进行确认。

d　净焦装入管理

（1）装入方法。根据需要可在下述两种方法中任选其一：

1）通过操作台加净焦指令按钮加净焦。每按一次，即可以最快速度加一批。

2）调出画面，填入所需净焦数及起始批号，确认后即可从指令批号开始，连续加入指定批数的净焦。

（2）净焦批重等于当时的实际焦批重。

（3）加净焦的权限。两批以上应征得当班调度长同意。班累计加入5批以上的应征得生产副厂长或主任工程师同意。

D　筛分称量管理

a　焦炭、烧结矿筛分速度管理

控制筛分速度，即 t/h 值，可提高筛分效率。应视原料品质及炉况需要，选择合适的 t/h 值，一般应小于表 1-12 中所示数据。

表1-12　不同原料品质和炉况对应的 t/h 限值

炉　况	焦　炭	烧结矿	球　团　矿	落地烧结矿
正　常	70	110	120	100
透气性不良	50	100	100	90

b　检查要求

工长每班检查 t/h 值不少于三次。

c　筛网管理

（1）每班观察筛上物和筛下物情况，及时清理筛网。

（2）在粉块平衡及装入粉率管理目标值不能维持时，更换筛网。

（3）更换筛网不能集中进行，要分散均匀更换，做好更换记录。

案例2　高炉上料系统应急处理

A　放散阀、均压阀、柱塞阀、上/下密封阀故障处理

处理程序：上料值班室→炉顶液压站→阀台电磁阀→液压缸、机械→其他有关人员。

a　应急准备

（1）人员：班组员工。

（2）物资装备：扳手、螺丝刀、捅电磁阀专用工具。

b　故障排除程序

（1）捅电磁阀。

（2）查看油缸活动情况。

（3）查看机械方面有无问题。

（4）查看油管路有无堵塞和泄漏。

（5）查看油压力是否正常。

c　安全风险控制

（1）上炉顶处理事故或故障必须两人以上，带好煤气报警器，看好风向，注意煤气。

（2）动作阀门时，一定联系好方可动作。

d　故障排除

根据应急程序和故障排除程序，经员工采取有力措施，及时把阀门不动作等故障

排除。

e　恢复生产程序（确认）

设备故障排除后，及时恢复上料。一是通知工长；二是动作几次阀门，如正常便可使用；三是正常操作，正常上料，恢复生产。

f　故障状态下生产组织

（1）能捅电磁阀上料的，先捅阀，维持上料。

（2）能坚持上料的，一定边上料，边处理。

（3）尽最大努力，维持上料，确保高炉生产。

g　报告与记录

（1）要把本次应急方法、处理结果及时向车间报告。

（2）做好各方面的详细记录，掌握第一手资料。

B　探尺故障应急处理

应急程序：上料值班室→炉顶探尺→盘车→单尺探料。

a　应急准备

（1）人员：当班全体员工。

（2）物资准备：管钳、扳手、螺丝刀。

b　故障排除程序

盘车→如砣子掉或钢丝绳断，先停用→移动接近开关。

c　安全风险控制

（1）上炉顶处理探尺事故或故障必须两人以上互保，带好煤气报警器，看好风向，注意煤气。

（2）调试探尺时，一定与上料值班室操作人员联系好方可动作。

（3）停用时一定挂上安全警示牌。

d　故障排除

通过采取可行应急措施，经班组员工的共同努力，及时将探尺故障彻底排除。

e　恢复生产程序（确认）

（1）探尺故障排除后，先在机旁放几次试运行，如正常方可投入使用。

（2）通知上料操作人员，把两个探尺一块使用，恢复正常。

f　故障状态下生产组织

（1）停用一个探尺，确保另一个探尺正常使用。

（2）确保探料准确、及时、可靠。

g　报告与记录

（1）要把探尺处理故障情况及时汇报给工长或车间。

（2）做好详细记录，掌握第一手资料。

C　卷扬机故障应急处理

应急程序：上料值班室→主卷扬机→液压站→润滑站→电气控制室。

a　应急准备

（1）人员：当班全体员工。

（2）物资准备：扭力扳手、大锤、小扳手、调抱闸的专用扳手、螺丝刀、对讲机。

b　故障排除程序

(1) 操作台开关打到机旁位置，手动操作。

(2) 检查故障状态显示、油压力情况。

(3) 通知工长。

(4) 联系电工、钳工和自动化部人员。

c　恢复生产程序（确认）

主卷扬机设备故障排除后应该：

(1) 通知工长。

(2) 上料操作人员准确及时赶料线。

(3) 恢复自动运行。

d　故障状态下生产组织

(1) 先到机旁开车，维持上料。

(2) 边上料，边处理。

(3) 尽最大努力，及时排除故障，确保设备的正常运行。

e　报告与记录

(1) 把应急措施和处理结果上报工长、车间。

(2) 详细记录故障的发生时间、排除时间和处理结果。

D　大料车掉道应急处理

应急程序：上料值班室→料车出事地→料车→停车→故障排除。

a　应急准备

(1) 人员：当班全体人员。

(2) 物资准备：扳手、套筒扳手、倒链。

b　故障排除程序

(1) 果断停车。

(2) 提前发现料车异常，及时处理。

(3) 通知工长、维修人员、电修人员。

(4) 机旁手动慢速运行。

c　安全风险控制

(1) 劳保用品穿戴齐全。

(2) 联系停车，专人指挥，专人操作。

(3) 注意周围的安全隐患，需要安全带的一定系好安全带。

(4) 走车时联系好方可停车。

d　故障排除

岗位员工早发现料车异常，及时停车，对轮子、轮轴螺栓进行紧固等排除故障。

e　恢复生产程序（确认）

大料车故障排除后，慢速把大料车放到料坑位置，进行装料，恢复正常上料。

f　故障状态下生产组织

(1) 能及时处理的要果断停车处理。

(2) 操作工处理不了的一定要通知钳工来处理（不准走车）。

（3）不必急需处理的边上料、边检查运行情况。

g　报告与记录

（1）把本次应急方法、处理结果及时向车间汇报。

（2）记录清楚，为以后类似情况处理提供方便。

E　矿、焦闸门故障应急处理

应急程序：上料值班室→料坑液压站→矿闸门→焦闸门→液压缸→机械方面。

a　应急准备

人员：当班全体员工。

物资准备：大锤、扳手、手锤。

b　故障排除程序

（1）捅电磁阀。

（2）查看油缸动作情况。

（3）查看油压力是否正常。

（4）查看机械有无异常。

c　安全风险控制

（1）进料坑必须两人以上，停车处理。

（2）带上手电筒。

（3）动作闸门时，一定联系好方可动闸门。

d　故障排除

经采取更换密封圈、提高油压力、焊接闸门、轴套加油等措施，及时将故障排除。

e　恢复生产程序（确认）

（1）联系操作人员，试验闸门动作几次。

（2）正常后投入使用。

f　故障状态下生产组织

（1）能捅电磁阀打开闸门时，先捅电磁阀，维持上料。

（2）中间斗（焦矿）其中一个有故障时，要停用该秤斗，跑单车上料。

g　报告与记录

（1）把本次应急办法、处理结果及时向车间报告。

（2）做好各方面的详细记录。

F　矿、焦振筛故障应急处理

应急程序：上料值班室→矿筛→焦筛。

a　应急准备

（1）人员：当班全体人员。

（2）物资准备：管钳、手电筒、手锤、扳手。

b　故障排除程序

（1）关上仓大闸门。

（2）机旁振动，净料。

（3）筛齿断，焊齿。

（4）电动机烧坏，更换。

（5）电源线接地，更换电源线。

（6）筛体裂痕，更换。

c 安全风险控制

（1）机旁开关打到事故开关。

（2）上闸门关严。

（3）岗位人员到振筛一定注意，站稳，防止滑倒。

（4）更换筛体时一定不能站人。

d 故障排除

经实施焊接筛齿、更换电动机、处理电源线、更换筛体等措施将故障排除。

e 恢复生产程序（确认）

（1）处理完后，试振动筛几次。

（2）开上仓闸门。

（3）事故开关打到正常位置。

（4）通知操作人员投入使用。

f 故障状态下生产组织

（1）断齿2~3根，先临时焊接筛齿，新筛底到位后再停用更换。

（2）停中间斗某一振筛时，矿不用跑单车，上小焦炭只能跑单车。

g 报告与记录

（1）把设备故障情况、采取的措施和处理情况上报车间。

（2）记好发生时间、哪一个振动筛和处理结果。

G 压皮带应急处理

应急程序：上料值班室→1号皮带→2号皮带→成品矿筛→压皮带处。

a 应急装备

（1）人员：当班全体员工。

（2）物资准备：扳手、螺丝刀、钯子、煤锨。

b 故障排除程序

（1）赶赴压皮带现场，拆挡板。

（2）扒料。

（3）检查皮带上是否还有积料。

（4）皮带上无料试运行。

（5）正常后将挡板重新安装上。

c 安全风险控制

（1）停皮带后进入现场扒料。

（2）戴好防护口罩。

（3）两人以上注意安全。

（4）皮带停送电联系好。

d 故障排除

经实施扒料、清料紧急措施，将压皮带故障解除。

e 恢复生产程序（确认）

（1）联系操作室人员，把开关打到机旁。

（2）机旁人员试运行皮带。

（3）正常后恢复使用。

f　故障状态下生产组织

（1）采取扒料的措施，维持筛分振料。

（2）联系有关人员处理其他问题。

g　报告与记录

（1）把故障原因、处理情况及结果及时报告车间。

（2）做好记录，提供可靠依据。

H　空仓处理

应急程序：上料值班室→仓闸门→槽上→料仓。

a　应急装备

（1）人员：当班全体员工。

（2）物资装备：钢钎、手电筒、大锤。

b　故障排除程序

（1）槽上捅相应大仓的料。

（2）把四周的料全部用钢钎捅下，维持上料。

c　安全风险控制

（1）戴好防尘口罩，拿上手电筒，注意脚下的仓位，防止漏下。

（2）注意槽上卸料小车的运行情况，防止伤人。

d　故障排除

经实施捅料应急措施，及时联系槽上打料，将空仓故障排除。

e　恢复生产程序（确认）

（1）及时联系槽上打料。

（2）捅仓里的积料，维持上料。

（3）料打入仓内，恢复正常。

f　故障状态下生产组织

（1）先改用同种料的仓。

（2）捅料维持上料。

（3）及时联系槽上打料。

g　报告与记录

（1）把空仓时间、处理情况和来料时间及时汇报给工长和车间。

（2）记录清楚空仓的打入料，高炉有多长时间未吃该料，为工长提供方便。

I　碎焦、卷扬机故障应急处理

应急程序：上料值班室→碎焦车→碎焦卷扬机。

a　应急准备

（1）人员：当班全体人员。

（2）物资装备：扳手、手锤、倒链、钢钎。

b 故障排除程序

(1) 紧钢丝绳。

(2) 机旁开车。

(3) 处理松弛开关。

(4) 车轮犯卡，螺栓应紧固。

(5) 联系好电工、钳工处理。

c 安全风险控制

(1) 停车、走车与操作人员联系好。

(2) 操作台上挂上安全警示牌。

(3) 机旁与料坑内联系，听清楚后方可动车。

(4) 紧钢丝绳锁好车，防止飞车事故。

d 恢复生产程序（确认）

(1) 联系送电走车。

(2) 小料车运行正常。

(3) 恢复自动运行。

e 报告与记录

(1) 将故障发生时间、处理情况、处理结果和上料时间汇报给工长和车间。

(2) 把故障发生时间、采用的措施记录好。

案例3 炼铁厂装料工操作

A 宗旨

准确、及时，为高炉上好每一批精料，全心全意为高炉服务。

B 目标

(1) 入炉粉末率不大于4%。

(2) 影响高炉上料事件为零。

(3) 原燃料数据准确率为100%。

(4) 设备点巡检，润滑率为100%。

(5) 安全事故为零。

(6) 设备事故为零。

C 标准

a 上料标准

(1) 设备的操作标准。设备运行前的确认：

1）料斗有无损坏，闸口有无障碍物，机电设备有无异常。

2）皮带机周围及皮带上有无障碍物和事故隐患。

3）滚筒上有无黏结物，托挡辊有无脱落。

4）密封箱挡板有无损坏及漏料现象。

5）清扫器位置是否正确，有无严重磨损，部件是否完好。

6）卸料小车有无障碍物。

7）操作盘、信号、按钮开关有无损坏，部件是否完好。

8）皮带机上或旁边是否有人作业。

9）操作工启动设备前必须与值班室、卷扬等各部门取得联系，确认全面具备上料条件后，开始上料。

（2）非自动运转的操作：

1）当高炉料线较深急需赶料线时，为减少配料、装料时间，手动配料赶线。

2）当某件设备无法自动运行（或不好使）又必须使用时，必须手动操作上料，以保证高炉正常生产。

（3）连锁自动运转的操作：

1）所有设备全都正常情况下，可自动操作运转。

2）所有条件都具备正常情况下，可自动操作运转。

（4）非上料正常操作运转时的焦粉、矿粉、地绞车的工作标准：

1）必须确认地绞车设备完好无损方可使用，杜绝钢丝绳突然断后伤人事故发生。

2）必须确认铁道上两头没人和没杂物（干净）情况下方可启用地绞车。

3）启动地绞车前，必须一人操作、一人配合，观察车皮两头，杜绝车皮伤亡事故和交通事故。

4）启动地绞车前必须确认地绞车动力部位、钢丝绳部位无人时方可启动。

5）启动地绞车拖车皮时，一次只能拖空车两个、重车一个，杜绝超负荷工作而损坏设备。

6）启动地绞车工作时，不能超行程运转，以免损坏设备。

（5）放焦粉、矿粉时工作标准：

1）必须先将车皮处理好，确认无溢漏发生。

2）必须确认车皮无杂物。

3）必须确认车皮与下料口对正（下料口对正车皮正中央）。

4）每次放矿粉时，只能放一个堆尖（等于或小于60t），焦粉可全放满。

5）矿粉、焦粉放在车皮内，不能单边。

b　槽下操作要求

（1）强制操作标准：

1）在外围设备不正常，并且现场观察完全具备强制操作条件时，可根据实际需要进行强制操作，否则容易造成事故。

2）强制操作必须有详细记录，写明其时间、原因及操作者姓名。

3）强制操作只能临时应急，决不能长时间强制，设备处理完好后，强制及时取消。

（2）变料标准：

1）操作工接到值班室变料单后，根据要求对原燃料配比变更核对确认，再通知值班室核对确认，随后下一批进机执行。

2）料变更完后，详细记录好时间、执行料批数及操作工姓名。

（3）配料、放料标准：

1）所有相应斗必须有料空信号，确认无料，具备装料条件。

2）所有相应斗阀门必须关到位。

3）所有相关设备都有工作指令。

4）所有相关设备完好，具备安全生产条件。

5）有相关返矿皮带、振动筛启动。

6）相关矿石皮带启动，斗按顺序加料。

7）大料车空后必须到底，发出到底信号后 1s，集中斗放料装车。

（4）设备开或关没有信号时，必须到现场确认，具备强制条件后，方可给强制信号，上料严禁随意使用强制手段生产。

（5）在运转过程中，设备发生突发事件时装料工应及时与值班室、调度室、检修中心、调试班等有关部门联系、处理，并详细记录。

（6）槽下必须接变料单变料，全面服从值班工长领导，无权随意更改原燃料种类、数量和上料顺序等，特殊情况下必须取得工长的同意或主管领导的同意后方可进行。

c 操作牌制度

（1）操作牌是操纵设备的唯一凭证，未持操作牌者不得操作设备。

（2）非操作者无权交出操作牌。

（3）交出操作牌前，必须切除相应的电源开关，挂上停电牌后再交操作牌。

（4）交出操作牌的同时，必须督促拿牌者记录单位、项目、联系方式及姓名。

（5）对口交接班时，必须对操作牌交底、交班。

d 计算机操作标准

（1）送电前检查确认：

1）电源线已接好，电压等级为 220V。

2）上位机、显示器、控制器间的连接正确。

3）键盘、鼠标接头连接正确。

（2）送电顺序：

1）送控制器电源。

2）送显示器电源。

3）送上位机电源。

（3）停电顺序与送电顺序相反。

（4）异常情况的处理。送电后，计算机出现错误提示，可退出系统重启动（在"C：\"状态下按 Ctrl + Alt + Del 组合键或复位键重启动）。若错误仍存在，立即通知维护人员或技术人员进行处理。

（5）操作中的注意和严禁事项：

1）关机时，系统必须退至"C：\"状态。

2）计算机关机后需等一分钟才能再开机。

3）严禁使用软盘驱动器，杜绝外来软件在计算机上操作，以免病毒侵入。

4）严禁在计算机上进行任何非生产性操作。

5）严禁对计算机程序进行修改（专业技术人员除外）。

6）系统出现故障时，需请维护人员处理，严禁私自操作，扩大事故。

7）遵守送、停电规程。

e 点检维护规定

1）掌握操作点检标准，熟悉点检内容。

2）严格按点检标准点检，并做好记录。

3）保持计算机表面洁净，定期清扫灰尘。

f　液压站操作标准

（1）操作前的检查确认：

1）操作前要对液压设备各部分进行检查，如油箱的油位与油温是否正常，油泵运转声音是否正常，地脚螺栓是否松动。

2）油缸、油管有无泄漏，阀台各阀是否正常。

3）各信号灯及保护报警器是否正常。

（2）操作程序：

1）各液压站泵工作方式分为集中手动、机旁手动、自动三种，泵的启动状态是一台工作，一台备用，通过转换开关来实现转换启动。

2）首先选择启动泵的工作方式，进入操作状态，启动液压泵用的电动机相应的电磁铁得电，延时3～10min；电磁铁失电，泵用电动机停止运转，液压泵停止。

3）在执行机械运转后，压力低于设定值时，压力继电器控制电动机启动，重复上面的过程，构成一个工作循环。

4）泥炮液压站无蓄能器，油泵工作方式只有集中手动与机旁手动，启动泵时直接按电源开关启动或关闭。

（3）各种保护报警的操作：

1）压力异常报警操作。如在运行中油压低于系统最低值，延时10s，如压力仍低于系统最低值，自动启动备用泵，同时停止故障泵，并伴随声光报警。

2）油位异常报警的操作。如液压油位达到高液压位控制点，就会发生声光报警，此时须向油箱内充油；如果没加油，油位到极低油位控制点，也会声光报警，且站内油泵不能运转。

3）过滤器异常报警。过滤器上设有一个压差发声装置，当压差大于设定值时，发出声光报警，此时须更换滤芯。

（4）异常情况处理：

1）在运转过程中发生异常，如系统压力达不到设定值时，立即停泵，检查泵的出口压力和溢流阀并处理完好。

2）在运转的过程中油位发生极低油位报警时，应尽快补充液压油。

（5）运转中注意事项和严禁事项：

1）严禁在极油位时强制启动油泵运转。

2）严禁油压超过最高规定的系统压力。

3）注意检查，发现有报警及时处理。

案例4　高炉开炉料面测定

A　开炉测料面组织机构

作业人员：现场作业指挥长、炉长、工长、上料工。

B　料面测定内容

（1）正常生产可以使用的最大溜槽倾角。

（2）正常生产可以使用的最小溜槽倾角。

（3）料面形状的测定。

（4）FCG 曲线（排料速度）测定。

（5）料罐最大容积的测定。

C　料面测定实施细则

布料溜槽各挡位的确定以物理性能相对稳定的焦炭为准。矿石比焦炭更靠近中心一点，必须在布料溜槽倾角、转速以及探尺零位标定准确之后再进行测料面工作。测料面过程由工长和上料工配合进行，做好测定记录。

a　最大角度的测定

正常料线范围内，料流边缘恰好与炉喉钢砖接触的溜槽倾角即为该料线所对应的最大可使用角度，正常生产可使用的最大角度分别在料线为 2m、1.8m、1.5m、1.2m、1m 时测定。用钢筋制作一标尺，垂直紧贴炉喉钢砖焊接固定（见图 1-8）。在装净焦过程中，通过人孔观察料流边缘与标尺所对应钢砖的接触情况（观察时用强光灯照射标尺），此时恰好接触的溜槽倾角即为该料线所对应的最大可使用角度。先测定 2m 料线对应的最大角度，布料倾角预先设定为 45°，然后视料流边缘与钢砖的接触情况调整角度，其他料线以此类推。

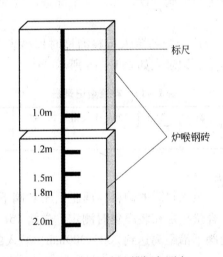

图 1-8　最大溜槽倾角测定

b　最小角度的测定

布料溜槽横筋不与料流接触的最小溜槽倾角为正常生产可以使用的最小角度。最小角度的测定在炉缸上部装净焦时开始进行。先设定溜槽倾角为 15° 布料，然后依据焦炭与布料溜槽横筋的接触情况调整角度（在炉顶人孔观测）：若料流不与溜槽横筋接触且有一定距离，则缩小角度；若料流落在溜槽横筋上，则扩大角度，直至溜槽横筋刚好不与料流接触为准。此角度即正常生产可以使用的最小角度。

c　料面形状的测定

测定出 1.5m 料线采用不同挡位布料所形成的焦炭平台宽度和漏斗深度，验证理论计算，找出经验数值，为正常生产调整料制提供依据。

测定方法：料线到达 1.5m 时将焦批按 4:3:3 比例分三次按表 1-13 中所示料制装入

炉内，分别用卷尺测出形成的焦炭平台宽度和漏斗深度，并用数码照相机拍照。

表 1 – 13 设定料制

顺序	焦量/%	布 料 方 式										
1	40	角度/ (°)	45	43	41	39	37	35	33	31	29	25	20
		圈数	3	3	2	2	1	1	0	0	0	0	0
2	30	角度/ (°)	45	43	41	39	37	35	33	31	29	25	20
		圈数	0	0	3	3	2	2	1	1	0	0	0
3	30	角度/ (°)	45	43	41	39	37	35	33	31	29	25	20
		圈数	0	0	0	3	3	2	2	2	1	1	0

d FCG 料流曲线的测定

FCG 料流曲线的测定需将矿石和焦炭分开测试。测定焦炭的 FCG 料流曲线可以和最小角度的测定同时进行。将料流阀开度 γ 值分别设定为 20°、22°、24°、26°、28°、30°、32°、34°、36°、38°、40°，测出每个料流阀开度所对应的单位时间料流量 Q（t/s），然后把 11 组 γ 值和 Q 值进行线性回归分析，求出 Q 与 γ 的回归方程。正常生产根据实际矿批和布料矩阵按此方程计算设定料流阀开度，然后视情况进行微调。矿石的测定在空焦段后的正常料段完成。

单位时间料流量的测定方法：炉料落入布料溜槽时用秒表开始计时（从人孔观测），到料空终止，计算出料流速率。记录表如表 1 – 14 所示。

表 1 – 14 料流量记录表

γ/ (°)	20	22	24	26	28	30	32	34	36	38	40
Q/t · s^{-1}											

e 料罐最大容量的标定

上密封阀在旋出状态下，装入料罐的炉料料面距上密封阀下沿 200 ~ 300mm 时的炉料重量即为料罐的最大容量。容量标定在装净焦时测定。先将 15t 焦炭放入料罐，然后每次放入 2t，直到料面距上密封阀下沿距离达到 200 ~ 300mm，装入的总量即为最大容量。

D 安全作业注意事项

(1) 人员进入炉内前做好安全防范措施，溜槽、下密封阀必须锁定，不得启动。

(2) 根据有关规定，炉内 CO 浓度不大于 24×10^{-6}，O_2 浓度不小于 20.5%，不符合此标准，不准进入炉内。人员已在炉内时，应立即撤出。

(3) 进入炉内人员禁止携带打火机等火种。

(4) 进入炉内工作前应安放好软梯和铝合金梯，认真检查挂、靠是否牢固。不准多人同时攀登。

(5) 进入炉内作业时必须佩戴安全带，炉顶人孔处必须有人对炉内情况进行监护，随时了解炉内人员及工作情况。监护人员等应取出口袋内卷尺等重物，防止掉下伤人。炉内炉外用对讲机保持联系。

(6) 进行炉内作业时，各种工具均需用绳索吊入，不准往炉内抛、扔。

（7）所有参加料层厚度实测的人员均应了解工作程序，听从指挥。

E 测料面需用器材

测料面需用器材如表1-15所示。

表1-15 测料面需用器材汇总

序号	名称	规格	数量	用途
1	秒表		1块	标定溜槽转速、测定FCG曲线
2	强光手电筒		2支	测料面
3	安全带		5条	测料面
4	对讲机		2对	测料面
5	防尘口罩		5个	测料面
6	盒尺	5m	2把	测料面
7	铝合金梯		1个	测料面
8	计算器		1个	测料面
9	数码相机		1部	记录料面形状

案例5 炉顶放散阀泄漏处理

某厂炉顶放散阀泄漏处理案例的具体情况如表1-16所示。

表1-16 炉顶放散阀泄漏处理案例

适合工种	炼铁工、原料工
案例背景	（1）时间：2004年5月28日。 （2）地点：1BF炉顶。 （3）过程： 5月28日21：40分左右，中控突然听到炉顶有泄漏声，运转工王某与张某立即上炉顶确认，并专门携带了氧气呼吸器，同时联系炼铁运行人员一并上去确认。到达炉顶初步确认为炉顶放散阀泄漏，因泄漏较大，煤气浓度高，短时间不能确认是几号放散阀和具体泄漏位置。运转工立即将现场情况告知中控炉内作业长，中控采取了减风、减氧、减顶压、重叠出铁等一系列措施
案例结论	（1）上炉顶检查的运转工携带了氧气呼吸器，所以未发生煤气中毒事故。 （2）虽然泄漏程度较大，但中控减风及时且力度到位，避免了泄漏进一步扩大，没有造成密封面大面积吹坏，这从事后处理的结果也已看出。 （3）联络及时，从发现故障到检修人员到位以及处理完毕仅用了68min，到23：08分就已全风全氧，未造成欠产
案例分析	该炉顶放散阀泄漏产生的原因有以下几个方面： （1）此次定修2号炉顶放散阀有检修工事，导致泄漏表明检修质量存在一定问题。 （2）通常在转高压时运转工与炼铁运行人员一并上炉顶确认放散阀，无泄漏就转高压，而后就很少上炉顶检查炉顶放散阀是否有泄漏。 （3）因炉顶放散阀在最高处，人员一般不会每次都上去点检，由此此处也是点检的薄弱环节。 （4）因荒煤气杂质多，冲刷厉害，加上是高压，一旦密封面略有不足或螺栓紧固不佳，势必会造成泄漏

适合工种	炼铁工、原料工
案例分析	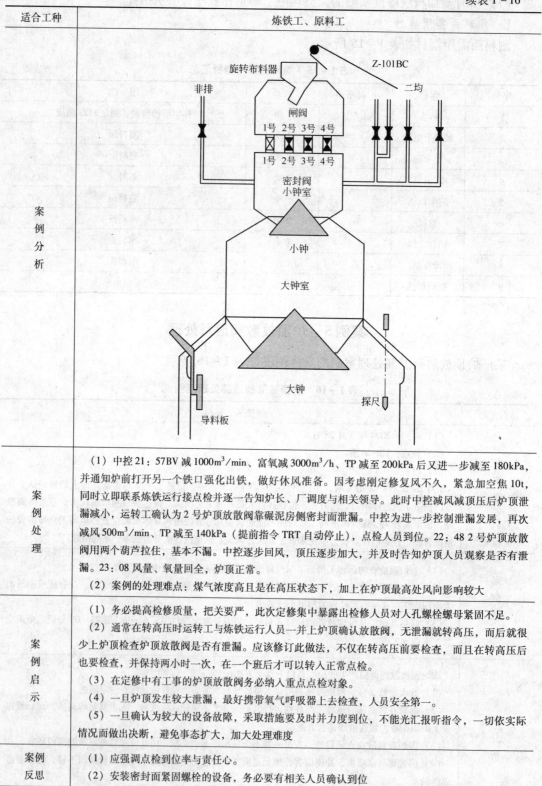
案例处理	（1）中控 21：57BV 减 1000m³/min、富氧减 3000m³/h、TP 减至 200kPa 后又进一步减至 180kPa，并通知炉前打开另一个铁口强化出铁，做好休风准备。因考虑刚定修复风不久，紧急加空焦 10t，同时立即联系炼铁运行接点检并逐一告知炉长、厂调度与相关领导。此时中控减风减顶压后炉顶泄漏减小，运转工确认为 2 号炉顶放散阀靠碾泥房侧密封面泄漏。中控为进一步控制泄漏发展，再次减风 500m³/min、TP 减至 140kPa（提前指令 TRT 自动停止），点检人员到位。22：48 2 号炉顶放散阀用两个葫芦拉住，基本不漏。中控逐步回风，顶压逐步加大，并及时告知炉顶人员观察是否有泄漏。23：08 风量、氧量回全，炉顶正常。 （2）案例的处理难点：煤气浓度高且是在高压状态下，加上在炉顶最高处风向影响较大
案例启示	（1）务必提高检修质量，把关要严，此次定修集中暴露出检修人员对人孔螺栓螺母紧固不足。 （2）通常在转高压时运转工与炼铁运行人员一并上炉顶确认放散阀，无泄漏就转高压，而后就很少上炉顶检查炉顶放散阀是否泄漏。应该修订此做法，不仅在转高压前要检查，而且在转高压后也要检查，并保持两小时一次，在一个班后才可以转入正常点检。 （3）在定修中有工事的炉顶放散阀务必纳入重点点检对象。 （4）一旦炉顶发生较大泄漏，最好携带氧气呼吸器上去检查，人员安全第一。 （5）一旦确认为较大的设备故障，采取措施要及时并力度到位，不能光汇报听指令，一切依实际情况而做出决断，避免事态扩大，加大处理难度
案例反思	（1）应强调点检到位率与责任心。 （2）安装密封面紧固螺栓的设备，务必要有相关人员确认到位

情境 2　送风操作

2.1　知识目标

（1）热风炉烧炉与送风制度知识；

（2）送风操作知识；

（3）热风炉常见事故知识；

（4）热风炉管道及阀门知识。

2.2　能力目标

（1）能够选择热风炉烧炉与送风制度；

（2）能够完成送风操作；

（3）能够处理热风炉常见事故。

2.3　知识系统

知识点 1　热风炉系统

A　热风炉工艺流程

a　工艺流程

以淮钢高炉热风炉为例介绍。淮钢高炉热风炉采用顶燃式热风炉，其工艺流程如图 2-1 所示。

b　热风炉技术参数

热风炉炉壳直径	$\phi6080mm$
热风炉球顶钢壳直径	$\phi7050mm$
热风炉全高	34000mm
每座热风炉蓄热面积	$1269m^2$
每 $1m^3$ 高炉有效容积加热面积	$106m^2/m^3$
每 $1m^3 \cdot min$ 高炉鼓风的加热面积	$35.5m^2/(m^3 \cdot min)$

c　主要设备

（1）燃烧器。每座热风炉配置一台大功率短焰燃烧器。

（2）助燃风机。热风炉配置助燃风机一台，风量 $50000m^3/h$，风压 10000Pa，采用集中送风。两座高炉共设三台风机，其中一台备用。

（3）热管换热器。可使用烟道废气余热加热助燃风，以提高燃烧温度。助燃风预热到 160℃。

（4）主要阀门。热风炉安设的主要阀门如表 2-1 所示。

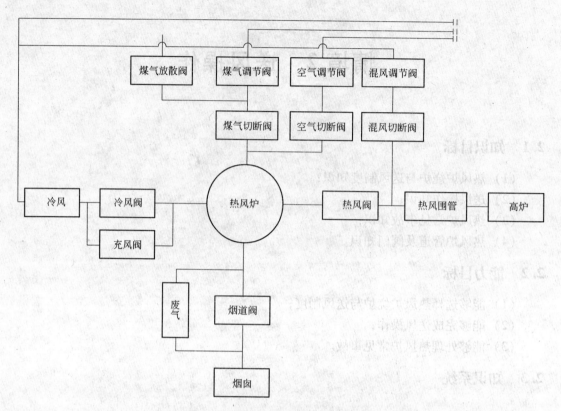

图 2 - 1　淮钢高炉热风炉工艺流程

表 2 - 1　主要阀门一览表

序号	名　称	规　格	单重/t	冷却方式	传　动
1	热风阀	DN900	7.95	软水	液压
2	回压阀	DN700	5	软水	液压
3	燃烧阀	DN700	5	软水	液压
4	混风切断阀	DN500	3.1	软水	液压
5	冷风阀	DN800	0.58	无冷却	液压
6	烟道阀	DN1200	10.4	无冷却	液压
7	助燃空气切断阀	DN700	0.59	无冷却	液压
8	煤气切断阀	DN700	0.59	无冷却	液压
9	风机切断阀	DN900	0.62	无冷却	液压
10	主烟道切断阀	DN2400	5.8	无冷却	电动
11	混风调节阀	DN500	0.26	无冷却	电动

（5）液压站。多数阀门由液压驱动，因此设热风炉液压站一座。此外还有干油润滑系统。

（6）波纹补偿器。在热风主管、支管、煤气管、助燃空气管上设有波纹补偿器。

（7）炉箅子与支柱。采用耐热铸铁，牌号为 RTCr。

（8）吊车。设在热风炉中心柱管上，吊臂可旋转以作更换阀门之用，起重量10t。

d 热风炉砌筑

大墙及拱顶，高温区采用低蠕变高铝砖，中温区为高铝砖，低温区为黏土砖。隔热层为轻质高铝砖、轻质黏土砖、耐火纤维毡。炉壳有喷涂层。

格子砖采用七孔格子砖，高温区、中温区、低温区材质分别为低蠕变高铝砖、高铝砖、黏土砖。管道砌筑采用高铝砖、轻质高铝砖、耐火纤维、喷涂料等。

热风炉顶部各孔口、热风管道三岔口采用组合砖。

e 烟囱和烟道

烟道为地上明烟道，平均温度300℃，最高400℃。烟囱为两座高炉的热风炉共用的一个烟囱，为砖砌筑，上口直径约$\phi3.25m$。

f 控制水平

热风炉采用PLC控制，其主要功能为热风炉换炉控制、混风控制、燃烧控制、拱顶温度控制、煤气流量控制等。

B 热风炉设备结构

a 热风炉系统的用途及作用

热风炉是高炉生产中的主要设备，其作用是为高炉提供温度较高的热风，以实现高炉低耗，降低焦比。

b 设备主要结构及特点

热风炉系统主要由热风炉本体、燃烧器及阀门三类设备组成。

（1）热风炉本体。有顶燃式、外燃式、内燃式三种基本形式，其中顶燃式热风炉又由蓄热室、拱顶、炉墙、炉壳、炉箅子组成。

1）蓄热室。按蓄热室内蓄热体不同，可分为球式、五孔砖、七孔砖等多种形式。要求蓄热体上部蓄热能力大，下部滤热能力强。

2）拱顶。按其形状可分为球形、锥球形、悬链线形等多种形式。

3）炉墙。作用是隔热、保温，一般为三环砌筑。

4）炉壳。一般用8~20mm钢板焊接而成，其内砌以耐火材料。主要作用是保证热风炉气密性及支撑热风炉拱顶耐火材料重量和热风炉外部设备。

5）支柱、炉箅子。用低磷铸铁件或高硅耐热铸钢件制成，主要支撑蓄热体重量。淮钢采用耐热铸铁，牌号为RTCr。

6）烟囱。一般一组热风炉共用一个烟囱，其作用是通过烟囱自身抽力将废气排入大气中。

（2）燃烧器。其作用是将煤气和助燃空气混合并送入燃烧室进行燃烧，按材质分有陶瓷燃烧器和金属燃烧器。建龙热风炉采用的是金属套筒式短焰燃烧器。

（3）阀门。热风炉阀门有热风阀、冷风阀、充风阀、烟道阀（废气阀）、燃烧阀、煤气切断阀、煤气调节阀、助燃空气调节放风阀、倒流休风阀、混风切断及调节阀。热风阀一般由阀体、阀座、阀盖及水冷系统组成，阀体经研磨制作而成，提高了阀体密封性。

c 操作与维护要点

（1）定期检查热风炉管道及本体的气密性，发现泄漏及时处理。

（2）定期检查热风炉冷却系统水压、水量，发现异常查明情况及时处理。

（3）定期检查热风炉各阀门密封情况，发现泄漏及时处理。

（4）定期检查热风炉阀门润滑状态，并及时给油脂润滑。

（5）采用合理烧炉制度进行烧炉，防止拱顶温度过高或过低。

（6）拱顶温度低于规定温度时，要及时烧炉。

（7）烧炉点火时，要及时查看点火状况，防止未点着火而导致煤气爆炸。

知识点2　送风制度

A　目的及目标

能根据条件相近、类型相同的高炉，选择风口面积、风口长度，以获得基本合适的风口风速和鼓风动能。

B　技能实施与操作步骤

制定送风制度的中心环节在于选择风口面积，以获得基本合适的风口风速和鼓风动能（因生产中不希望风量有过多的变动，因此风口面积的选择就成了制定送风制度的中心环节）。风量、风温的调剂主要在于控制料速和炉温，对风口风速和鼓风动能的调剂只起辅助作用。

目前，确定高炉合适的风口面积一般都是参照同类型、同条件、技术经济指标较好的高炉风口面积进行选择。也可根据鼓风动能与冶炼条件的关系和积累的生产经验、资料，进行研究比较而得出在不同条件下获得最佳冶炼效果的鼓风动能范围，然后选取适应本厂条件的鼓风动能，计算所需风口面积，选择适当直径和长度的风口。

C　知识点

下部调剂的实质是通过改变进风状态控制煤气流的初始分布，使整个炉缸温度分布均匀稳定，热量充沛，工作活跃，也就是控制适宜的回旋区与煤气流的合理分布。为达到适宜的回旋区，除了与之适应的料柱透气性外，还要通过日常鼓风参数的调剂实现合适的鼓风动能，以求炉况稳定顺行。

a　不同容积高炉适宜的回旋区长度

风口前的煤气流以回旋区为放射中心，沿短径向两侧并沿长径向炉缸中心扩展。回旋区形状和范围大小适宜，则炉缸周向和径向的煤气流分布也就均匀合理。

通过研究和生产实践，高炉因具体条件不同，不同炉缸直径 d，各有其适宜的回旋区深度 L。定义

$$n = \frac{d^2 - (d - 2L)^2}{d^2} = 0.5$$

一般情况下，300m^3 以下的高炉 n 为 $0.55 \sim 0.65$；1000m^3 的高炉 n 为 $0.5 \sim 0.55$；2000m^3 以上的高炉 n 为 $0.4 \sim 0.5$。根据上述公式可以计算出高炉回旋区适宜的深度。

b　风口回旋区与鼓风动能的关系

决定风口回旋区大小的直接因素主要是鼓风参数和原料条件。根据鼓风参数计算的鼓风动能、标准风速、实际风速、鼓风动量及 Froude 准数等，都与回旋区大小有一定规律，因此生产实践积累的上述各类经验数据，都可作为选择风口面积以保持适宜回旋区尺寸的依据。

鼓风入炉后吹动风口前焦炭做回旋运动，同时炭素燃烧产生巨大热量，后者除一部分

用来提高回旋系统的内能外，大部分使气流体积膨胀而转变为机械能，其中一部分和鼓风动能起同样作用，加速焦炭运动形成回旋区。

根据回旋区法向力平衡方程式（省略各种推导），得出回旋区形成的临界条件为

$$\rho = \frac{2[E + K(\Delta H - \Delta U)]}{q_{效}}$$

式中 ρ——回旋区曲率半径；

E——鼓风动能；

ΔH——燃烧反应产生的热量；

ΔU——提高系统内能的热量；

$q_{效}$——炉料作用于回旋区表面单位面积的有效正压力。

由上式可知，回旋区的曲率半径 ρ 即回旋区范围随鼓风动能及燃烧反应产生的膨胀功的增加而扩大，随炉料的有效正压力的增加而缩小。这就较完整地概括了鼓风动能、风量、炉料状况（粒度、强度和分布状态决定 $q_{效}$）和回旋区大小的关系。因该式中一些理化参数不易确定，难以通过其进行计算，故须用鼓风动能来计算风口面积。

c 风口面积与鼓风动能的关系

根据鼓风动能与冶炼条件的关系和积累的生产经验、资料，通过研究比较可得出在不同条件下获得最佳冶炼效果的鼓风动能范围，然后选取适应本厂条件的鼓风动能，即可计算所需风口面积，选择适当直径和长度的风口。

$$S = 1.803 \times 10^{-7} \times \frac{273 + t}{0.101325 + p_b} \sqrt{\frac{\gamma \cdot V_b^3}{n^3 E}}$$

式中 S——风口面积，m^2；

E——鼓风动能，$kg \cdot m/s$；

V_b——干鼓风量，m^3/min；

p_b——热风压力，MPa；

t——热风温度，$℃$；

n——风口个数；

γ——气体密度，kg/m^3。

d 鼓风动能与冶炼条件的关系

（1）高炉容积越大，炉缸直径越大，要使煤气流在炉缸分布均匀合理，就必须增大回旋区曲率半径 ρ，由 ρ 计算式可知，即必须增大鼓风动能。高炉末期，炉衬侵蚀时，也应有较大的鼓风动能，以控制边缘气流。

（2）原燃料条件好、粉末少、渣量少、高温冶金性能好，都能改善料柱透气性，增加炉料有效重量，使回旋区内的气流容易向外扩散，减少作用于回旋区的膨胀功。此时为维持大小适宜的回旋区，须提高鼓风动能。因此，原料条件好时，允许用较大的鼓风动能，利于高炉强化；反之，原料条件差则只能保持较低的鼓风动能。

（3）提高冶炼强度后，燃烧速度加快，使煤气体积和膨胀功增大，一般应扩大风口面积，以防鼓风动能过大而导致回旋区增加过大。

（4）喷吹燃料时，炉缸煤气量增加，径向温度趋于均匀，中心温度升高，中心气流发展，一般此时需扩大风口面积，选择合适的鼓风动能来维持合理的煤气流分布。

　　e　日常操作调节

（1）风温。热风是高炉的热源之一，它带入的热量全部被利用，能提高炉缸温度。改变风温能改变鼓风动能，进而导致炉内煤气流分布的改变。当提高风温使炉缸温度升高时，上升煤气的浮力增加，不利顺行，故操作中常常从"加风温为热，减风温为顺"出发，加风温要稳，减风温要狠。

在有其他调节手段时（喷吹、加湿），应固定风温在最高温度，以充分利用热风炉能力。

（2）风量。风量对产量、煤气分布影响较大，一般要稳定大风量操作而不轻易调剂，只有在其他方法调剂无效时才采用。

增加风量使鼓风动能增加，扩大回旋区，有利于中心煤气流发展。过大时，会造成中心过吹或中心管道。减风会发展边缘气流，长期慢风作业会使炉墙侵蚀。加风能提高冶炼强度，下料加快，可增加产量。掌握好风量与下料批数的关系，用风量控制下料批数是下部调剂的重要手段之一。

炉子急剧向凉时，减风是有效措施，增加煤气和炉料在炉内的停留时间，改善还原使炉温回升。但应注意，当由于减风过多或不当，使焦炭燃烧量降低，热量不足时，同时由于煤气量的减少，使之分布不合理，反而会导致进一步炉凉。

　　f　合理鼓风动能的判定

高炉鼓风动能合适与否，需经生产实践检验，一般从以下方面进行判断，如表 2 – 2 所示。

表 2 – 2　风速、鼓风动能标准

鼓风动能大小		过　小	正　常	过　大
炉缸工作情况		边缘发展，严重时中心堆积	炉缸活跃	中心发展，严重时边缘堆积
仪表显示	热风压力	压力偏低，易出现管道，风压曲线死板，常突然升高，有尖锋	风压较稳定，由于加料和炉温影响，有微小的平滑波动，除热风炉换炉外，无锯齿状	出铁、出渣前压力偏高，有时差 $5\sim10kPa$，出铁后，压力降低，波动周期和出铁时间一致
仪表显示	风　量	边缘发展初期易接受风量，如风量小，长期发展造中心堆积，堆积后不接受风量	风量稳定，风量曲线波动微小，无尖锋，风量在较大范围变化，对炉况无显著影响	炉况不顺，减风后好转，加风易塌料
仪表显示	料　尺	下粒不均匀，常有滑尺和塌料（两尺同时），严重时陷尺	均匀、稳定，变化平缓，无锯齿曲线	下料不匀，出铁前料慢，出铁时显著加快（该征兆和炉缸局部黏结是一致的，要注意结合其他征兆区别）
仪表显示	炉顶温度	带宽，波动大，有时分叉，顶温高（这些现象在风量小时不存在）	正常，波动小	带窄，波动大，但要和边缘发展而风量小的现象相区别
仪表显示	炉喉温度	高于正常水平	正常	低于正常水平
仪表显示	炉喉径向温度	边缘温度高，中心温度低	分布正常	边缘温度低，中心温度高

续表2-2

鼓风动能大小		过 小	正 常	过 大
煤气	煤气分布	边缘低、中心高，边缘少堵，出现难行，堵塞严重易悬料	双峰，或中心低，或平坦	不稳定，一般边缘高、中心低
	煤气利用	很差，$\phi(CO)/\phi(CO_2)$值高	较好，$\phi(CO)/\phi(CO_2)$稳定	变化很大，不稳定
炉渣	炉渣温度	圆周工作不匀，上渣热、下渣较凉	上、下渣温度接近，温度充沛	上渣凉、下渣热
	上渣率	上渣率高，易放上渣	上、下渣比易控制	上渣率低，严重时渣口难开，开后空喷，放不出上渣
	渣的成分	带铁，严重时坏渣口，渣中FeO含量高	一般不带铁，$w(FeO)<0.5\%$	大量带铁，严重时渣口大量破损
铁水	铁水温度	开始铁水温度较高，越出越低，前后温差大（指在炉温稳定时）	正常	铁水物理热不足，严重时硅、硫含量高
	生铁含硅	铁水黏稠，粘铁罐，严重时铸结铁罐	硅含量较稳定	两次铁间，硅含量波动较大
风口	风口前情况	活跃、明亮，但夹杂生降，严重时出现大块	明亮、活跃、均匀	工作不匀，显凉
	灌渣情况	有时涌渣，易灌渣	正常	虽有时也涌渣，但不多灌
	风口破损部位	一般因边缘发展，渗透性差，下部常坏，严重时风口坏在上部或端面	很少坏	下缘多，内口多

2.4 岗位操作（热风炉区域）

2.4.1 燃烧转送风作业

（1）作业人员：热风工。

（2）作业时间：3~5min。

（3）作业方式：操作微机。

（4）燃烧转送风过程：

1）和工长确认允许操作。

2）依次关闭煤气调节阀，关闭空气调节阀，关闭煤气切断阀，打开安全放散阀，关闭燃烧阀，关闭助燃空气阀，关闭烟道阀（使该热风炉处于焖状态）。

3）检查各阀门开关到位后，开后烟道小冷风阀均压，等冷风阀压减小至零时，开大冷风，开通往炉顶的小冷风阀，开热风阀，检查风压正常后调节相应风温。

2.4.2 送风转燃烧作业

（1）作业人员：热风工。

（2）作业时间：3～5min。

（3）作业方式：操作微机。

（4）送风转燃烧过程：

1）和工长确认允许操作。

2）关闭冷风阀（同时就关闭小冷风阀），关闭通往炉顶的混风阀，关闭热风阀，使该炉处于焖状态。

3）检查各阀门关闭到位后，开废气阀，放完废气后开烟道阀（开烟道前必须放尽废气），关废气阀，开燃烧阀，关煤气放散阀，开助燃空气阀，开煤气切断阀，然后调节空气和煤气配比进行燃烧。

4）烧炉操作。送风转燃烧操作完毕，待炉内着火后，再按正常烧炉需要量进行烧炉。烧炉分两个阶段：

第一阶段为加热期，要求开始使用大煤气量和最小空气过剩系数，在30min内将炉顶温度烧至1250～1350℃，空气过剩系数取1.05～1.1。

第二阶段为保温期，当炉顶温度达到规定值后，采取适当增加助燃风量保持煤气量的方法，以保持炉顶温度稳定在规定范围，继续加热中下部格子砖，直到燃烧终止，同时烟道温度不能超过400℃。

烧炉注意事项：发现顶温不上升时，应及时根据净煤气压力的大小调整煤气和空气配比；勤检查设备、冷却水、电器等工作是否正常；要根据工艺参数给定的数值，严格控制，灵活掌握；烧炉时，净煤气压力不得低于0.003MPa，以防倒流事故发生。

2.4.3　计划休风作业

（1）作业人员：热风工。

（2）作业时间：5～8min。

（3）作业方式：操作微机。

（4）准备工作。高炉值班工长提前15min通知热风炉准备休风，热风炉应立即通知布袋除尘切煤气，拉起炉顶放散阀停止烧炉，拉起250mm净煤气放散阀，除送风的炉子外，其余热风炉都处焖炉状态，打开风机排空放散蝶阀，做好休风准备。

（5）计划休风操作：

1）热风炉接到休风信号后，和值班工长联系，等打开放风门后再进行休风。

2）热风工立即在微机上进行休风请求，关闭混风阀以及混风调节阀，再关闭送风炉的冷风阀和热风阀。

3）如长期休风，把助燃风机停机。

4）如在煤气系统作业，应翻眼镜阀和煤气管道通蒸汽。

2.4.4　翻眼镜阀作业

（1）作业人员：热风工。

（2）作业时间：5～8min。

（3）作业方式：操作微机。

（4）使用工具：管钳。

（5）准备工作：

1）办理煤气工作票。

2）通知布袋除尘三、六、七高炉翻眼镜阀，切断通向管网的煤气。

3）佩戴空气呼吸器。

（6）作业过程（在炼铁厂安全员监护下）：

1）通知三高炉布袋除尘关闭通向三高炉热风炉的蝶阀。

2）五人以上到现场，确认蝶阀关严。

3）用管钳松开眼镜阀三条螺栓，手动护住翻板（松螺栓时站在翻板侧面，以防被翻板惯性碰伤）。

4）松开后翻转（切断煤气）。

5）检查皮垫完好，紧好螺栓，方能对煤气系统进行检修。

6）开风前按以上步骤翻转（引煤气）。

2.4.5 紧急休风作业

（1）作业人员：热风工。

（2）作业时间：3～5min。

（3）作业方式：操作微机。

（4）紧急休风操作：

1）接到高炉紧急休风信号后，立即关闭混风阀，关闭送风炉的冷风阀，关闭通往炉顶的混冷风阀，关闭热风阀。

2）拉起炉顶放散阀和净煤气放散阀，根据净煤气压力情况决定是否停止烧炉。

3）通知值班工长休风完毕，接工长指令需倒流时进行倒流。

2.4.6 倒流作业

（1）作业人员：热风工。

（2）作业时间：2～3min。

（3）作业方式：操作微机。

（4）倒流操作（三、六、七有预热器的高炉严禁用热风炉倒流）：

1）当高炉休风后，若需要倒流，由值班工长指令进行，热风炉接到指令以后，打开倒流休风阀进行倒流。

2）炉前工作处理完毕后，由值班工长指令停止倒流方可关倒流休风阀。

3）注意事项：听值班工长指令开倒流或停止倒流，不能擅自开或停；特殊情况如倒流阀坏等，需用热风炉倒流时，必须选一个顶温较高的炉子进行倒流，而且倒流时间不得大于30min；到现场作业必须带煤气监测器。

2.4.7 热风炉倒流作业

（1）作业人员：热风工。

（2）作业时间：2～3min。

（3）用热风炉倒流操作：

1）当高炉休风后，接工长通知倒流。

2）选一个顶温较高的炉子，顶温不低于 1000℃。

3）选好炉子后，开被选炉子烟道阀和热风阀，关其他阀门。

4）倒流前先关混风阀。

5）检查无异常后，通知值班工长倒流完毕。

6）倒流后的炉子不要立即送风，如送则应关闭热风阀，放尽废气后再送。

2.4.8　复风作业

（1）作业人员：热风工。

（2）作业时间：5～8min。

（3）作业方式：操作微机。

（4）复风操作：

1）高炉复风时，应检查各阀门管道是否正常，值班工长通知停止倒流后，关闭倒流休风阀或倒流炉子的热风阀和烟道阀，检查各阀门到位后，选一个顶温较高的炉子准备送风。

2）接到值班室开风信号后，立即开选好炉子的冷风阀，开热风阀，开通往炉顶混冷风阀。

3）开混风阀，调节风温至指定值。

2.4.9　引煤气作业

（1）作业人员：热风工。

（2）作业时间：5～8min。

（3）作业方式：操作微机。

（4）引煤气操作：

1）热风炉接到值班室指令引煤气时，先启动助燃风机。

2）通知布袋除尘引煤气。

3）关闭炉顶放散阀，关闭煤气管道上的蒸汽。

4）观察净煤气放散蒸汽是否排完。

5）当煤气压力大于 3kPa 时开始烧炉。

2.4.10　助燃风机突然断电作业

（1）作业人员：热风工。

（2）助燃风机突然断电处理：

1）先把燃烧炉的煤气切断阀关闭，再关闭空气阀、煤气调节阀和空气调节阀。

2）通知安全员电工到场，打开风机房门进行通风，等安全员测量确认没有煤气时方可进入检查。

3）检查停电原因，确认风机是否正常，然后关闭进风门，打开排空放散阀，等电工送电后慢慢用手转动中轴，让操作人员远离风机后再启动风机。

2.4.11 助燃风机和高炉同时断电作业

（1）作业人员：热风工。

（2）助燃风机和高炉同时断电处理：

1）先做好休风工作。

2）手动关闭煤气调节阀和空气调节阀，不可擅自处理风机。

3）通知安全员测量煤气含量后方可进入助燃风机房检查。

2.4.12 高炉突然断电作业

（1）作业人员：热风工。

（2）高炉突然断电处理：

1）高炉突然断电，手动关闭混风调节阀。

2）用16″扳手手动拉起炉顶放散阀。

3）手动关闭燃烧炉煤气调节阀和空气调节阀。

4）用扳手卸开送风炉油缸和钢丝绳，放下热风阀。

5）等来电后按计划进行休风操作。

2.4.13 突然停水作业

（1）作业人员：热风工。

（2）作业时间：5～8min。

（3）使用工具：手钳、铁丝、胶皮管。

（4）处理过程：

1）发现突然停水，立即把热风阀、混风阀、倒流休风阀下部出水管关闭。

2）短期（30min内）停水，交替送风，缩短每一座炉的送风时间（不大于15min）。

3）长期（大于30min）停水，交替送风，缩短送风时间的前提下，用手钳解开热风阀柄弹簧管，用胶皮管往热风阀柄内通蒸汽，用管钳卸开热风阀体进水管，用胶皮管向内通蒸汽（大于2h时必须休风）。

2.4.14 热风炉各阀门开、关不到位作业

（1）作业人员：热风工。

（2）使用工具：大锤、扳手、管钳。

（3）故障现象：

1）阀门本身已开、关到位，而信号失灵误导操作。

2）液压泵压力低，导致开关不灵。

3）阀门本身被卡，导致开关困难。

（4）故障处理：

1）若到现场检查，阀门正常动作，开、关到位，则是信号问题，应立即通知电工处理信号。

2）若发现阀门不动作，先到液压站检查油泵压力，如是液压问题，立即通知二建液

压维修工处理。

3）若信号、液压正常，为阀体本身被卡导致。

4）阀门不关处理：

①需用扳手松开阀柄根部的法兰。

②用大锤轻轻振动直到关闭。

5）阀门不开处理：

①先通知室内操作工把该阀门打至开位置。

②用管钳和大锤先把该阀下部顶丝拧紧。

③用大锤轻轻振动使其拉起，若仍无法拉起，需用倒链从上部拉起，拉起后将顶丝调至适当位置，以防下次再卡。

2.4.15　阀门水路堵塞作业

（1）作业人员：热风工。

（2）使用工具：管钳、榔头、铁丝。

（3）热风炉水路分布在3座风包的热风阀、混风阀和倒流休风阀上，3个热风阀上各有6道进、出水，混风阀上有2道进、出水，倒流休风阀上有4道进、出水，共计24道进、出水。

（4）检查方法：若发现某阀门出水量变小，用手感觉其水温度异常升高，以及水的颜色变白，就可以判断其中有堵塞。

（5）堵塞处理：

1）卸开进水锁，如没水，用榔头敲打管道，直到通水。

2）如进水管有水，证明出水堵塞，应卸开出水管股，用榔头敲打。

3）如敲打不通，用铁丝捅其出口，在捅出口时应把手避开出水正面，防止被捅透时喷出的水烧烫伤。

4）疏通管道后把管股和管道恢复原样。

2.4.16　阀门漏水作业

（1）作业人员：热风工。

（2）使用工具：管钳、榔头、铁丝。

（3）漏水确认：

1）检查时发现出水量变小，出水的颜色变白并有泡沫出现，用手感觉水温变高，就可初步判断其有漏水可能。

2）进一步打开检漏阀，若该炉在送风状态，应使该炉停止送风。开检漏阀时要稍开一点（有气体出即可，以防开大跑风严重），所出的气体若用手感觉湿度很大，就可判断其漏水。

3）判断漏水的部位，要各道水逐一排除。

说明：如是热风阀，应首先关闭热风阀柄的进水门，进行以上第2）步开检漏阀的方法进行判定，再关闭热风阀的水进行检查；其余四道水是连通的，必须全部关闭才可检查。

（4）漏水处理：

1）先压低水量、减少该炉送风次数进行临时处理。

2）等有休风机会，再更换阀门。

2.4.17　跑风作业

（1）作业人员：热风工。

（2）使用工具：石棉绳、玻璃水、扁铲。

（3）跑风判断：

1）若送风情况下跑风，则炉子风压会突然下降。

2）对于废气和烟道跑风，可用手感觉其温度变化，如有明显提高，证明有跑风现象，也可靠近阀门，根据声音判断跑风情况。

3）判断燃烧阀、空气阀跑风可用同样的办法，但如果其跑风严重，可能烧红管道或温度特别高，切不可贸然用手摸管道。

4）在烧炉情况下的跑风：

①如该炉准备烧炉，一开废气阀风压下降，烧炉操作完毕，风压仍不升起，此时证明有三道阀门可能造成跑风，即冷风阀、热风阀或是通向炉顶混冷风阀。

②判断的方法：ⅰ先用螺丝刀听通向炉顶混冷风阀有无的声音，如有，断定其跑风，再用同样的方法判断冷风阀；ⅱ如用以上方法排除冷风阀和通向炉顶混冷风阀跑风，那跑风的只有热风阀；ⅲ如通向炉顶混冷风阀风流、温度有变化，但变化不大，只可做参考，不能断定跑风。

（4）跑风处理：

1）阀门跑风。阀门跑风在正常开风的情况下无法处理，只有等到休风后通知二建进行补焊或更换阀门。

2）法兰跑风。若跑风不大，应立即准备好石棉绳、玻璃水和扁铲，到现场观察风向，确认无煤气时，用沾有玻璃水的石棉绳塞住，并通知二建用盘条点焊。

3）人孔跑风。立即停用此炉（处于焖炉状态），并打开烟道，用扳手松开人孔盖螺栓，更换盘阀和石棉绳，再紧固好人孔盖螺栓。

4）风包、冷/热风管道跑风（钢板开裂）。若跑风不严重，可坚持到休风后处理；若跑风严重，必须立即休风，通知二建进行补焊或打浆（注意煤气中毒和烧烫伤）。

2.4.18　热风炉微机操作工作业

（1）提前15min交接班，核对变料单。

（2）协助热风工烧、换炉，并配合热风工检查设备。

（3）发现问题，查找网络，配合各岗位进行故障处理。

（4）接到变料通知单后，准确变料。

（5）接到开、关阀门指令，准确、及时输入信号。

（6）下班前保持室内卫生。

2.4.19　阀门加油润滑作业

（1）各切断阀阀杆加油每三天一次，区域组长组织常白班、班长进行加油外，每天由夜班班长加机油。

（2）每次休风必须给送风系统的阀杆加油，由区域组长安排。

（3）所有链条加油，夏天每周一次，冬天每 5 天一次，由常白班负责。

（4）阀杆加油用注油器，加到冒出新鲜油脂为止。

（5）链条加油应缓慢渗透，避免往阀门上滴油。

（6）调压阀组、排风阀轴头由常白班每周检查、加油一次。

（7）加油完毕后，必须将注油器、阀门现场清扫干净。

（8）加油必须做好联系确认工作，先断电确保阀门不动作，防止机械绞伤。

2.4.20　阀体安装

（1）确认阀门的安装方向，箭头所指为承压方向。

（2）检查清理阀内异物，擦拭检查阀杆和密封面有无损伤、划痕。

（3）安装时要和管道对中，严禁用大锤敲打密封面，以防损坏。

（4）金属垫要求光滑平整，不准有折痕。

（5）吊装阀体时，清理两边法兰面，要求承线清晰无污物。

（6）阀体底部检漏阀和排污门要有保护措施，以防碰坏。

（7）吊装龙门架时，严禁龙门架磕碰阀杆，以防阀杆弯曲。

（8）金属垫要安装在密封面正中，在紧螺栓过程中要对称紧固。

2.4.21　阀体调试

（1）链条两边松紧一致，链板必须水平，压帽压紧。

（2）调试前应在配重杆和链条处加油。

（3）接近开关要求灵敏可靠。

（4）阀门的启闭要求无卡无撞击。

2.4.22　阀门液压杆销脱落安装作业

（1）发现阀门操作时无反馈信号，及时到现场检查，若发现液压杆连接处销脱落，应及时通知二建维修工。

（2）维修工到现场后，必须和操作工联系确认到位，在微机上采用手动操作，使液压杆归位，在基本到位的情况下，停泵泄压，用钢钎撬油缸，使销孔对正，插入销子，并将销子紧固好。

2.4.23　顶燃式热风炉烘炉作业

（1）烘炉前，要求烟道畅通，倒流阀全开，烟道阀小开一截，其余阀门全部关闭。

（2）打开热风通道下边烘炉燃烧口，使用木材自然烘烤。

（3）当拱顶温度达到 250~300℃时，引高炉煤气自然烘烤，速度以烘炉曲线为依据，要经常观察烟道抽力，根据煤气大小、烘炉方案决定烟道阀的开度。

（4）当拱顶温度达到1000℃以上时，烘炉结束。

（5）当烘炉结束后，关闭所有人孔和临时架接的管道。

2.4.24 顶燃式热风炉凉炉作业

（1）凉炉风包的烟道阀打开，其余阀门全部关闭。

（2）为了使炉子冷却到常温，首先拱顶人孔必须打开，其次炉箅子（格子砖支撑）下面的人孔同样必须打开。

（3）当拱顶热电偶移走时，要安装一个临时热电偶，其是凉炉参考的数据。

（4）炉箅子下端的人孔一打开，烟道阀关闭，冷空气就通过格子砖从底部流到顶端。

（5）直到拱顶温度达到100℃以下，凉炉完毕。

2.4.25 阀门清洁作业

（1）各包机责任人，全面负责自己所包设备的卫生工作，每次点检随手拿上棉纱进行清洁。

（2）由区域组长组织常白班每周日、周三两次集中清洁。

（3）确保阀门无灰尘、无油污。

（4）冬天严禁用中压水清洗阀门。

（5）夏天用水冲洗阀门时，要对电器部分做防湿保护后方可工作。

（6）每年一次防腐刷漆，由区域组长负责。

2.5 典型案例

案例1 高炉更换风口

A 作业人员和作业时间

（1）作业人员：值班工长、炉前各岗位人员、看水工。

（2）作业时间：50min。

B 作业工具

更换风口的作业工具如表2-3所示。

表2-3 更换风口作业工具

序　号	名　称	规　格	单　位	数　量
1	电葫芦	3t	台	2
2	倒链	3t	台	3
3	管钳	650mm	把	4
4	扳手	18″	把	4
5	扁担	1.6m	件	1
6	钢钎	3m	根	1

续表 2 - 3

序　号	名　称	规　格	单　位	数　量
7	风口大架		架	1
8	风口小架		架	1
9	大杠	4m	根	1
10	大锤		把	2
11	钢丝绳扣	1.2m	根	3
12	堵口拍	4m	根	1
13	捅口棍	5m	根	1
14	铁锹		张	2
15	铁钩	2m	根	2
16	麻绳	8m	根	1
17	销子		个	3
18	螺栓		条	6
19	金属垫片		个	每套1个
20	螺栓垫片		个	每套6个
21	手电筒		个	1
22	有水炮泥		kg	20
23	氧气管		根	若干
24	氧气带	12m	盘	2
25	氧气瓶		瓶	若干
26	垫木	400mm×400mm×50mm	根	1
27	生胶带		卷	若干
28	金属软管	DN32″	根	若干
29	金属软管密封垫		个	若干
30	手灯		个	1

C　作业准备

a　值班室分工及准备

（1）看水工确认风口已烧坏后，及时汇报值班室，如需更换，值班工长通知当班调度，并通知看水工、炉前工准备相关工具及备件，副工长联系进罐出铁。

（2）出铁时，看水工密切注意坏风口的工作状态，值班室副工长看住风口工作情况，出铁后按休风程序进行休风。

b　炉前工准备及分工

准备工作：

（1）准备好所更换送风口的备品备件。

（2）准备好更换所需的工具。

（3）确认电葫芦是否能用，挂好倒链及拴好钢丝绳。

（4）将所更换的送风口的风管弯头拴牢。

（5）先打掉弯头的两条活销，对角各剩下一条待休风后再卸掉。

人员分工：

（1）组长负责全面工作，并督促看水工准备好所更换送风装置的备件。

（2）铁口工负责电葫芦、倒链、钢丝绳的准备、安装和收拾，同时协助组长烧残渣铁，清理送风装置球面及接触面工作。

（3）副铁口工负责钢钎、大锤、手电筒、金属垫片、销子、扳手、管钳、麻绳的准备和收拾。

（4）大壕工负责风口大、小架及大杠的准备和收拾。

（5）小壕工负责所更换送风装置的准备工作，收拾更换下来的设备。

（6）清渣工负责有水炮泥、堵口拍、铁锹、铁钩、捅口棍等的准备和收拾。

c 看水工准备及分工

（1）班长在休风前对风口小套进行通水试验并保持内部存水，禁止上风口前倒出。

（2）跟班员将工具材料准备到位，待休风时更换。

（3）休风前适当控制损坏的风口小套进水量，保持风口明，防止小套烧穿（控制水量由班长负责）。

（4）休风前将风口小套进出水管金属软活接头卸松，但不准断水（进水管班长负责，排水管跟班员负责）。

D 作业过程

a 值班室

（1）出铁后适当喷吹铁口，值班室人员按程序进行休风作业（放风后，副工长检查风口，确认无涌渣、流渣，通知风机房休风，热风炉开倒流休风阀）。

（2）确认后通知炉前、看水开始更换操作。

b 炉前操作

（1）将电葫芦开至风口处，用钢丝绳拴弯头窥视孔尾部，用电葫芦拉紧，在风口上方的左右两侧设工字钢挂球，用倒链各挂一台，从弯头两侧用钢丝绳下端绕一圈拴牢，并用倒链拉紧，先把风口与短接卡的销子用大锤打出。注意不要全部打下，必须对角留2条。这时卸下拉杆，再将弯头上的销子卸下，开始松倒链，电葫芦随着倒链慢慢上升，直至弯头和风管退出。松开倒链，电葫芦挂在弯头挂梁两侧，将风管吊运到4m以外。

（2）用扁担将大架抬起，钩头伸入风口内，用大杠撞击架尾处，进入风口内，把支架放在钩头下方，将钩头撬起，拉动滑锤将风口带出（注：看水工卸下进出水管，把旧风口运至平台边缘）。

（3）用有水炮泥将中套内上方堵住，再用钩子把下方的焦渣钩出，清理干净接触面，用扁担抬起风口前端，放在中套内，用撞杆轻撞风口下方，待风口位置对正后，再用力撞紧。

（4）用绳套拴住弯头横梁，借助电葫芦运风口前放下，用倒链挂住弯头横梁两侧，拉至合适的位置，然后将金属垫放好，再拉倒链，拉紧到位后先将拉丝挂上打紧，再把所有销子用大锤打紧（注：安装完毕后，确认不跑风、漏气，通知值班室开风、送风）。

c 看水工操作

（1）休风后，炉前先将风口小套卸松，看水班长再及时将进出软管卸下，跟班员将出水软管卸下，并将小套旋转在炉台边。

（2）小套卸下后，炉前必须抠清积铁，积铁渣未抠净，禁止强行顶撞，防止撞坏小套接触面。

（3）上风口小套时，班长把握好角度，按风口标记对准中心后把好进水管，跟班员把好出水管，炉前将小套上好后，看水工及时将进出水软管装好，跟班员打开进水阀门进行通水，通水时要缓慢，班长认真检查所有冷却器及其他风口是否正常、有无挂渣，准备开风（注：更换完毕后，看水、炉前确认，停倒流，待指令开风）。

E　作业过程中安全注意事项

（1）注意煤气区域中毒。

（2）防止更换中烧烫伤。

（3）注意更换时炉内向外喷火伤人，不准站在风口正面。

（4）打锤时，严禁戴手套，严禁握钢钎人同侧站立。

（5）用氧气烧残渣铁时注意避免被火烧伤。

案例 2　热风炉操作

A　热风炉工艺控制制度

a　温度控制

拱顶温度	≤1350℃
烟气温度	≤350℃
换热器烟气段入口温度	≤280℃

b　压力控制

助燃空气总管压力	4～8kPa
煤气换热器后总管压力	≥3.0kPa
冷却水总管压力	≥0.35MPa
换炉风压波动	≤0.015MPa

c　燃烧制度

（1）必须严格执行温度、压力工艺控制制度。

（2）根据目前的工艺和设备条件，选择适合于本热风炉的烧炉控制方式，由分管车间主任决定。

（3）空燃比设定：热风炉工设定适当空燃比，一般控制在 0.55～0.70。

（4）空燃比调节：空燃比设定是否适当的判断依据为同时满足燃烧炉拱顶温度上升保持最快，否则应调节空燃比，确保燃烧炉拱顶温升。

（5）调火原则：以空燃比为原则，以残氧值（设备待装）为参考，以煤气压力为根据，以调节空气、煤气流量为手段，达到炉顶温度上升的目的。

1）开始燃烧时，根据高炉所需风温的高低决定燃烧操作，一般应在保持完全燃烧的情况下，尽量加大空气、煤气流量，采用快速燃烧法。

2）正常燃烧时，通常采用固定煤气量调节空气量的烧炉方法，即将煤气置于手动调节状态、助燃空气置于自动状态按设定的空燃比自动跟踪调节烧炉。也可固定空气量调节煤气量操作。

3）当一座热风炉停止燃烧时，调节另一座燃烧炉的煤气量，同时调节助燃风机进风口的开度，使助燃空气总管压力保持在 4～8kPa。

4）当另一座热风炉转入燃烧后，调节助燃风机进风口开度，将助燃空气调节阀转入手动，开到所需开度（热风炉进入自动设定空燃比），再将煤气调节阀开到额定量。待助燃空气量和煤气量基本到位后，将助燃空气调节阀转入自动状态按设定的空燃比自动调节空气量，同时调节原燃烧热风炉的空气、煤气流量烧炉。

5）当拱顶温度达到给定值，减少煤气量，加大空燃比，保持拱顶温度稳定在给定值。当烟气温度上升过快或达到给定值时，可减少煤气和空气量直至最低限度，维持烟气温度在规定的范围之内。此时空燃比设定与调节同前。如拱顶及烟道温度同时达到给定值，可采取换炉送风办法，而不应减烧。

d　送风制度

送风控制为两烧一送制，特殊情况根据当班值班工长要求由分管车间主任决定。

B　助燃风机操作程序

a　启动前的检查

（1）检查开动牌是否齐全。

（2）全关启用助燃风机进风口调节阀，全开启用助燃风机出风口调节阀。

（3）检查停用风机出风口调节阀是否全关。

（4）全开助燃风机总管空气放散阀。

（5）由到现场的主管电工、钳工检查助燃风机联轴器松紧是否合适，螺栓有无断裂松动，叶轮和机壳有无碰撞和异声。

（6）确认轴承温度正常。

（7）确认风机轴承箱润滑油位高于油位线。

b　机旁启动操作

（1）经检查确认正常，助燃风机旁无人后，启动助燃风机。

（2）若助燃风机运行正常，则慢慢开启助燃风机进风口调节阀，调节电动机转速，调节助燃空气压力。若发现异常情况，立即按"停止钮"，排除故障并检查确认正常后，重新启动。

（3）逐步关闭助燃空气总管放散阀，以达到所需风量。

c　停机操作程序

停机前必须通知当班值班工长、主管电工、厂调度，得到允许后进行操作：

（1）打开助燃空气总管放散阀。

（2）燃烧的热风炉停止燃烧，转入焖炉。

（3）调节降低电动机转速。

（4）关闭助燃风机出风口调节阀。

（5）正常停机时，通知电工停机；故障时，先停机，后通知电工。

d　换机操作程序

（1）正常情况下更换助燃风机，由检修主管人员与热风炉工到现场进行；中、夜班时报告当班值班工长及值班厂长同意后，当班高压电工与热风炉工按停止及启动助燃风机的操作程序操作，并记录备案。

（2）换机前，必须先打开空气放散阀，将燃烧的热风炉转入焖炉状态，停止运行助燃风机后，再启动备用助燃风机。

e　运行及维护制度

（1）开一备一。

（2）烧炉及换炉时，禁止用助燃空气总管放散阀调节压力，只允许用进风口调节阀调节，调节压力在 4~8kPa。

（3）全部热风炉停止烧炉时，要保证助燃空气总管放散阀全开。此时应关小助燃风机进风口调节阀，使风机空负荷运行。

（4）高炉不超过 2h 的短期休风时，可不停助燃风机，按步骤（3）操作，使风机空负荷运行。

（5）禁止频繁启动同一台助燃风机，两次启动同一台燃风机间隔时间应大于 30min。

（6）运行中发现故障报警，立即停机检查。

（7）每季更换一次助燃风机，风机故障时可临时变更。

（8）每班检查助燃风机叶轮的运行振动、各阀门的阻卡及管道漏风、电动机电流及润滑情况，做好记录，发现问题及时联系处理。

（9）定期清灰、加油。

C　热风炉运行控制方式及选择

a　热风炉运行控制方式

热风炉运行控制方式有集中手动、机旁手动、全自动、半自动四种。

b　四种运行控制方式下的换炉操作

采用"两烧一送"按"时间"送风的工作制度，即两座热风炉燃烧，一座热风炉送风，按设定时间换炉。进行换炉操作前，通知值班室，特殊情况时换炉，要征得值班室同意。

（1）集中手动方式。

1）燃烧→焖炉→送风。

①关煤气调节阀和助燃空气调节阀。

②关煤气切断阀。

③关燃烧阀和助燃空气切断阀。

④关 1 号和 2 号烟道阀。

⑤开煤气安全阀（支管煤气放散阀），此时热风炉处于焖炉状态，显示"焖炉"信号，接"送风"信号后，执行下列程序：

i 开充压阀（先小开后大开）。

ii 当冷风阀前后压差等于给定值时关充压阀，开热风阀。

iii 开冷风阀，此时换炉结束，热风炉由燃烧状态转为送风状态，显示"送风"信号。

2）送风→焖炉→燃烧。

①关冷风阀。

②关热风阀，此时热风炉处于焖炉状态，显示"焖炉"信号，接"燃烧"信号后，执行下列程序：

i 开废气阀。

ii 当烟道阀前后压差等于给定值时关废气阀，开 1 号和 2 号烟道阀。

ⅲ 开燃烧阀和助燃空气切断阀。

ⅳ 开煤气切断阀。

ⅴ 小开煤气调节阀和助燃空气调节阀。

ⅵ 延时 30s 开煤气调节阀和助燃空气调节阀至给定开度，此时换炉结束，热风炉由送风状态转为燃烧状态，显示"燃烧"信号。

3）非正常换炉程序——倒流休风。值班工长发出"倒流休风"指令，正在送风的热风炉转入非正常换炉操作：

①关混风调节阀和混风切断阀。

②关冷风阀。

③关热风阀。

④值班工长口头发出"倒流"指令后，开倒流休风阀，此时热风炉处于"焖炉"状态，显示"倒流休风"信号。值班工长指令倒流休风结束，解除"倒流休风"信号，热风炉恢复正常操作。

ⅰ 关倒流休风阀。

ⅱ 开热风阀。

ⅲ 开冷风阀。

ⅳ 开混风调节阀和混风切断阀。

4）非正常换炉程序——一般休风。"休风"程序同"倒流休风"程序的①～③，终止"休风"程序同"倒流休风"程序的终止操作ⅱ～ⅳ。

5）冷风压力降到规定值，正在送风的热风炉按值班工长指令转入非正常操作：

①关混风调节阀和混风切断阀。

②关冷风阀。

③关热风阀，此时热风炉处于"焖炉"状态。事故完毕，按值班工长指令恢复正常操作。

④开热风阀。

⑤开冷风阀。

⑥开混风调节阀和混风切断阀。

（2）机旁手动方式。

1）将热风炉电控柜转至机旁手动。

2）在设备附近的就地操作箱中用按钮进行操作。

c 慢风、放风操作程序

通常情况下，当班值班工长应在高炉需要慢风或放风前通知热风炉工。

（1）热风炉工接到当班值班工长发出的"慢风"信号后（风压大于 0.05MPa），停止热风炉燃烧，并告知当班值班工长。

（2）热风炉工接到当班值班工长发出的"放风"信号后，立即关闭混风阀，并告知当班值班工长。

（3）回风操作程序：

1）慢风或放风结束，接到当班值班工长发出的"正常"信号后，在风压大于 0.05MPa 时，可按当班值班工长指令打开混风阀。

2）高炉回风后须待煤气压力不小于 3.0kPa 方可恢复烧炉。

d　短期休风操作

（1）由当班值班工长通知热风炉工准备休风。

（2）操作同慢风、放风操作的（1）、（2）项。

（3）接到当班值班工长发出的"休风"信号和口头通知后，关送风炉的冷风阀、热风阀，操作完毕即告知当班值班工长。

（4）接到当班值班工长"倒流"的指令后，打开倒流休风阀并告知当班值班工长。

（5）短期休风的复风操作。

1）接到当班值班工长要求"停止倒流"的指令后，关闭倒流休风阀并告知当班值班工长。

2）接到当班值班工长发出的"正常"及"复风"信号并口头确认后，全开送风炉的热风阀、冷风阀，操作完毕即告知当班值班工长。

3）操作同回风操作。

e　炉顶点火的长期休风操作

（1）休风前的准备工作。

1）热风炉工在休风前一天准备好炉顶点火用的油棉纱等用品。

2）将通入炉内的焦炉煤气和空气胶皮管接好，放置点火平台。

3）休风前放尽除尘器内炉灰。

（2）休风、点火操作。

1）休风操作：

①操作同短期休风（1）～（3）项。

②热风炉停止燃烧后，立即与电工联系，停助燃风机。

2）点火操作：

①由厂部煤气负责人主持，厂部有关负责人参加，热风炉工负责执行点火操作。

②热风炉工接到煤气负责人（或休风负责人）点火指令后，按要求进行点火操作。

③炉内煤气点燃着火后，点燃焦炉煤气管，并调节好空气与煤气比例，伸放到炉内。

④点火完毕，由热风炉工负责看火，防火熄灭。如发现炉内煤气熄灭，立即报告当班值班工长和煤气负责人（或休风负责人），决定是否重新点燃。

3）按当班值班工长指令打开倒流休风阀。

4）按当班值班工长指令打开热风炉的冷风阀、烟道阀。

5）混风管水封（待建）完毕，高炉风机停机后，关冷风阀、烟道阀。

（3）赶净煤气操作。

热风炉煤气系统检修或需动火，必须在厂部煤气系统负责人指挥和安全负责人监督下，由热风炉工赶尽煤气后，方可进行检修操作。

1）所有热风炉处于焖炉状态。

2）通知煤气调度，关闭电动翻板阀，切断净煤气。

3）开净煤气管道和热管换热器煤气段上各放散阀。

4）净煤气管道通蒸汽，各放散阀见蒸汽后，由厂部煤气系统负责人决定是否关闭蒸汽阀门。

5）由安全负责人判定是否具备动火条件。

（4）送净煤气操作程序。

1）关闭热风炉各煤气阀，开管道末端放散阀并通蒸汽。

2）放散阀见蒸汽5min后，通知煤气调度打开电动蝶阀。

3）关蒸汽，末端放散阀见煤气5min后关闭。

f 长期休风的复风操作

（1）复风前必须详细检查和验收各检修项目和设备，联系并征得煤气调度同意后，从净煤气总管引气。

（2）确认混风阀关闭、各热风阀处于焖炉状态、除尘器放灰球阀关严、取样机在"炉内停止"位置。

（3）根据当班值班工长提供的复风时间和煤气总管压力，热风炉工须提前至少1小时启动助燃风机烧炉，保证高炉复风后所需风温。

（4）按短期休风后的复风操作程序操作。

（5）待值班工长引煤气结束，除尘器蒸汽关闭后，开除尘器放灰阀放净除尘器冷凝水。

g 特殊事故处理

（1）高炉风机突然断风的处理。

1）接到当班值班工长发出的"紧急休风"信号及口头通知后，立即关闭混风阀和送风热风炉的冷风阀、热风阀。

2）全部热风炉停止燃烧，转为焖炉状态。

3）按当班值班工长指令打开燃烧热风炉的冷风阀、烟道阀。

（2）休风时放风阀打不开的处理。

当班值班工长通知风机房将风量减到最低后，通知热风炉工进行如下操作：

1）打开一座焖炉状态热风炉的废气阀和烟道阀。

2）缓慢打开该热风炉的冷风均压阀。

3）缓慢打开该热风炉的冷风阀放风。

4）放风完毕，接到当班值班工长"休风"的指令后，关闭送风炉的热风阀、冷风阀。

5）待放风阀检修完毕，得到当班值班工长放风阀已全开的通知后，使全部热风炉处于焖炉状态。

（3）冷却系统发生故障及断水处理。

1）热风炉系统均为中压水。

2）若热风炉冷却水系统压力降低，水量减少，应及时报告当班工长和厂调度，并及时联系处理。

3）当热风炉冷却水系统压力低于规定下限时，应优先保证送风热风炉的冷却，其余热风炉转为焖炉。

4）热风炉冷却水系统断水处理：

①应及时报告当班值班工长和值班厂长。

②中压水断水由事故水塔水补充，但水压下降，水量减少，应确保送风热风炉的热风

阀冷却用水。

③全线断水，按"紧急休风"程序进行处理。

5）热风阀冷却系统故障处理：

①若热风阀阀柄断水，可将该炉转为送风状态下处理。

②热风阀断水且冒蒸汽时，应及时加备用水，逐渐通冷却水，并逐渐使各出水管出水量增加，严禁加水过急，待水温下降后，才可将通水量开到正常。

③倒流休风阀冷却水故障及断水，参照热风阀同类情况处理。

（4）断电处理。

1）助燃风机断电：

①当助燃风机停电或故障跳闸时，程序应保证处于燃烧的热风炉立即关闭煤气调节阀、煤气闸阀和燃烧阀，关闭空气阀，然后按手动联锁操作转入焖炉状态。

②立即报告当班值班工长，同时与变电所联系，并通知主管电工、钳工到现场，查明事故原因。

③若属变电所故障，须得到其检修正常的通知后，按启动助燃风机的操作程序启动原助燃风机，或征得主管部门同意后启用备用风机。

④若属助燃风机故障，则与相应变电所及主管部门联系，按更换助燃风机操作程序启用备用风机。

2）公司生产系统断电：

①热风炉工接到当班值班工长发出的"紧急休风"指令后，立即将全部电动阀门的电源开关拉下，改为手动操作。

②关混风大阀，送风炉的热风阀，燃烧炉的煤气阀、烟道阀、冷风阀；开助燃风机放散阀，关送风炉的冷风阀；按值班工长指令开倒流休风阀。

③以上处理完毕后，尽快将热风炉系统转入正常休风状态。

④送电后，按助燃风机启动程序启动助燃风机。

案例 3　高炉易地大修热风炉硅质火泥问题

高炉易地大修热风炉硅质火泥问题的案例介绍如表 2-4 所示。

表 2-4　高炉易地大修热风炉硅质火泥问题

适合工种	炼　铁　工
案 例 背 景	2004 年 8 月以来 2 号高炉易地大修热风炉硅砖砌筑施工期间，现场发现有的厂家生产的硅质火泥施工性能不好，主要是硬化慢，形成强度晚，影响了热风炉的砌筑质量，这时高炉大修工程建设工期又非常紧张，必须迅速解决这个问题。为此项目组迅速采取了以下处理措施： （1）立即通知生产厂对火泥重新生产进行补供，并想办法调整现有火泥的施工性能，避免浪费。 （2）要求生产厂家严格按生产工艺流程认真生产，加强产品施工性能的检验。 （3）加强复检工作，同时及时向厂家反映现有的各种问题。 处理结果如下： 根据宝钢项目组要求，该厂在第二批补供火泥生产过程中，调整了成分，达到了宝钢要求，同时派技术人员到现场对第一批火泥进行微调，并指导搅拌作业程序，施工人员认为调整后的火泥能够满足施工要求，热风炉硅砖的施工正常进行

适合工种	炼 铁 工
案 例 结 论	由于火泥问题影响本次高炉大修的施工质量已出现不止一次，尽管得到了及时处理和解决，但也给了我们许多教训。 　　如果高炉大修工程建设由于一些少量或者不是很关键的材料出现问题，也会影响今后热风炉的使用寿命，造成在生产中出现意想不到的问题；由于耐材质量不好再重新生产或调整，也会影响工程进度，给宝钢造成重大损失。所以在工程的任何一个环节，每一种材料我们都必须认真对待，尤其对火泥要加强施工前的性能检测工作
案 例 分 析	本次硅质火泥施工性能不好主要是因为材料硬化慢，形成强度晚，使砌筑好的砖产生滑动。所以对一些非关键的耐材也要给予一定的重视。 　　在耐火材料中，火泥是一类比较特殊的不定形耐火材料，是成形产品的接缝材料，但是在使用中，它很容易成为薄弱环节，因此火泥质量尤其是施工性能要引起必要的重视。火泥的施工性能包括火泥的涂抹性（泥浆不分离、不流淌、不沉淀、不干涸，灰缝饱满）、黏结时间、用水量等，如果施工性能不好，会直接影响到施工质量和工期
案 例 处 理	（1）案例处理的原始过程： 　　2004 年 8 月施工人员反映问题后，项目组立即通报采购部和生产厂家，同时寻找同类火泥，由专家技术组确定替用的问题，以免影响工期。厂家随后派来技术人员确认问题和分析原因，并积极准备第二批补供的火泥，经过调整，火泥性能改善，并得到了施工人员的认可。 　　（2）案例处理的技术难点： 　　对硅质火泥质量要解决以下问题： 　　1）黏结时间长，硬化慢，调整结合剂和硬化剂，并控制好泥浆的加水量。 　　2）黏结强度低，造成砖滑移，调整常温条件下硬化剂和其他外加剂的加入种类和加入量
案 例 启 示	（1）教训及启示： 　　在高炉大修过程中，对关键的、重要的耐火材料给予了高度重视，但对其他材料，耐材生产厂并不能完全满足用户的需求，甚至不能解决它自身出现的问题。因此技术人员要立足于自身，要有高度的责任感和高超的技术水平来保证企业发展的需要。 　　（2）预防措施： 　　1）利用企业优势，对重大工程建设项目可以由各部门组成的虚拟团队，形成专业技术小组，从而更好地确保耐火材料的质量。 　　2）加强对供货方的了解、交流和必要的技术指导。 　　3）加强项目材料质量监督和检验，对问题的发生要有预案
思 考 与 相 关 知 识	（1）问题思考： 　　如何认识一个重大项目的建设就是一个系统工程，关键的东西固然很重要，但其他环节也不容忽视，细节决定一切，成功取决于此。 　　（2）专业知识： 　　硅质火泥是一种比较特殊的耐火材料，其主要组成有石英粉、废硅砖粉、黏土、黏结剂、烧结剂等。火泥最基本的要求是施工性能，要求砌筑路时能灰缝饱满，具有适当的黏结时间；需要有较好的黏结性能；热稳定性要好，不能因为干燥和燃烧引起收缩或膨胀而造成砖缝开裂；化学成分要与砌筑的硅砖基本相同，并要有适宜的耐火性能。 　　（3）技术新进展： 　　20 世纪 90 年代后，硅质火泥已发展到了第 3 代产品，而且国内也是随着宝钢对材料要求的提高而提高的，所以说宝钢用的耐火材料水平走在全国的前列。 　　（4）知识或资料摘录： 　　专业期刊：《耐火材料》、《国外耐火材料》； 　　专业书籍：《$Al_2O_3 - SiO_2$ 耐火材料》、《炼铁用耐火材料》

案例 4 风口熔损后的维护

风口熔损后的维护案例介绍如表 2-5 所示。

表 2-5 风口熔损后的维护案例

适合工种	炼 铁 工
案例背景	(1) 时间：2004 年 8~9 月。 (2) 地点：2 号高炉。 (3) 经过： 2004 年 8 月 6 日 16：00，2 号高炉 16 号风口排水瞬间急剧减少，风口进排水差流量为 50L/min。现场检查风口排水不喘，风口前端明显发暗，有挂渣现象，外部无水迹。逐步闭水至 350L/min，风口排水发喘，风口前端开始明亮。维持水量 10min 左右，排水恢复正常，不再发喘。内部观察发现风口前端右侧有明显黏结物。判断 16 号风口熔损，但破损部位已黏结，控制进水为 400L/min，维持即可。 8 月 9 日，再次闭水确认破损状况。减水至 300L/min，无明显喘息。恢复水量，继续维持。 9 月 15 日，16 号风口差流量大于 30L/min，再次报警，水量下降 10L/min，差流量趋于稳定，在 5L/min 左右。但随后几天每到北场铁口出铁时，差流量就开始频繁波动。几次调整，但效果不佳，有反复。 9 月 30 日，高炉休风，更换破损风口
案例结论	(1) 案例性质： 这是一起典型的风口前端被铁水熔蚀破损的设备损坏事故。 (2) 案例影响： 1) 前期破损处黏结良好，对炉况及周围设备影响小。 2) 后期破损发展，漏水增大，燃料比上升，铁口状况变差，北场侧壁温度开始上升。 3) 高炉被迫休风 100min，影响并损失了产量
案例分析	风口是一个热交换极为强烈的冷却器。高炉所有冷却元件中，风口破损是造成休风的最重要原因之一。风口的前半部分伸入炉墙内，处在炉内高温区域。从传热角度来看，当风口前端接触到高温的液态铁水时，如果风口内部冷却强度与强大的热流不相适应，局部沸腾就不可避免。局部沸腾之所以烧坏风口，是因为在该处铜壁与水之间产生了气体薄膜，而此膜的热阻相当大，使传热系数急剧降低，从而使铜壁温度一直上升直至超过它的熔点，使风口熔损。 高炉风口的破损中以熔损风口的漏水量最难以控制，其对高炉的长寿、正常操作影响也最大。只有通过合理地调节熔损风口的给水量，使风口前端破损处形成缓冲区，在破损处黏结渣铁，才能减少甚至不向炉内漏水，从而延长风口的使用寿命。 从目前的实际情况来看，绝大部分熔损风口都在铁口上方，这主要是由于该区域受炉内气流和周围铁口状况影响较大所致。 16 号风口自 8 月 6 日破损，经黏结渣铁后一直很稳定。但受炉内状况影响，到 9 月 16 日再次报警，从临时休风拉下的风口看，除了原先右侧前端熔损外，在风口前端外侧上方又有一处被铁水滴穿。由于此位置无法形成渣铁黏结，水流至此压力发生变化，而且两个破损处相互影响，致使下部破损处的黏结也不再牢固，出现多次脱落，造成风口差流量反复波动。同时由于破损增大，部分冷却水漏入，到达铁口变成蒸汽，造成出铁时铁口自始至终都有较小渣铁喷溅，对炉前作业也构成影响
案例处理	(1) 案例处理过程： 1) 发现风口破损后，首先对破损风口的破损原因进行分析确认。 2) 通过减水降低风口内冷却水的压力，使风口前端内水压与风口前端炉内压力保持相对平衡，同时视漏水程度的大小，将给水量控制在排水头稍带一点喘，使差流量保持在 20L/min 左右，使熔损处重新渣铁黏结

适合工种	炼 铁 工
案例处理	3）熔损风口渣铁黏结以后，结合排水头状况、风口内明亮程度、风口周围水迹及差流量变化等综合因素，决定给水量控制在400L/min。给水量固定，不再轻易调整该风口水量。 4）风口二次熔损后，两个破损处相互影响，使得黏结物反复脱落，致使向炉漏水明显增加，对高炉的燃料比及长寿造成影响，为此9月30日休风更换。 （2）案例处理的技术难点： 风口水量的控制对熔损风口的维护至关重要。水量过小，可能造成风口破损增大，甚至烧穿，导致大量灼热焦炭和熔融渣铁外喷，烧坏周围设备，高炉被迫紧急休风。水量过大，会使大量冷却水漏入炉内，入炉冷却水汽化蒸发，大量吸热，会造成近风口侧铁口的铁水温度比其余风口的铁水温度低，从而导致此处熔融渣铁流动性变差，渣铁无法出尽，大量渣铁在此风口区域下方积聚，进一步加剧风口熔损的可能性，严重时会造成风口凝铁、灌渣，甚至烧穿。 同时，长时间风口漏水会造成下方炉缸炭砖渗析破损，加大炉缸局部侵蚀的程度，严重威胁高炉长寿。 熔损风口一旦出现二次熔损，不易判断。特别是上方铁水滴穿，渣铁黏结困难。二者相互影响，风口维护困难，只能休风更换
案例启示	（1）在确认风口熔损后，应结合排水头状况、风口内明亮程度、风口周围水迹及差流量变化等综合因素，将给水量控制在排水头稍带一点喘，使差流量保持在20L/min左右，以利熔损处重新渣铁黏结。 （2）熔损风口一旦渣铁黏结以后，给水量应固定，不再轻易调整该风口水量。减少甚至消灭破损风口向炉内漏水，避免近风口侧铁口的铁水温度降低，避免漏水导致风口下方炉缸炭砖渗析破损，加大炉缸局部侵蚀的程度，威胁高炉寿命。 （3）从近两年对熔损风口的实际黏结情况来看，黏结后的熔损风口排水稳定，基本不带喘，差流量也保持在-5~5L/min，进排水温差在正常的范围之内（<10℃），破损风口下无水迹，炉内燃料比亦无上升，对炉况没有影响，大大降低了高炉的休风率。 （4）加强炉内人员操业技能，保证炉温稳定，同时强化炉前的出渣铁管理，确保炉缸渣铁出尽，是减少风口熔损的重点
思考与相关知识	（1）问题思考： 1）熔损风口的判断与维护如何？ 2）炉温趋势化判断与调节如何？ （2）专业知识： 宝钢目前使用的风口为铸铜贯流式高流速风口。正常生产中冷却水量在550L/min，风口前端最高水速可达到16m/s，铜纯度为99.5%，热传导率达1004.83kJ(m·h·℃)(240kcal/(m·h·℃))。 （3）技术新进展： 为了提高风口寿命，现在日本有些高炉采用高水压、高水质的双室高水速风口。目前在宝钢1号和2号高炉上都安装了双进双出风口进行试验。 另外，在风口外面喷涂覆盖层（如SiC保护层、高温耐热陶瓷合金等），可以增强风口的耐热性和耐磨性

案例5 高炉热风送风压力检测系统故障处理

宝钢老1号高炉热风送风一次检测系统故障处理的案例介绍如表2-6所示。

表 2 - 6　宝钢老 1 号高炉热风送风压力一次检测系统故障处理案例

适合工种	炼 铁 工
案例背景	(1) 时间：1995 年 6 月 17 日星期六 15：30 分左右。 (2) 地点：宝钢老 1 号高炉热风送风压力一次检测系统。 (3) 过程及背景： 　　1995 年 6 月，正是 1 号高炉第一代炉龄的末期，高炉的设备大多进入老化、劣化时期，许多设备稍不留意，就会有事故发生。 　　原 1 号高炉的热风送风压力一次取压检测系统就是属于此类设备，由于该一次检测系统长期运行在高压、高温之下，且该系统位于室外，经过近 10 年的运行，外部环境对一次检测装置造成了强烈的腐蚀，终于于 1995 年 6 月 17 日下午，高压、高温的热风将一次检测系统上设置的冷凝水罐吹裂开，造成检测导管中风压外泄，高炉热风送风压力仪表显示压力下降，显示不正确给高炉炉内操作观察造成了一定的影响。 　　当天下午，高炉处在正常生产中，3 点多钟当高炉炉内操作人员在检查各仪表指示情况时，发现热风送风压力指示有异常，其指示压力在一点点下滑，与正在送风的热风炉炉内压力相比，偏差越来越大，开始生产人员怀疑高炉可能本体出现问题，但经生产人员现场检查后没有发现高炉本体有什么异常，最后认定是热风压力检测系统出现问题，随后就把仪表点检人员找来现场检查处理。 　　经过仪表点检人员对该检测系统的一次表、一次检测取样管道的全面检查，发现一次取样管道上的冷凝水储水罐底部由于腐蚀而开裂，大量取样热风外泄，从而造成一次取样压力下降。 　　找到了故障原因，处理就比较容易，按照故障处理、设备检修的流程进行即可
案例结论	(1) 案例性质： 　　此次仪表设备的故障，应属于设备老化、劣化的范围，仪表点检员对其点检不周，长年没有对采样管道进行周期性的检修或更换，造成该故障的发生。 (2) 案例影响： 　　由于热风送风压力检测是高炉操作中一个重要参数，因此该故障对作业人员的操作有一定的影响，但对高炉的正常生产没有什么影响
案例分析	此次故障的发生给仪表点检人员提出了警示： (1) 按照惯例和原来从日本新日铁引进的点检标准，此类一次采样系统管道没有被列入周期检修更换的范围，经过此次故障的发生，是否应该修改此周期管理的内容？ (2) 从点检人员方面来看，是否对此类长期运行在恶劣环境条件下的设备，也应该定期进行检查，特别是到设备的后期，是否更应该经常性地对其进行点检和检修？ 　　此次故障从表面上看是由于设备的老化、劣化所引起，但从实质上来看则是由于点检人员长期对此取样系统没有进行点检、检修和更换而产生的，因此主要原因应该还是由于管理上不足、不到位而造成的
案例处理	(1) 案例处理的原始过程（安全处理过程）： 　　此次故障经过点检检查后确认为一次取样管道上的冷凝水储水罐严重腐蚀泄漏所造成，问题点确认后解决方案就是更换掉冷凝水罐。 　　要处理此故障，首先需要把热风压力检测系统停下来，即关闭检测系统上的两只一次采样阀门。为使高炉生产操作人员操作时可以看到热风送风压力的参照值，要求生产操作人员在热风送风压力检测系统停下来检修时间内，以各热风炉的送风炉内压力作为参考。其次通知检修单位抢修人员带好必要的工具立即来故障现场，加工好冷凝水罐的更换备件，做好现场更换的准备。再是按照现场标准化施工要求，进行检修施工前的安全确认、停电挂牌、现场交底等工作。因是在高炉生产时进行的抢修工作，因此要做好必要的安全防护准备，如电焊时的隔离板准备、安全带准备等。最后就是冷凝水罐更换作业，电焊割下故障水罐，焊接上备件冷凝水罐即可

适合工种	炼　铁　工
案例处理	作业结束，检修人员撤离、摘牌、送电，打开一次取样阀门检修试运行，检查表明现场检测系统没有泄漏，仪表显示压力正常，故障处理就此结束。 　　(2) 案例处理的技术难点： 　　本故障处理的难点是如何在热风送风围管旁悬空处更换焊接冷凝水罐，稍不留心易造成焊接处泄漏，导致返工，延长故障处理时间
案例启示	(1) 教训及启示： 　　本次检测系统引起的故障，对仪表设备点检人员是一个深刻的教训，特别是应该反思引进的设备管理经验和国外的点检标准，是不是就十全十美、不能有所修改？而从此次故障可以清楚地表明，对国外的经验、标准，同样也有需要修正的地方，需要根据国内设备的实际状况，进行切合实际的改进。 　　(2) 预防措施： 　　借鉴本次设备故障，对相应检测系统设备的点检周期、设备更换周期等进行修正，根据不同的环境条件，制订不同的标准，从而使设备检测系统能安全、稳定、长寿地运行
思考与相关知识	(1) 问题思考： 　　如何快速、正确地判断出仪表检测系统的故障是发生在一次取样系统还是二次显示系统？ 　　(2) 专业知识： 　　热工仪表检测和自动控制原理；一次仪表检测设备安装要领和标准。 　　(3) 技术新进展： 　　现场总线技术在高炉控制系统中的应用。 　　(4) 知识或资料摘录： 　　《日本横河电机：CENTUM—CS3000》《PLC 的最新发展趋势》《流行现场总线简介》

情境 3 喷煤操作

3.1 知识目标

（1）煤粉制备知识；

（2）煤粉输送知识；

（3）煤粉喷吹知识。

3.2 能力目标

（1）能够进行高炉喷吹煤粉制备；

（2）能够完成高炉煤粉的输送和喷吹；

（3）能够处理喷吹常见事故。

3.3 知识系统

知识点 喷煤系统主要设备及技术参数

A 适用范围

本知识点以×××炼铁厂喷煤系统为例。

B 喷煤系统主要设备技术参数

a 磨煤机

磨盘中径：ϕ2000mm	产量：24t/h
入磨物料粒度：0～35mm	入磨物料水分：≤15%
产品水分：≤1%	主电动机功率：200kW
入磨风温上限值：≤350℃	主电动机电压：380V
出磨风温：80～90℃	出磨风量：70000m³/h
磨机差压：	≤7300Pa

b 高浓度防爆型布袋收粉器

风量：75000m³/h	过滤面积：1975m²
过滤风速：0.65m/min	入口浓度：<650g/m³
出口浓度：<50mg/m³	

c 排烟风机

风量：70506m³/h	全压：14500Pa
电动机功率：450kW	电压：10000V

d 原煤仓

几何容积：210m³×2	储煤量：约350t

e 原煤仓下封闭式称重给煤机

给煤能力：35t/h　　　　　　　　　　　电动机功率：2.2kW

f 原煤场起重机

型号：电动桥式起重机　　　　　　　　起重量：5t

跨度：28.5m　　　　　　　　　　　　起升高度：12m

起重机运行速度：114.4m/min　　　　小车运行速度：44.6m/min

主钩运行速度：41.1m/min　　　　　　电压：380V

操作形式：空操

g 大倾角皮带机

中段倾角：45°　　　　　　　　　　　输煤量：100~120t/h

h 电磁除铁器

型号：RCDB-10　　　　　　　　　　　励磁电压：180V

C 制、收煤粉系统技术参数

采用两个制粉系列，各系列均包括热烟气系统、磨煤系统、收粉系统和落粉系统。热烟气系统包括热风炉烟气引风机、烟气升温炉和鼓风机。磨煤系统包括磨煤机、密封风机和给煤机。收粉系统包括袋式收粉器和主排烟风机。落粉系统包括闭式振动筛、煤粉仓和仓顶袋式收尘器。

a 热烟气系统

热烟气系统向磨煤机提供制粉用干燥剂，采用引热风炉废气 + 烟气升温炉方案。磨煤机进口烟气管道还配有冷风阀，以备紧急使用。制粉喷吹站向 3 座高炉喷煤，需要从 3 座高炉抽引热风炉废烟气，使用 1 座或 3 座高炉热风炉废烟气，以保证制粉系统的正常运行。

b 磨煤系统

粒度不大于 38mm 的原煤需经过分离铁块、木块、石块等杂物，混合后由皮带送至制粉喷吹站储煤仓。储煤仓为称重式，容积 420m³，最大储煤 350t，能供磨煤机约 12h 用煤量。

c 收粉系统

收粉系统采用一级收粉工艺。进入袋式收粉器的煤粉经分离后，从两个出料口进入落粉系统。净化后的烟气由主排烟风机抽引排入大气，排放浓度（标态）不大于 50mg/m³。

袋式收粉器入口最大风量 75000m³/h，温度 80℃，入口煤粉浓度（标态）不大于 650g/m³，入口负压 -12000Pa。要求滤袋长度不大于 6m，过滤风速不大于 1m/min，设备漏风率不大于 5%，两个落粉口，烟气进出口在设备长度方向端头同一侧。

袋式收粉器采用低压长袋脉冲形式，采用复合薄膜抗静电滤料，用 0.2~0.3MPa 的氮气反吹清灰。主要指标如下：

过滤面积：1880m²　　　　　　　　　过滤风速：0.8m/min

一个室离线清灰时过滤风速：0.95m/min　　设备质量：90t

主排烟风机入口风量最大 70506m³/h，全压为 14500Pa，电动机功率约为 450kW，为适应原煤工况不同、风量变化较大的情况，风机配带 YOT GCD650 调速型液力耦合器。

主排烟风机性能要求如下：

型号：SNM – 17.2D　　　　　　　　　风量：70506m³/h

全压：14500Pa　　　　　　　　　　　烟气温度：60 ~ 90℃

电压：10kV　　　　　　　　　　　　　功率：450kW

转速：1450r/min　　　　　　　　　　输入转速：1488r/min

总重：约 5t

d　落粉系统

煤粉仓为称重式，容积 500m³，最大存粉 320t，当制粉系列故障时，煤粉仓的存粉量能保持喷煤约 8h。

袋式收粉器的两个落粉口分别接入星形阀，落粉管汇合后再进入密闭式振动筛，筛除杂物后进入煤粉仓。

煤粉仓配有仓顶袋式收尘器，根据 6 个喷吹罐中须有 3 个罐同时向煤粉仓排氮气卸压的要求，考虑两台仓顶袋式收尘器过滤面积为 1975m²，气体排放浓度（标态）为 50mg/m³。

D　主要辅助设备

辅助设备是围绕磨煤机工作的，各种磨煤机的性能有所差异，所需的流量、压力、温度也不同，因此在磨煤机订货后，需对辅助设备性能要求进行核对。

a　受煤斗下电子皮带秤

设计出力：80t/h　　　　　　　　　计量精度：≤ ±0.5%

主电动机：2.2kW/380V　　　　　　质量：1.5t

数量：3 台

b　烟气升温炉

形式：卧式　　　　　　　　　　　炉体长度：约 4m

炉体直径：约 φ2000m　　　　　　高炉煤气耗量：1000 ~ 4000m³/h

数量：2 台

c　助燃风机

流量：6572m³/h　　　　　　　　　全压：4632Pa

功率：15kW　　　　　　　　　　　电压：380V

数量：2 台

d　热风炉烟气引风机

型号：SNWY – 12.4D　　　　　　　流量：65090m³/h

全压：3120Pa　　　　　　　　　　　烟气温度：150 ~ 180℃

设备耐温：250℃　　　　　　　　　转速：1450r/min

功率：110kW　　　　　　　　　　　电压：380V

质量：约 2t　　　　　　　　　　　　数量：2 台

E　喷煤系统技术参数控制

喷煤制粉系统技术参数控制：

（1）磨煤机入口温度不大于 350℃，出口温度 80 ~ 110℃，其波动不超过 5℃。

（2）磨煤机推力瓦轴温度不大于 70℃，且波动范围小。

（3）减速机进口油压不小于 0.10MPa。

（4）电动机线圈温度不大于 130℃，电动机运转正常。

（5）主排烟风机运转正常。

（6）磨煤机出入口各测点压力在调节控制范围内呈小波动。

（7）磨烟煤时，各部烟气 $\varphi(O_2) \leqslant 12\%$。

（8）煤粉水分、粒度合格。

（9）系统排放气体含尘浓度达标。

3.4 岗位操作

3.4.1 备煤岗位技术操作

3.4.1.1 开、停机操作

（1）检查电磁除铁器、大倾角皮带机和称重给煤机，检查机械电气润滑情况。

（2）依次启动：电磁除铁器→大倾角皮带机→称重给煤机。

（3）在备煤过程中，发现问题要及时处理，处理时应停机处理。

（4）当原煤仓满或出现其他故障，停机顺序为：称重给煤机→大倾角皮带机→电磁除铁器。

3.4.1.2 技术操作标准

（1）联系原煤进场，检查原煤质量，保证不合格的原煤不进入工序；清除杂物，破碎大块煤。

（2）保证大倾角皮带机、称重给煤机、电磁除铁器等设备的使用和保养。

（3）负责清除电磁除铁器所吸附的杂物，确保皮带不损坏，满足磨煤机的要求。

（4）负责给减速机等设备定期加油，更换皮带机的皮带托辊。

（5）负责处理磨煤机的运煤，保证供应，并处理原煤仓堵塞等故障。

3.4.1.3 主要设备技术参数

A 称重给煤

型号：GLJ－65F1Y2－1845　　　进出料口中心距：1845mm

最大线负荷：$M_{max} = 25.8\text{kg/m}$　　　最小线负荷：$M_{min} \geqslant 20\% M_{max}$

清扫电动机功率：2.2kW

额定带速：$v = 0.38\text{m/s}$　　　$(v_{max} = (100\% \sim 200\%) v, \ v_{min} = 20\% v)$

最大流量：$Q_{max} = 3.6 M_{max} \cdot v_{max} = 35\text{t/h}$

最小流量：$Q_{min} = 3.6 M_{min} \cdot v_{min}$

输送电动机功率：2.2kW

B 大倾角皮带机

型号：Y225M－6　　　功率：30kW

电流：59.5A　　　电压：380V

频率：50Hz　　　转速：980r/min

防护等级：IP44　　　净重：292kg

C 电磁除铁器

型号：RCDB－10　　　励磁电压：180V

3.4.1.4　操作规程

A　开机前的检查与准备工作

（1）检查各机电设备完整情况，电动机的接线头是否松动，接地线是否良好。

（2）检查各润滑部位的润滑油是否充足够用。

（3）检查系统各部位有无隐患，确认正常后方可开车。

B　开机操作

依次开启：电磁除铁器→大倾角皮带机→称重给煤机。

C　运行中的监控

（1）随时拣出大块煤及杂物。

（2）随时观察受煤斗储煤情况，及时联系停机或吊煤。

（3）随时观察原煤仓储煤量，满仓要及时停机。

（4）在大倾角皮带机及称重给煤机上煤过程中，发现问题要及时处理。

（5）大倾角皮带机运行跑偏应及时调整。

（6）在电动机、减速机振动较大或皮带有撕裂等情况时，应及时停机处理。

D　停机操作

当原煤仓满或出现其他故障，停机顺序为：称重给煤机→大倾角皮带机→电磁除铁器。

3.4.2　烟气升温炉操作

3.4.2.1　技术操作标准

（1）送出干燥气体温度为 300～350℃。

（2）送出干燥气流量为 4000～8000m^3/h。

（3）送出干燥气含氧量不大于 12%。

（4）烟气炉进口处压力为 200Pa；烟气炉出口压力为 -50～100Pa。

（5）高炉煤气压力大于 2000Pa，不小于 1500Pa。

（6）焦炉煤气压力大于 2000Pa，不小于 1000Pa。

（7）炉膛温度不允许超过 1150℃。

（8）助燃风压力大于 1500Pa；助燃空气量（标态）为 6572m^3/h。

（9）炉皮钢板温度小于 200℃。

（10）废烟气风机轴承温度小于 60℃。

3.4.2.2　主要设备技术参数

A　烟气引风机
　　　　型号：Y315S - 4　　　　　　流量：65090m^3/h
　　　　全压：3120Pa　　　　　　　数量：2
　　　　电动机功率：110kW

B　升温炉助燃风机
　　　　型号：NF9 - 19 - 9D　　　　流量：6572m^3/h
　　　　全压：4632Pa　　　　　　　数量：2

3.4.2.3 燃烧炉正常工作状态的标志

(1) 炉子设备运转正常，各阀门开关灵活准确，无漏风漏气现象，工作场所 CO 含量小于 $30mg/m^3$。

(2) 炉子燃烧稳定合理，炉内火焰呈橘红色，透明清晰，可见对面炉墙。

(3) 烟气成分合理：CO_2 含量为 23% ~ 26%、O_2 含量为 1.0% ~ 1.5%、CO 含量为 0，过剩空气系数为 1.10 ~ 1.20。

(4) 燃烧产物的温度、压力稳定，达到规定要求。

(5) 计量仪表、调节装置运转正常，干燥气的温度、流量、成分稳定，全面达到制粉工艺要求。

3.4.2.4 操作规程

A 烟气升温炉点火前的准备工作

(1) 检查煤气输送系统的各阀门是否动作灵活可靠，有无泄漏。

(2) 检查烟气引风机、助燃风机是否运转正常。

(3) 检查设备润滑是否标准。

(4) 检查仪表指示是否正常准确。

(5) 通知煤气防护站做煤气爆炸实验。

B 点炉操作

(1) 检查设备，各烧嘴的煤气阀关严，干燥气放散阀打开，煤气放散阀打开，废气调节阀关严，炉体管道末端放散阀打开。

(2) 炉内通风吹净炉内的残余气体，吹扫后关上助燃空气阀。

(3) 打开炉前煤气开闭器送煤气。

(4) 在末端放散阀做煤气爆炸试验或分析氧含量合格后，关上末端放散阀。

(5) 用兑火管向炉内给火。

(6) 微开保温煤气支管球阀，调节烟道放散阀、助燃空气球阀进行点火操作。

(7) 确定点火成功后，微开烧炉煤气管道手动阀，开切断阀，调节煤气调节阀，调整火焰至稳定燃烧。

(8) 点烧嘴时遇到灭火，应立即停炉，抽 10min 后再重新点火。

C 烘炉操作

(1) 检查设备，按点火前准备工作操作。

(2) 全开烟道放散阀。

(3) 开氮气进行煤气管道及炉膛吹扫。

(4) 按煤气操作规程引煤气，准备适量的棉丝、废柴油等烘炉必备燃料。

(5) 关闭氮气，启动助燃风机。

(6) 保证炉膛内明火，使炉膛温度至 100℃。

(7) 按点炉操作规程点火。

(8) 按照烘炉曲线升温，炉膛温度波动每小时不大于 50℃。

(9) 烘炉过程中煤气压力必须大于 2kPa，并严禁灭火，必要时焖炉处理。

（10）烘炉过程中要密切监视升温速度，勤调节，以达到升温曲线要求，随时检查炉墙等部位有无开裂及不正常的现象，发现问题及时记录、汇报和处理。

D　送温操作

（1）送热风炉废气，关闭废气入口阀，启动高温废气引风机，开磨机入口阀，渐开废气入口阀。

（2）送热烟气，适当开助燃空气调节阀、煤气调节阀，使炉膛温度升至 750 ~ 900℃，调整热风炉废气量，控制磨机入口温度及升温炉炉膛压力不大于 0.5kPa。

（3）根据制粉需要，调节助燃空气调节阀、煤气调节阀、废气入口阀、磨机入口阀，确保磨机入口温度要求及升温炉炉膛压力稳定在 -0.1 ~ -0.2kPa。

（4）巡回检查煤气压力、O_2 含量（磨烟煤不大于6%）、流量及风机等情况。

（5）监视各仪表指示的变化情况，按时填写记录。

E　停温转保温操作

（1）接到制粉停止送温的指令后，升温炉进行保温操作。

（2）停热烟气，关闭煤气调节阀，关闭煤气切断阀，关闭助燃空气调节阀。

（3）停热风炉废气，关闭废气入口阀，停高温引风机，关闭磨机入口阀，适当开烟道放散阀。

（4）保温，停温后调节助燃空气支管球阀及煤气支管球阀保温，保证炉膛温度 700 ~ 900℃，升温炉炉膛压力不大于 0.2kPa，必要时开助燃空气调节阀、煤气切断阀、煤气调节阀进行保温。

F　停炉操作

长期停炉需由厂下令；短期停炉，当煤气压力低于 2kPa 或者有其他紧急情况时应立即停炉，并做好记录及时汇报。停炉操作如下：

（1）关热风炉废气阀。

（2）关煤气调节阀，关煤气切断阀，停助燃风机，停止燃烧。

（3）停炉后用烟道放散阀控制，使炉膛温度下降速度小于 100℃/h。

G　非正常作业

（1）在遇到下列情况时应立即停止送温：

1）煤气压力低于 3kPa，应立即停止送温。

2）煤气压力低于 2kPa，应停温焖炉。

3）制粉系统磨煤机突然停机。

4）制粉系统出现爆炸等危及安全生产时。

5）煤气有泄漏危及安全生产时。

6）助燃风机停，应立即关煤气调节阀及煤气切断阀，关保温煤气切断阀、煤气支管阀，适当开烟道放散阀。

7）高温引风机停，应立即停止送热烟气。

（2）煤气压力突然降低的处理：

1）迅速减少燃烧炉的煤气量，相应减少助燃空气量。

2）如煤气压力降到规定值（2000Pa）以下，燃烧炉立即停止燃烧，关严各烧嘴的煤气阀与空气阀。

3）立即通知磨煤机操作台。

（3）助燃风机突然停风的处理：

1）燃烧炉立即停止燃烧，关严所有烧嘴的煤气阀与空气阀。

2）迅速通知磨煤机操作台。

（4）磨煤机突然停机：

1）减少燃烧炉燃烧煤气量。

2）打开干燥气放散阀，放散干燥气。

3）联系磨煤机，若短时间内磨煤机不能运转，首先关干燥气隔断阀，关混合室前烟气调节阀，然后停热风炉烟气引风机，再进一步减少燃烧炉煤气量，实行燃烧炉保温燃烧。

（5）燃烧炉突然灭火的处理：

1）关严各烧嘴的煤气与空气阀，停止烧炉。

2）通知磨煤机操作台。

3）抽 10min 后再重新点炉。

3.4.3 制粉岗位技术操作

3.4.3.1 磨煤机操作

A 磨煤机启动前的准备

（1）通知加热炉、喷吹站、备煤站做好准备。

（2）检查液压系统、水系统是否正常，仪表、控制器是否灵敏、可靠，氮气、压缩空气压力是否在规定范围。

（3）检查给煤机、下插板、阀门、粗粉分离器、煤粉收集器。

（4）打开磨煤机入口氮气阀门，开给煤机，试运行 10min 后，向磨煤机输送底煤。

（5）关给煤机，关氮气阀门。

（6）调好磨煤机碾磨压力。

B 磨煤机的启动

（1）打开磨煤机检修门检查，检查磨煤机挡板，检查是否有杂物和布煤情况。

（2）检查磨煤机门、磨辊检查门、废物箱门是否漏风。

（3）启动水泵、煤粉收集器、排粉风机。

（4）关闭冷风阀，通知加热炉送干燥风。

（5）渐开排粉风机阀门、热风阀门。

（6）全开热风阀门，启动中速磨润滑油泵。

（7）启动密封风机、磨煤机液压系统，抬起磨辊。

（8）风量大于 4500m³/h，出口温度大于 80℃，启动给煤机，调节给煤量，落下碾辊。

（9）手动按上述程序进行，自动按计算机程序进行。

C 磨煤机停机

（1）将给煤机调至最小给煤量。

（2）降低分离器温度。

（3）渐开挡风板，渐关热风挡板。

（4）分离器温度不大于 70℃，停给煤机。

（5）打开氮气阀门，吹扫 4~5min。

（6）机内物料排空后，抬起碾辊，停磨煤机，关闭氮气阀门。

（7）磨煤机停 40min 后，关煤粉收集器。

（8）主风机停 1h 后，关密封风机，停液压站、润滑油泵、冷却水泵。

3.4.3.2　技术操作标准

（1）分离器出、入口压差为 2000Pa。

（2）一次风机与密封风机间压差大于 2000Pa。

（3）一次风机流量为 70000~90000m³/h。

（4）分离器出口温度大于 80℃；报警温度为 110℃。

（5）滑动止推轴承油池温度不大于 50℃。

（6）氮气压力不小于 0.3MPa。

（7）压缩空气压力控制在 0.15~0.20MPa。

（8）煤粉收集器清灰控制间隔时间为 15~20s。

（9）煤粉粒度不小于 0.08mm（180 目），筛上物不得大于 15%。

（10）每次使用氮气时间为 10~12min。

3.4.3.3　主要设备技术参数

EM59-585 型立式磨煤机技术参数：

　　磨球中径：ϕ800mm　　　　　　产量：24t/h

　　入磨物料粒度：0~25mm　　　　入磨物料水分：≤15%

　　产品水分：≤1%　　　　　　　　主电动机功率：200kW

　　入磨风温上限值：≤350℃　　　　主电动机电压：380V

　　出磨风温：80~90℃　　　　　　出磨风量：70000m³/h

　　磨机差压：≤7300Pa

3.4.3.4　技术操作规程

A　制粉系统启动前的检查与准备

（1）检查系统各部位是否无自然隐患。

（2）检查冷却水、润滑系统是否已运转到位。

（3）检查各机电设备是否完整，人孔、手孔是否严密不漏。

（4）检查试验系统各阀门开关是否灵活到位。

（5）检查热烟气供应系统是否完整。

（6）给各种电动机送电。

（7）启动稀油站，使稀油站油温达到规定参数值（25~35℃），如冬季生产油温过低时，开稀油站电加热器加热。

B　制粉系统的启动操作

（1）启动对应磨机上的振动筛及布袋收粉器，启动密封风机。

（2）确认主排粉风机无负荷下启动主排粉风机，渐开风机入口阀，调节液力耦合器。

（3）中速磨改为程序控制，检查润滑油站及液压油，抬起磨辊。

（4）引热风炉废气，逐渐开磨机入口阀。

（5）调整系统各阀门、各部压力、温度，逐渐关冷风阀，提高升温炉炉温，使中速磨出口温度达到 80～90℃。

（6）转动磨盘，启动称重给煤机，落下磨辊，调整给煤量。

（7）调节系统各处阀门，使系统转入正常运行状态。

C　停磨停制粉

（1）计划停机时间超过原煤仓储煤规定时间，原煤仓要"倒空"。

（2）升温炉停止升温。

（3）停称重给煤机。

（4）待系统前半部分煤粉抽净，停磨煤机，开冷风阀。

（5）适当调整系统流量和压力，布袋反吹 30min 后，停送热风炉废气，关闭磨煤机入口阀。

（6）无负荷停排烟风机。

（7）停密封风机。

（8）停布袋收粉器及附属设备。

3.4.3.5　系统在运行中的故障及排除

A　磨煤机断煤

a　征兆

（1）磨煤机出口温度上升速度加快。

（2）磨煤机出入口压差降低。

（3）磨煤机入口负压增大，出口负压减小。

（4）磨煤机振动。

b　原因

（1）原煤仓悬料。

（2）原煤仓料空。

（3）给煤机故障。

（4）下煤管道堵塞。

c　处理方法

（1）启动原煤仓空气炮。

（2）紧急上煤。

（3）处理给煤机故障。

（4）停磨处理下煤管道堵塞问题。

B　磨煤机堵塞

a　征兆

（1）磨煤机入口负压接近消失。

（2）磨煤机出口负压（绝对值）异常高。

（3）磨煤机出入口压差异常高。

（4）吐渣口冒煤。

（5）磨煤机电流量变高。

（6）主排粉风机电流下降较快。

b　处理方法

（1）减少给煤量，开大主排粉风机入口阀进行吹扫。

（2）吹扫不通时，停止磨煤机运行，直到磨煤机入口出现负压。

（3）如此反复多次，直至抽通为止。

（4）待各部分压力恢复正常时，正常给煤磨煤。

C　布袋除尘器堵塞

a　征兆

（1）排粉风机电流下降，出口负压增大，风量减小。

（2）烟囱冒大量煤粉。

（3）布袋出口温度降低。

（4）制粉速度明显降低，严重时磨煤机堵塞。

（5）布袋除尘器前负压值大幅度降低，并冒煤粉。

b　处理方法

（1）停机检查布袋破损、脱落情况，并及时处理。

（2）检查反吹系统是否正常，有问题及时处理。

（3）检查排灰阀运转情况。

（4）检查下粉管是否畅通。

（5）检查人孔是否漏风。

3.4.4　喷煤工操作

3.4.4.1　喷吹罐操作

A　基本操作要求

（1）风压力大于 0.6MPa。

（2）总风压大于喷吹罐压力 0.05 ~ 0.1MPa。

（3）热风压力降到 0.2MPa，立即停煤汇报高炉。

B　喷吹罐装煤操作

（1）打开喷吹罐放散阀，使罐压降到零位。

（2）打开喷吹罐偏置式钟阀，打开相应系列输煤阀。

（3）发出输煤信号，通知输煤。

（4）确认喷吹罐装煤达到指定量后，关闭输煤阀。

（5）关闭喷吹罐偏置式钟阀和喷吹罐放散阀。

（6）开喷吹罐充压阀，待压力达到 0.7MPa，关闭喷吹罐充压阀，等待备用。

C　喷吹罐给煤操作

（1）切断给自动，试切正常后，改手动。

（2）手动打开切断阀、三通阀，打开混合器后的喷吹风截门，试风。

（3）高炉同意后，打开下煤阀，开始喷煤。

（4）混合压力表压力升到正常压力后，切断阀改自动。

（5）喷吹罐显示料空时，关闭下煤阀，该罐退出喷煤作业。

3.4.4.2 技术操作标准

（1）风源压力 0.6 ~ 0.8MPa。

（2）混合压力与热风压力之差的最低安全值为 0.05MPa。

（3）风包放水每班最少三次以上，根据天气变化酌情增加放水次数。

（4）炉内热风压力最低降到 0.2MPa 时主动停煤，并及时汇报工长。

（5）保证喷煤量准确，误差 ±300kg/h。

（6）爆破膜半年更换一次（铝板厚度为 1.8mm）。

（7）输煤过滤器半年拆开检查过滤网一次，一年更换一次，在输煤异常时要随时拆开清理检查（检查发现过滤网坏要及时更换）。

（8）在任何喷吹情况下，必须保持总风压力大于喷吹罐压力 0.05 ~ 0.1MPa。

（9）罐内煤粉温度决不可超过 95℃ 喷吹（指无烟煤，喷吹烟煤时控制在 70℃ 以下；喷吹混合煤时控制在 75℃ 以内）。

（10）根据炉内热风压力的变化，严格控制好喷吹罐压力，在保证安全生产的前提下进行喷吹，并严格控制好喷吹量。

3.4.4.3 主要设备技术参数

A 煤粉仓

  几何容积：500m^3 可装煤粉：320t

B 喷吹罐

  喷吹罐：ϕ2000mm   有效容积：18m^3

  可装煤粉：13t

C 氮气储气罐

  公称压力：0.6MPa   容积：40m^3

3.4.4.4 喷吹操作规程

A 喷煤正常工作状态的标志

（1）喷吹介质高于高炉热风压力 0.15MPa。

（2）罐内煤粉温度小于 70℃（烟煤）或小于 80℃（无烟煤）。

（3）罐内 $\varphi(O_2) < 8\%$（烟煤）或 $\varphi(O_2) < 12\%$（无烟煤）。

（4）煤粉喷吹均匀，无脉动现象。

（5）全系统无漏煤、无漏风现象。

（6）电气极限，信号反应正确。

（7）安全自动联锁装置良好、可靠。

（8）计量仪表信号指示正确。

B　煤粉仓向喷吹罐装煤程序

(1) 确认喷吹罐内煤粉已到规定低料位。

(2) 开放散阀,确认喷吹罐卸至常压。

(3) 开煤粉仓底各部位流化阀。

(4) 开喷吹罐上部的下球阀。

(5) 开喷吹罐上部的上球阀。

(6) 装煤粉到喷吹罐规定料位。喷吹罐装粉不得超过 13t。

(7) 关煤粉仓底部流化阀。

(8) 关喷吹罐上部的上球阀。

(9) 关喷吹罐上部的下球阀。

C　喷吹罐向高炉喷煤程序

(1) 联系高炉,确认喷煤量及喷枪数,插好喷枪。

(2) 开补气阀、切断阀和喷吹风阀。

(3) 开喷煤管路上各阀门。

(4) 开流化阀。

(5) 开喷吹罐充压阀,使罐压达到设定值,关喷吹罐充压阀。

(6) 开喷吹罐输煤阀。

(7) 开补压阀。

(8) 观察下煤量、管道压力、气源压力、罐压,定时计算喷吹量并及时调整。

(9) 通知高炉已喷上煤粉。

D　喷吹罐倒罐程序

(1) 确认 1 号喷吹罐内煤粉已快到规定低料位。

(2) 开 2 号喷吹罐流化阀。

(3) 开 2 号喷吹罐充压阀,使罐压达到设定值,关 2 号喷吹罐充压阀。

(4) 关 1 号喷吹罐输煤阀、补气阀和切断阀。

(5) 开 2 号喷吹罐喷吹。

(6) 关 1 号喷吹罐补压阀及流化阀。

(7) 关 1 号喷吹罐输煤阀、切断阀和补气阀。

(8) 开 2 号喷吹罐输煤阀。

(9) 开 2 号喷吹罐补压阀。

(10) 开 1 号喷吹罐放散阀,并装煤粉到所需料位。

E　停煤、停风的操作

(1) 停煤操作:关输煤阀→关补压阀→开喷吹罐放散阀,待喷,仅向高炉送压缩空气。

(2) 停风操作:待完成停煤操作后通知高炉→高炉将喷枪拔出后,关输煤阀、切断阀和补气阀,停止向高炉送风。

F　喷吹罐停喷操作

(1) 喷吹罐短期(小于 8h)停喷操作:关下煤阀→根据高炉要求,拔出对应风口喷枪→根据高炉要求,停止对应风口的喷吹风。

(2) 喷吹罐长期(大于 8h)停喷操作:按计划提前 0.5 ~ 1h 把喷吹罐组内煤粉全部

喷干净→关输煤阀→根据高炉要求，拔出相应喷枪及风口的喷吹风。

3.4.4.5 操作中应注意的事项

（1）空压机突然停电或空压机压力突然降低，应立即关闭切断阀，通知高炉打开喷枪放散阀，关枪阀，防止喷吹系统回火爆炸。

（2）喷吹管道压力升高，超出正常值时，应及时联系高炉停煤，清扫管道、分配器、喷枪。

（3）氮气压力突然降低，应立即关闭喷吹罐手动补压阀，防止煤粉倒流入氮气包内。

（4）压缩空气压力突然降低，应立刻关闭输煤阀及自动切断（在联锁失灵情况）；压缩空气压力短期不能恢复时，则要按停煤状态处理。

（5）喷吹罐的煤粉超过80℃时的处理：

1）清罐处理。尽快把罐内煤粉全部喷吹出去，待温度下降到正常后再复喷。

2）改用氮气喷吹。把喷吹风源及充压从压缩空气改为全用氮气喷吹。

（6）喷吹罐防爆膜爆破，要立刻停止喷煤，组织更换防爆膜；储煤罐防爆膜爆破则把喷吹罐煤粉继续喷干净后，再组织更换防爆膜。

（7）喷吹系统各罐和煤粉仓内煤粉正常情况下存放时间不许超过4h。

（8）为保证快速切断阀灵活，要每4h检查一次。

（9）为确认各信号报警、联锁装置可靠，要每8h检查一次。

（10）喷吹系统因故障不能给高炉喷煤时，应尽可能提前通知高炉，以便减少高炉炉况波动。

（11）下列情况应立即切断输煤阀停喷，并根据具体情况停风及通知高炉拔枪（即为紧急停煤）：

1）喷吹系统突然停电时。

2）喷吹管道、流化器严重堵塞时。

3）管道或其他设施严重跑风泄漏无法继续喷吹时。

4）高炉发生意外事故或发生着火爆炸等危及安全生产时。

（12）输粉管道堵塞的征兆及处理。

1）征兆：

①输煤总管压力超过正常喷吹时的压力较多时。

②补气风量明显下降时。

③输煤总管压力高于喷吹罐罐压时。

2）处理：

①切断喷吹罐输煤阀并通知高炉停煤。

②通知高炉插枪工，开放散阀、关枪阀，给高炉停风。

③开放散阀，用反吹风进行吹扫，必要时管道开孔处理。

④吹扫完毕，试送风管道压力正常后，经与高炉联系开始喷吹。

3.4.5 插枪工操作

3.4.5.1 技术操作标准

（1）确保吹管球阀安装及使用质量，安装球阀要严密不跑风，吹管球阀与吹管、风口在同一水平线上。

（2）给煤的喷枪煤股位置要调整在最佳位置喷吹，确保煤股不磨风口，喷枪的外连接管合适。

（3）喷枪的整体保持完好无损，不坏、不漏、不跑风。

（4）按高炉生产要求，全开风口必须插枪，能够均匀喷吹。

（5）风口小盖玻璃保持明亮、不跑风。

（6）吹管的插枪孔道畅通，保证插枪拔枪自如。

（7）喷枪岗位的巡检30min一次，特殊情况下要加强检查不断线，并做好检查记录。

（8）喷枪的备品备件要准确齐全，码放整齐。

3.4.5.2　操作规程

A　插枪操作方法

（1）喷枪岗位接到插枪的指令，把备好的喷枪检查好插入吹管内，并用喷枪卡固定牢喷枪的位置。

（2）打开喷吹支管的立管截门，配合给煤工进行试喷吹风检查，喷吹风试风检查正常后关闭喷吹支管的立管截门。

（3）接好喷枪与喷吹支管的外连接管，并将活节上紧。

（4）打开喷吹支管的立管截门和喷枪截门。

（5）通知给煤工给煤，检查风口内喷枪，确认喷吹煤股是否正常，调整好喷枪喷吹煤股的位置，并固定牢喷枪位置，严防喷枪活动。

B　拔枪操作方法

（1）接到拔枪的指令，检查风口内的喷枪无煤后，关闭喷枪截门及喷吹支管截门。

（2）打开喷枪与喷吹支管的外连接管的活节。

（3）松开喷枪卡，拔出喷枪。

（4）喷枪岗位有计划的更换喷枪时，按上述操作进行。

C　更换风口小盖操作

（1）准备好风口小盖，并装好玻璃。

（2）检查应更换的风口小盖前面是否有人通过、站立或有易燃易爆物等。

（3）用手锤振活风口小盖进行更换。

（4）更换后应检查风口小盖及小盖玻璃是否有跑风或不严现象。

3.4.5.3　防止事故的规定及注意事项

A　紧急停煤的规定

（1）高炉突然紧急停风或突然放风时。

（2）吹管发红变形具有烧穿危险时。

（3）风口吹管内严重灌渣、涌渣或风口烧坏严重时。

（4）风口、吹管挂渣严重或风口前下大块，具有堵塞煤粉的危险时。

（5）喷吹支管及喷枪磨损跑煤严重时。

出现上述情况应及时通知给煤工停煤，并要准备好打水管，及时打水防止吹管烧穿。

B　更换风口小盖规定及注意事项

（1）每次出铁堵口后，如果风眼小盖玻璃不干净应立即更换。

（2）风口不干净，发现风口有窝渣、涌渣现象（或者吹管内灌满煤粉）时，不准更换小盖。

（3）放风坐料时，不准更换小盖，如有玻璃发暗，则等回风后请示工长，经工长同意再进行更换。

（4）铁口上方的风口由于堵铁口造成该风口吹管进焦炭或渣铁使风眼小盖玻璃变黑，必须在确认渣铁出净后请示工长，经工长同意后方可更换小盖玻璃。

（5）更换风口小盖的前面不准有易燃易爆物和有人站立或通过。

（6）在特殊情况时更换风口小盖，必须做到以下几点：

1）更换风口小盖必须经当班工长同意。

2）更换风口小盖时必须有当班工长在场指挥和监护。

3）禁止一人更换小盖，必须有两人以上协同进行工作。

4）更换风口小盖必须准备好使用的工具、如大锤和手锤、长把铁钩子及打水管等。

C　插拔枪时的规定

（1）禁止在不停煤的情况下先完成拔枪操作（指的是在正常喷吹情况下）。

（2）禁止在无喷吹罐压力的情况下先完成插拔枪的全部操作。

（3）拔枪操作未完成前，严禁先关闭喷吹风源截门。

（4）风口堵泥时，必须拔枪。

（5）如发生喷枪烧坏、风口烧坏、吹管灌渣等情况，应首先打开相应分配器环管来风节门，关闭相应分配器给煤节门，以确保其他风口正常喷吹。

3.5　典型案例

案例1　高喷煤比的关键技术

高喷煤比的关键技术有：保持炉缸热量充沛技术，提高煤粉燃烧率技术，提高炉料透气性技术和煤焦置换比高的相关技术。

A　保持炉缸热量充沛技术

高炉炼铁正常生产需要炉缸有充沛的热量，以保证铁矿石还原，渣铁流动性好、易分离，炉渣脱硫率高和透气性好。炉缸热量用炉缸理论燃烧温度来表示，炉缸热量充沛则要求炉缸的温度和热量要高，理论燃烧温度在（2200±50）℃视为合理值。

煤粉喷进风口后需要吸收热量，首先是煤粉被加热，然后是挥发分燃烧和炭素燃烧。这样，每喷吹 10kg/t 无烟煤会使炉缸温度下降 15～20℃，每喷吹 10kg/t 烟煤会使炉缸温度下降 20～25℃。喷煤量大于 100kg/t 时会使炉缸温度下降 150～250℃以上。高喷煤比会使炉缸温度下降幅度更大。为使炉缸温度保持在（2200±50）℃合理范围内，就需要采取保持炉缸温度的技术措施，具体办法是：

（1）提高热风温度。热风温度升高 100℃，可使炉缸理论燃烧温度升高 60℃，允许多喷煤粉 30～40kg/t。

（2）进行富氧鼓风。富氧率提高 1%，炉缸理论燃烧温度升高 40 ~ 50℃，允许多喷煤粉 20 ~ 30kg/t。

（3）进行脱湿鼓风。鼓风湿度每降低 $1g/m^3$，理论燃烧温度升高 6 ~ 7℃，允许多喷煤粉 3 ~ 4kg/t。

　　B　提高煤粉燃烧率技术

煤粉在炉缸内的燃烧包括可燃气体（煤粉受热分解而来）的分解燃烧和固态炭（煤粉分解后残留炭）的表面燃烧。这些燃烧情况取决于温度、氧气含量、煤粉的比表面积和燃烧时间。宝钢测定高炉喷煤比在 170kg/t、205kg/t、203kg/t 时，煤粉在风口回旋区的燃烧率分别为 84.9%、72.0% 和 70.5%。这说明还有 30% 左右的煤粉要在风口回旋区以上的炉料中进行燃烧和气化。高炉内未能燃烧的煤粉将会被高速的煤气流带出高炉，致使煤气除尘灰中的含碳量增多。所以说，除尘灰中含碳量的多少，是煤粉燃烧率高低的重要标志。

提高煤粉燃烧率的技术措施是：

（1）提高热风温度。喷煤比在 180 ~ 200kg/t 时需要有 1200℃ 以上的热风温度。

（2）进行富氧鼓风。富氧鼓风既可提高炉缸温度，又能提供氧气助燃剂。喷煤比在 180 ~ 200kg/t 时需要富氧 3% 以上。在燃烧学理论上，要求要有 1.15 以上的空气过剩系数。

（3）提高煤粉比表面积。要求煤粉粒度 -0.074mm（-200 目）要大于 85%，可采用烟煤和无烟煤混合喷煤（烟煤中的挥发分遇高温时要分解，可使煤粉爆裂，增加煤粉比表面积）。

（4）进行脱湿鼓风。脱湿鼓风可以产生提高炉缸温度和鼓风中氧气含量的效果，一般将鼓风湿度控制在 6% 左右。

（5）提高炉顶煤气压力，减小煤气流速，延长煤粉在炉内燃烧的时间，降低煤气压力差。据测算，煤粉在炉缸的燃烧时间在 0.01 ~ 004s 内，其加热速度为 103 ~ 106℃/s。

　　C　提高料柱透气性技术

高炉正常操作需要维持一个合理的煤气压差值，即热风压力减去炉顶压力的数值。一些高炉工作者利用炉料透气性指数来操作高炉。料柱透气性高低是由多方面因素所决定的，只有采取综合措施才能提高料柱的透气性。

（1）提高高炉入炉矿含铁品位，减少渣量。

高炉内煤气阻力最大的地方是软熔带。特别是铁矿石刚开始熔化，还原成 FeO 和形成初渣，渣铁尚未分离，尚未滴落至炉缸。如果高炉入炉品位在 60% 以上，吨铁渣量小于 300kg，则煤气的阻力会大大缩小，也会减少炉渣液泛现象。

（2）提高焦炭质量，特别是焦炭的热性能，会大大提高料柱透气性。

焦炭在高炉内起骨架作用，特别是在高喷煤比条件下，焦比低，焦炭的骨架的作用就更加重要了。可以说，焦炭的质量好坏决定了高炉的容积大小和喷煤比水平的高低。高喷煤比对焦炭质量的要求是：M_{40} 在 80% 以上，M_{10} 小于 7%，灰分小于 12.5%，硫分小于 0.65%，热强度 CSR 大于 60%，热反应性 CRI 小于 30%。对于 2000m³ 以上容积的大高炉，喷煤比在 160kg/t 以上时，要求焦炭质量要更好一些：M_{40} 不小于 85%，M_{10} 不大于 6.5%，灰分不大于 12.0%，硫份不大于 0.6%，CSR 不小于 65%，CRI 不大于 26%。同时要求焦炭中 $K_2O + Na_2O$ 的含量要小于 3.0kg/t。

（3）炉料成分、性能稳定、均匀。

炉料成分稳定是指炼铁原料含铁及杂质和碱度波动范围小。工业发国家要求烧结矿含铁波动范围是 ±0.05%，碱度波动为 0.03（倍）；我国炼铁企业要求铁分波动为 ±0.5%，碱度波动为 ±0.05（倍），因为含铁品位和碱度波动会造成软熔带透气性的巨大变化（高硅铁和高碱度渣熔化温度高，流动性差）。

铁矿石的软化温度、软化温度区间、熔滴温度和熔滴温度区是铁矿石冶金性能的重要指标，对于炼铁技经指标和炉料透气性有重大影响，所以要求炉料的冶金性能要稳定。

要求炉料粒度均匀，就是要减小炉料在炉内的填充作用。如果炉料粒度大小不均且混装，就会使炉料空间减少。如同 4 个苹果之间夹着乒乓球，造成空间减小。生产中希望炉料的空间有 0.44，以利于煤气流的畅通。要求炉料中 5~10mm 粒度的含量要小于 30%，一定不要超过 35%，否则会对炉料的透气性产生重大影响。

炼铁原料（烧结、球团、块矿）的转鼓强度高、热稳定性好、还原性能好、性能稳定等可为高炉顺行创造良好条件，提高烧结矿（碱度在 1.8~2.0 倍）的碱变，会使转鼓强度高、冶金性能好。链算机-回转窑生产的球团矿质量和工序能耗均比竖炉所生产的球团好。入炉的块矿要求含水分低、热爆裂性差、还原性能好、粒度偏小。

（4）优化高炉操作技术会有效提高炉料透气性。

大高炉采用大矿批，焦炭料层厚度在 0.5~0.6m，在变动焦炭负荷时，也不要轻易变动焦炭的料层厚度。高炉内的焦炭起到透气窗的作用，对于保持和提高高炉炉料的透气性十分重要。

优化布料技术（料批、料线、布料方向等）和适宜的鼓风动能（调整风口直径和风口长度），可以实现高炉内煤气流均匀分布，同时有增加炉料透气性的作用。合理的鼓风动能可使炉缸活跃，布料合理可以实现煤粉在炉料中的充分燃烧，减少未燃煤产生量。

稳定高炉的热制度、送风制度、装料制度、造渣制度会给高炉的高产、优质、低耗、长寿、高喷煤比带来有利条件。高炉生产需要稳定，稳定操作会创造出炼铁的高效益。减少人为因素，提高对高炉生产的现代化管理水平，会促进炼铁生产技术的发展。

D 提高煤焦置换比技术

前面 3 个小节中所讲述的技术也均是提高煤焦置换比的技术。本节从喷煤管理角度来分析提高煤焦置换比的因素。

（1）提高喷吹煤的质量。因为喷吹煤粉的品种广泛，所以要求煤的质量应好磨、含碳量高（要求煤粉的灰分一定要低于焦炭的灰分含量）、含硫低、流动性好等。煤粉中含有 $K_2O + Na_2O$ 总量要小于 3.0kg/t，因为 K、Na 在高炉内会造成结瘤，焦炭易产生裂纹，致使焦炭强度下降。

（2）煤粉喷吹要均匀，高炉所有风口均要喷煤，流量要均匀、稳定。高炉均匀喷吹煤粉，会使高炉每个风口的鼓风动能一致，并会使炉缸热量分配均匀，促使高炉生产顺行和喷煤量的提高，进而使煤焦置换比得到提高。为保证各风口喷煤量均匀，建议将煤粉分配器高位安置，使各单只管路尽量长短相近，不让煤粉走捷径，出现个别风口多喷的现象。

（3）采用烟煤和无烟煤混喷有利于提高喷煤比和煤焦置换比。烟煤挥发量高，且含有一定水分，进入风口后会爆裂，促进分解燃烧和残炭燃烧，燃烧效率高。建议烟煤配比在 30% 左右。配比太高后管路的安全措施要加强，并且煤粉含碳量下降会造成煤焦置换比降低的现象。

（4）关于高炉喷煤比高低的衡量标准。因各炼铁企业生产条件的不同，高炉极限的高喷煤比数值是不同的，但是，行业对于喷煤极限值的认识是一致的：在增加喷煤量的同时，高炉燃料比没有升高，这便是最佳喷煤值。验证的第二个方法是：高炉煤气除尘灰中的含碳量没有升高，洗涤水中没有浮上一层如油一样的炭粉。

案例 2　喷吹故障导致喷吹煤量突然降低时的操作对策

高炉喷吹故障导致喷吹煤量突然降低时的操作对策案例介绍如表 3－1 所示。

表 3－1　高炉喷吹故障导致喷吹煤量突然降低时的操作对策

适合工种	炼 铁 工
案例背景	（1）时间：2004 年 4 月 2 日 3：20 左右。 （2）地点：1BF 中控。 （3）过程及背景： 煤粉喷吹人员发现喷吹罐从 3 号罐自动切转到 1 号罐后，煤粉量较正常水平 87t/h 下降许多，在切换至 2 号罐及随后的 3 号罐，以及在降低载气量和提高喷吹罐的罐压后，煤粉喷吹量只能维持在 60～65t/h 水平，不能到正常喷吹量的水平。在喷吹人员确认短时间无法处理好此故障后，炉内采取了减氧、加空焦及减矿焦比等一系列措施，并及时督促喷吹人员进行相应参数的调整，尽量多喷煤，减少喷煤故障对炉况及炉温的影响
案例结论	（1）案例性质： 这是一起对设备检修后投入时条件确认不够引起的故障。 （2）案例影响： 喷吹故障后，加空焦 20t 及减氧控料速，增加了吨铁成本，并少跑 1 个多料，损失产量 80t 左右
案例分析	（1）由于喷吹系统发生故障后，1 号罐、2 号罐和 3 号罐都能喷出煤，并且在调节载气量及提高喷吹罐罐压后，喷吹粉量都能稍有上升，因此，当时经过分析认为造成这些现象的原因可能是在混合器与喷吹总管连接处发生堵塞。 （2）事后经过停煤对喷吹系统进行检查，发现在混合器内部堵住一短管，经确认为 1 号喷吹罐 N_2 充压喷嘴头掉落所致
案例处理	案例处理的原始过程（安全处理过程）： 喷吹发生故障前基本参数：BV 6200，O_2 13000，OB 12 3，CB 20.80，小块焦 800kg/ch，O/C 5.913，铁量为 77.750t/ch 左右，CR 268，SMR 10.3，PCIR 222kg/t－p 左右，平均料速在 59.5～60min/5ch，FR 在 497kg/t－p 左右。 在喷吹人员确认短时间无法处理好此故障后，当时立即采取了一系列措施，其中炉内采取的对策： 3：22，BT 由 1250℃升至 1260℃，BH 由 11g/m³ 降至 8g/m³（全关）； 3：45，O_2 由 13000m³/h 降至 6000 m³/h； 3：56，O_2 由 6000m³/h 降至 0； 夜 28 回、31 回，加 BC 各 10t； 夜 32 回，O/C 从 5.913m³/h 降至 5.000 m³/h，CB 20.80↑24.60，CR 从 268m³/h 升至 316 m³/h，根据 FR 计算，此时 O/C 对应喷煤量应在 65t/h 左右； 5：11，O_2 从 0 升至 4000 m³/h； 夜 40 回，O/C 从 5.000m³/h 升至 5.348 m³/h，CB 24.6↓23.0，CR 从 316m³/h 降至 296m³/h

适合工种	炼 铁 工
案例处理	喷吹采取的措施： （1）短暂关闭喷吹罐主管输送阀，将载气量加大，从 3300m³/h 升至 8000 m³/h 左右，确认喷吹总管没堵。 （2）将喷吹时的载气量从当时的 3300m³/h 先降至 3000m³/h 再降至 2850 m³/h。 （3）喷吹罐罐压从正常喷吹时的 0.95MPa 提高到 1.20MPa。 （4）立即安排人员到现场进行检查、确认、处理
案例启示	（1）教训及启示： 1）高炉喷煤系统发生故障，造成减煤或停煤事故，首先要判断处理时间的长短，并视当时的炉况、基本参数情况，及时采取果断、正确措施，将设备故障对高炉的影响降至最低。 2）高炉出现设备故障后，现场人员不能自己解决的问题，及时联系相关点检人员、生产人员进厂处理，并及时将故障原因、处理情况与相关人员进行通报。 （2）预防措施： 每次定修时，对 1BF 喷吹系统 3 个喷吹罐的 N_2 充压压头在旋转紧固后，再进行外面焊接加固处理，以减少喷头脱落的机会
思考与相关知识	（1）问题思考： 高炉喷吹系统减煤、停煤对炉况的影响及处理对策。 （2）专业知识： 制粉及喷吹原理；如何调整相应操作参数提高喷煤量；喷吹故障停煤后炉内气流的变化情况

案例 3　高炉喷煤系统故障处理

高炉喷煤系统故障处理的案例介绍如表 3-2 所示。

表 3-2　高炉喷煤系统故障处理

适合工种	炼 铁 工
案例背景	（1）时间：2000 年 12 月 12 日。 （2）地点：2BF 区域。 （3）过程及背景： 2000 年 12 月 12 日夜班 5：13，2 号高炉喷吹系统由于煤粉中有大量粒煤混入，造成喷煤系统全停，至 9：30 喷吹 B 系投入，15：30 喷吹 A 系投入。在此期间，尽管炉内人员采取了减风、停氧、退 O/C 等措施，但由于欠煤量太多且持续的时间过长，11：00 左右开始，2BF 炉况顺行变差，崩、滑料不断，炉温急剧下滑，炉凉行，造成一炉生铁质量不合格。16：00 后，炉温开始回升，炉况逐步恢复正常
案例结论	（1）案例性质： 制粉人员对所制煤粉未认真检查确认，致使大量粒煤进入喷煤系统，从而造成喷吹系统停喷，属于点检不到位。 （2）案例影响： 此次停喷事故迫使高炉减风、停氧且持续时间较长，造成高炉产量损失约 2000t；并因此造成高炉炉况顺行恶化，崩、滑料不断，炉凉行，致使一炉生铁质量不合格

适合工种	炼 铁 工
案例分析	此次事故的主要原因在于： （1）当日所进的煤质量较差且偏湿；当班人员未引起足够重视而没有进行必要的取样跟踪并相应调整磨盘压差；同时对制粉过程中的煤粉质量未认真确认，在出现异常时未及时停机调整检查。 （2）2000 年 12 月 12 日夜班 3：00 以后就出现堵枪现象，但喷吹人员未仔细查明堵枪原因，同时也未及时与中控联系，直至 4：15 后喷吹 A、B 系均连续发生严重堵枪后，才与炉内人员联系，耽误了处理的时间。 （3）在夜班 3：00 以后就出现堵枪现象造成煤粉少喷，至 4：15 后喷吹 A、B 系均连续发生严重堵枪几乎呈停喷状态，而炉内人员直至 4：47 才采取了减风、停氧、退 O/C 等措施，但这时由于欠煤量太多且持续的时间过长，其对炉温、炉况顺行已造成了较大的影响
案例处理	（1）案例处理的原始过程： 2000 年 12 月 12 日夜班 4：15 喷吹人员发现喷吹 A 系连续出现堵枪现象，立即对喷吹 A 系进行排堵。排堵过程中发现煤粉中混有大量的粒煤，立即对喷吹 A 系停机检查以防止更多粒煤进入喷吹系统。4：35 喷吹 B 系也由于煤粉中混有大量的粒煤出现连续堵枪。因喷吹 A、B 系先后少喷及停喷，4：47 炉内人员停氧，并相应减风至 3000m³/min，以控制料速；在减风过程中，连续补加空焦，同时将 O/C 由 5.171 降至 3.462，并将下部调节湿分、风温全部用足。但由于欠煤量太多且持续的时间过长，11：00 左右开始，2BF 炉况顺行变差，崩、滑料不断，炉温急剧下滑，炉凉行，造成一炉生铁质量不合格。在此期间，炉内人员连续变动挡位及批重，并视喷吹系统恢复的状况相应控制加风加氧的速度和控制炉温的措施。经检修人员的努力，至 9：30 喷吹 B 系投入，15：30 喷吹 A 系投入；同时在 16：00 后，炉温开始逐步回升，崩、滑料也得到控制。至 12 月 13 日夜班 0：23 风量、氧量回全，炉况恢复正常。 （2）案例处理的技术难点： 1）高炉喷吹系统停喷的事故主要都是由于各类设备故障所引起，而这次因为煤粉中混有大量粒煤造成喷吹系统停喷的事故还是第一次，因此对由此所造成的停喷处理应对的度的把握有一定难度，同时对于判断事故处理时间的长短方面也存在困难。 2）由于高炉喷吹系统停喷后会造成巨大的热量损失，尤其是停喷时间较长时后果更严重，因此在热量的补偿方面有一定的难度
案例启示	（1）吸取的教训： 1）制粉人员对煤粉的质量状况点检不到位。 2）喷吹人员对连续发生堵枪的原因认识不清，未引起重视。 3）炉内人员的应对不及时。 （2）预防措施： 1）强化制粉人员的管理，加强对煤粉质量状况的确认与跟踪。 2）加强对于喷吹人员的管理及其技能的提高，培养其故障判断能力。 3）建立健全高炉喷吹系统停喷的事故预案，强化对炉内人员关于相应事故的处理能力
思考与相关知识	（1）问题思考： 高炉遭遇喷吹系统单、双系列停喷时的处理步骤是什么？ （2）专业知识： 高炉炉温调节

案例 4 喷煤中间罐均压软管脱落时炉内应对措施

高炉喷煤中间罐均压软管脱落时炉内应对措施的案例介绍如表 3 - 3 所示。

表 3 - 3 喷煤中间罐均压软管脱落时炉内应对措施

适合工种	炼 铁 工
案例背景	(1) 时间：2004 年 9 月 2 日 21：41（丁班中班）。 (2) 地点：高炉分厂 3 号高炉喷煤系统 B 系列中间罐均压软管。 (3) 过程及背景： 2004 年 9 月 2 日 21：41，中控人员突然听到制粉喷吹区域传来砰的一声巨响，喷吹操作人员马上确认中控 CRT 画面上的中间罐压力迅速泄漏，由此判断喷吹 B 系列肯定发生故障。喷吹 B 系列故障无法喷煤，这将导致高炉喷煤量减少一半，如果处理不及时，必将严重影响高炉正常生产。 故障发生后，中控作业长指令喷吹组立即将 B 系列紧急停机，并将 A 系列的喷煤量调整至最大46t/h，并安排两人去风口平台确认风口状况，安排三人去喷吹区域确认喷吹设备状况。21：47 现场返回情况，确认为喷煤 B 系列中间罐均压软管磨坏脱落，导致罐内压力迅速泄漏。弄清故障原因后，喷吹组长马上联系三班人员及点检人员进厂，中控作业马上减氧至12000m³/h，21：52 减风至 6600m³/min，22：57 炉内再减风至 6000m³/min，22：01 减氧至 8000m³/h，22：06 减氧至4000m³/h，22：12 减风至 500m³/min，22：35 停氧。 点检人员进厂后将备件从设备备件库运至 3BF 喷煤区域，于 23：40 将中间罐均压软管更换完毕，试运转正常后，炉内开始回风，1：43 风回全，2：21 氧回全。 这次事故导致夜班少跑 4 个料，损失产量 320t
案例结论	(1) 案例性质： 本案例属于备件质量问题导致的突发性事故。 (2) 案例影响： 这次事故导致高炉减风 231min，减氧 274min，致使夜班少跑 4 个料，损失产量 320t
案例分析	首先，21：41 中控人员突然听到制粉喷吹区域传来砰的一声巨响，喷吹组长在中控 CRT 画面上确认中间罐压力迅速泄漏，由此判断出喷煤中间罐区域肯定是事故的发源地。操作人员现场确认后发现是中间罐均压软管橡皮磨坏脱落。从事故发生到找出原因仅用了 6min，这为处理事故赢得了宝贵的时间。 均压软管的工作环境非常恶劣，长期工作在 12kg 的高压环境里，因此对其材质要求非常苛刻，如果抗磨损强度不符合要求，则在如此高压环境下是很容易被磨损坏的。在此次定修后，高炉生产工艺参数、设备点检的方式方法等都没有发生变化，因此，这次事故应该属于均压软管的抗磨损强度不够、耐磨性过低所致
案例处理	案例处理的技术难点： 本次事故处理的关键在于迅速将备件运送至事故现场，换下磨坏脱落的均压软管，紧固螺钉就行了。 由于现场不能存放设备备件，因此事故处理的关键就是要以最快速度将备件送到现场
案例启示	(1) 教训及启示： 本次事故导致高炉损失产量 320t，对高炉正常生产造成了一定的影响。因此，设备的稳定运行对于确保高炉正常生产起着至关重要的作用。 (2) 预防措施： 加强对设备采购质量的把关力度和对备品备件质量的检验力度，杜绝不合格设备进入备品备件库
思考与相关知识	(1) 问题思考： 如何才能够以最快的速度将备品备件送至事故现场？ (2) 专业知识： 高炉生产工艺流程。 (3) 知识或资料摘录： 事故处理预案

情境 4　炉内操作

4.1　知识目标

(1) 熟悉高炉操作基本制度；

(2) 仪表知识；

(3) 直接或间接判断炉况知识；

(4) 失常炉况处理；

(5) 高炉特殊操作。

4.2　能力目标

(1) 能够直接或间接判断炉况；

(2) 熟悉正常炉况与失常炉况；

(3) 能够对失常炉况进行处理；

(4) 具备高炉严重失常炉况的预防和处理能力；

(5) 具备高炉开、停、封炉和复风的操作能力。

4.3　知识系统

知识点 1　仪表知识

A　炉内状况检测

炉内状况检测主要包括以下几个方面：

(1) 料线和料面形状检测。现代高炉均装有 2~5 根探尺，装料时由卷扬机提起，检测时放下或随料面自然下降。探尺的位移信号经自整角机发送器带动控制室内的自整角机接收器，后者带动记录仪表针进行记录，或带脉冲发生器，送 DCS 进行测量。此外，还设有另一套自整角机观测下料速度。由于自整角机接收器有跟随误差，故近来采用 S/D 变换方式，即直接把自整角机转角（料线值）变换成数字量指示料线值，经时间处理后还可输出下料速度值。这种仪表还设有最高最低料线报警等功能。

(2) 炉顶温度检测。按所测得的结果可以推断炉内煤气流分布，以监视高炉状况。一般沿炉喉半径方向的部位不用装设热电偶以测量径向各点温度，为了防止磨损而设计专门的装置。近年来多使用红外摄像机来测量炉顶料面温度分布，在炉顶通过硅镜接收从热炉料表面发出的红外线，经水平和垂直扫描镜反射到电子冷却的镉－汞－碲元件上，由它检出信号并作数据处理和显示结果，将 320~600℃ 之间的温度每隔 40℃ 用不同颜色表示，从而给出等温曲线图像。

(3) 炉顶煤气成分分析。高炉炉顶煤气成分通常为：$\varphi(H_2) = 1\% \sim 2\%$，$\varphi(CO)$

$=20\% \sim 30\%$，φ（CO_2）$=15\% \sim 20\%$，φ（N_2）$=50\% \sim 60\%$。温度约为 $150 \sim 300℃$，含尘量约为 $5 \sim 10g/m^3$。一般分析煤气中 CO、CO_2 和 H_2 含量即可了解炉内反应情况。这些参数也是炉热数学模型必不可少的。若 H_2 含量过大还可以借此发现风口或冷却系统漏水等情况。

（4）炉身静压力检测。在高炉不同高度测量炉身静压力，可以较早得知炉况变化，并能较准确判断局部管道和悬料位置，以便及时采取措施。现代高炉一般在 4 个水平面上装设 $2 \sim 4$ 个取压口以测量炉身静压力。

（5）风口前端温度测量。高炉炉缸热状态难以直接测量，故利用嵌入式高炉风口前端上部沟槽里的镍镉－镍硅铠装热电偶测量风口前端附近的热状态，根据这一风口水箱壁前端温度 X，按下面统计回归公式（式中常数是重钢 $620m^3$ 高炉的回归数字），可求出对应的风口区域温度 Y：

$$Y = 608.5 + 6.97X$$

（6）风口回旋区域状况检测。它在风口窥视孔前设置工业电视，通过在中央控制室远程控制，使该装置沿轨道移动，并可选择任一风口进行检测，经数据处理，分析吹入燃料量和黑色区域面积关系以得出评价喷吹燃烧质量好坏和风口前焦粒直径分布以及焦炭状态等信息。

（7）软熔带高度检测。在电缆一端加上一个电脉冲，传输到插入炉内的另一端就反射，由于端部接触阻抗不同，反射波形也不同，分析波形和反射时间就可得出电缆长度，即软熔带高度。

（8）测量炉内状况的各种探测器。为了了解炉内状况，需要测量炉内轴向和径向各个水平的煤气成分、温度等参数，以便为改善高炉操作提供依据。在高炉的各个部位装设可移动的探测器，平时在炉外，约每班或需要时进行检测。

B　渣铁状态检测

（1）铁水温度检测。当热电偶插入铁水时，温度上升，待升至报警设定器上限值，其接点闭合，通过出铁口识别及温度选择电路将出铁口号码的接点信号送计算机，并启动记录装置，记录铁水温度。再经一定时间（$0 \sim 15s$），温度升至稳定值，向计算机送出"读入"指令，计算机读取后，发出"读入完了"信号（持续 $5 \sim 10s$），燃亮出铁口就地盘的绿色信号灯，发出音响信号。若由于某种原因，计算机可发出"再测定"信号，使就地盘的红灯亮并发出音响。此外，如果操作人员对测量值不满意，可按"取消"按钮，取消送计算机的"读入"指令，以取消前一个测定值。

（2）鱼雷铁水车液面检测。通常有两种检测方法：第一种是采用称重法，每个称量装置有 16 个压头。铁水车自重可以自动或手动扣除，在现场仪表盘上装有二位的数字显示器，既可看到铁水车总重，又可看到铁水净重。当总重达 90% 时，发出报警，提示操作人员减慢兑铁水速度以防止铁水外溢。总重达 100% 时，也发出报警，并将总重值送计算机。第二种方法是采用微波法检测铁水液面，这种方法在国外广泛采用。

（3）炉缸渣铁液位检测。它利用的是在炉壳上两点（即炉缸底和风口平面上方）之间的感应电动势与炉缸中的铁水液位相关的原理。这些数据为控制出铁操作和炉缸出铁提供了重要的帮助。

C　各风口热风流量分布检测

风口前回旋区情况、煤气流分布以及砌体局部烧损均与各风口进风量是否均衡密切相关。现代大型高炉都设有连续检测各风口进风量的装置。弯头法最简单,且无需更改炼铁设备,其缺点是精度较低,如要准确测量需逐个弯头标定与校正。用耐热钢管制成的流速管可连续测量1000℃以下风温的热风流量,寿命约半年,其缺点是耐温低,寿命短,精度也不高。

D　热风温度检测

热风温度检测的传统方法是使用铂铑铂热电偶,但由于风温越来越高,使用其检测越来越困难。国外使用辐射高温计测量热风温度,但由于热风管内热风温度分布与管道、耐火砖砌体厚度和热传导系数有关,为了测得真实温度,还需测量离开砖体表面一定距离的温度。该砖设在热风管内,用辐射高温计测量砖表面温度,可获得与热风真实温度一致的温度。

E　设备诊断的检测

设备诊断的检测包括:

(1) 风口破损诊断。大型高炉有20~40个风口,若风口破损,水便会流入炉内,可能发展成重大事故。风口冷却水流量大、速度高,故风口前端易发生针孔状破损,这是人眼难以观察到的,必须借助高精度的仪表才能发现风口初期的微量漏水。现在采用的最有效的方法是冷却水进出口流量差法,监视出口水量,当低于下限时报警。所用设备有两种:第一种是采用特殊双管电磁流量计,即把两个电磁流量计并在一起,使用统一磁路、统一供电电源,可抵消电压波动和其他影响。第二种是使用卡尔曼流量计测量进出口水量差以进行风口检漏。

(2) 炉身冷却系统破损诊断。由于炉身冷却水箱(或冷却壁)数量很多,难以用测量进出水流量差的方法检测。目前有用测量水中CO含量的方法进行监视的,即把冷却水箱分成几列装入分析器以便判定漏水部分。

(3) 高炉耐火材料烧损检测。常用检测方法如表4-1所示。

表4-1　高炉耐火材料烧损检测方法

方　法 ＼ 部　位	炉　身	炉底侧壁	炉　底
热电偶法	√	√	√
炉壳过热点法	√	—	—
红外摄像法	√	√	—
电位脉冲法	√	√	√
RI埋入法	√	√	√
热流计法	—	√	√
冷却水热负荷法	—	—	√
电阻法	√	√	√
FMT(日本神钢公司传感器型号)法	√	—	—

知识点2 判断炉况

A 确定正常炉况

a 目的及目标

掌握正常炉况的标志，能对高炉炉况做出正确判断。

b 正常炉况的标志

高炉正常炉况的标志如表4-2所示。

表4-2 高炉正常炉况的标志

标 志	主 要 表 现
炉缸工作均匀活跃，炉温稳定而充沛	(1) 各风口工作基本均匀一致，焦炭活跃；风口明亮但不耀眼；无生降，不挂渣，风口很少熔损； (2) 渣温适宜，上下渣温度相近，流动性良好，放渣顺畅；上渣不带铁，渣口很少熔损； (3) 铁水流动性良好；前后温度相近，硅硫含量相宜且较稳定
下料均衡顺畅	料尺曲线齐整，倾角稳定，无停滞崩落现象；不同料尺的表现相近
煤气流分布稳定合理	(1) 炉喉 CO_2 曲线为近乎对称双峰形，中心峰谷较为开阔，尖峰位置在第2或第3点；边缘与中心示值相近或高一些； (2) 风量、风压和透气性指数变化平稳，无锯齿状； (3) 顶压曲线呈整齐的梳状，开启大钟时曲线横移，随即复位，无突然上升尖峰； (4) 顶温曲线呈规则的波浪形，4个点温度相差不大；温度在 $150 \sim 250 \, ℃$ 波动； (5) 各方位喉温相互差值不大； (6) 炉腹、炉腰和炉身等处冷却水温差符合规定要求

B 判断炉况

a 冷风压力、热风压力、压力差变化观察

(1) 目的及目标。

通过观察冷/热风压力、压力差数值变化，结合其他参数的变化，能对高炉炉况走势做出判断。

(2) 技能实施与操作步骤。

冷风压力计安装在热风炉与冷风防风阀之间的冷风管道上，热风压力计安装在热风管道上。在高炉正常生产时，冷风压力与热风压力同步变化，仅有一微小差值。热风压力可以反映出炉内煤气压力。炉顶压力计安装在炉顶煤气上升管上，它测量的是炉顶煤气的压力。

热风压力与炉顶压力的差值近似于煤气在料柱中的压头损失，称为压力差。

1) 观察冷、热风压力值及其随时间变化曲线。

2) 观察炉顶压力值及其随时间变化曲线。

3) 观察高炉料柱压差（热风压力与炉顶压力差）随时间变化曲线。

一般情况下：

1) 在一定冶炼条件下，炉顶压力为一恒定值，其曲线随着装料时大钟的开启呈现出有规律的波动。

①炉顶压力经常出现向上或向下的波动，表明煤气流分布不稳。

②炉顶压力出现了向上大的波动（尖峰），表明炉况出现了管道或崩料。

③炉顶压力明显下降，高炉风量减少，热风压力升高，表明高炉可能悬料；坐料时，炉顶压力迅速上升；热风压力迅速下降，风量迅速增加，表明料坐下。

2）热（冷）风压力与炉料粉末的多少、焦炭强度、风量、炉温、炉缸渣铁量等因素有关，可以说高炉各基本制度的变化均能从热风压力表上看出征兆。

①高炉正常生产时，热（冷）风压力与风量成一定的比例关系，风量增加，热风压力升高；反之，风量减少，热（冷）风压力降低（每座高炉适宜的风压水平应与实际生产条件相适应，可通过生产实践去摸索）。

②热风压力升高，料速变慢，风量降低，表明炉况向热。

③热风压力下降，料速变快，风量增大，表明炉况向凉。

④热风压力升高较多，风量明显减少，压力差升高，下料缓慢，表明炉况出现难行。

⑤热风压力升高较多，风量明显减少，炉顶压力下降，压力差升高，下料停止，表明高炉悬料。

⑥热风压力下降较快（曲线拐弯），风量增加较快，炉顶压力升高（尖峰），压力差降低，表明炉况出现了滑料、崩料，甚至管道行程。

⑦ "CO_2 曲线" 和 "十字测温曲线" 不规则，煤气流分布失常，热风压力剧烈波动，下料时快时慢。

3）压力差是煤气在料柱中的压头损失，其代表着高炉料柱透气性。

①高炉正常生产时，热风压力稳定，料柱透气性稳定，炉顶压力也相对稳定，因此压力差只在一个小范围内波动。

②高炉难行时，由于料柱透气性变差，使热风压力升高，炉顶压力降低，因此压力差升高（高压高炉虽炉顶压力不变，但因热风压力升高，压力差也升高）。

③高炉悬料时，热风压力升高，炉顶压力下降，因此压力差升高。

b　观察风量、透气性指数变化

（1）目的及目标。

通过观察风量、透气性指数随时间的变化，结合其他参数的变化，能对炉况走势作出判断。

（2）技能实施与操作步骤。

1）观察风量随时间变化曲线。

2）观察透气性指数随时间变化曲线。

冷风流量计安装在放风阀与热风炉之间的冷风管道上，是判断炉况的重要仪表之一。风量与风压变化相对应，一般情况下：

1）高炉正常生产时，增加风量，热风压力随之上升；减少风量，热风压力随之下降。

2）风量减少，热风压力升高，料速变慢，表明炉况向热。

3）风量增大，热风压力下降，料速变快，表明炉况向凉。

4）风量明显减少，热风压力升高较多，压力差升高，下料缓慢，表明炉况出现难行。

5）风量明显减少，热风压力升高较多，炉顶压力下降，压力差升高，下料停止，表明高炉悬料。

透气性指数是一个计算参数，它的物理意义是单位压差允许通过的风量。

1）在一定条件下，透气性指数有一个合适的波动范围。超过或低于这个范围，说明风量与透气性不相适应应及时调整。

2）增加风量，使透气性指数降低到下限，说明此时料柱透气性已接近恶化程度，不可再加风了；增加风量，使透气性指数降低，但离下限尚远，说明此时料柱透气性良好，尚可继续加风。

3）增加风量，使透气性指数上升到上限，说明此时料柱透气性较好，但不可继续加风。

4）增加风量，使透气性指数上升到上限，若继续加风，超过料柱透气性允许的程度，将形成局部过吹的煤气管道，引起煤气流失常。

（3）知识要点。

高炉料柱透气性可由下式计算：

$$\frac{Q^2}{\Delta p} = K \frac{\varepsilon^3}{1-\varepsilon}$$

式中　　Q——高炉入炉风量，m^3/s；

　　　　Δp——散料状料柱内煤气的压力差，MPa；

　　　　K——与原料、料线有关的常数；

　　　　ε——散料空隙率。

由上式可知，$Q^2/\Delta p$ 的变化代表了 $\varepsilon^3/(1-\varepsilon)$ 的变化，生产高炉的 Q 和 Δp 都是已知的，可直接计算。由于 ε 恒小于1，所以 ε 的细小变化会使 ε^3 变化很大，所以 $Q^2/\Delta p$ 反映料柱透气性的变化非常灵敏，可作为冶炼操作的重要依据。习惯上把 $Q^2/\Delta p$ 称为透气性指数。有的厂近似采用 $Q/\Delta p$ 等，称透气性指数，虽也能反映一定的料柱透气性变化，但与此公式相比并不严格。

影响 Δp 的因素可归纳为两个方面：一是煤气流方面，包括流量、流速、密度、黏度、压力、温度等；二是原料方面，包括空隙度、透气性、通道的形状和面积以及形状系数等。

1）风量对 Δp 的影响。$\Delta p \propto W^{1.8 \sim 2.0}$，即 Δp 随煤气流速增加而迅速增加，因此降低煤气流速能明显降低 Δp。然而，对一定容积和截面的高炉，煤气流速同煤气量或鼓风量成正比。在焦比不变的情况下，风量（或冶炼强度）又同高炉生产率成正比，这就形成了强化与顺行的矛盾。

$\Delta p \propto W^{1.8 \sim 2.0}$ 这一关系，在一定时期内曾束缚了一些高炉操作者，使他们在条件允许的情况下，也不敢强化高炉，担心提高冶炼强度，Δp 迅速升高会破坏高炉顺行。实质上，Δp 与 I 的关系如图4-1所示，当冶炼强度达到一定水平后，Δp 几乎不再增加。这是因为高炉炉料处在不断运动的状态，随冶炼强度的提高，风量加大，燃烧加速，下料加快，炉料处于松动活动状态，导致料柱空隙度 ε 增大。

风量过大，超过了料线透气性允许的程度，此时尽管 Δp 不高，但也易形成局部过吹（煤气管

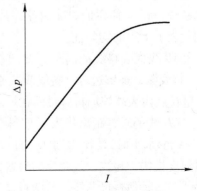

图4-1　冶炼强度 I 与料柱
全压差 Δp 关系

道），使大量煤气得不到充分利用，并会引起煤气流分布失常。

2）风温对 Δp 的影响。温度升高，煤气体积增大，如料柱其他条件不变，煤气流速增大，此时 Δp 增大，这直接反映在热风压力的变化上。

3）煤气压力对 Δp 的影响。炉内压力（顶压）升高，煤气体积缩小，煤气流速降低，有利于炉况顺行。在 Δp 保持不变时，则高炉允许增加风量以强化冶炼和增产。

4）炉料方面：

①为改善炉料透气性以降低 Δp，应提高焦炭和矿石的强度，包括高温强度，以减少炉内炉料粉末。

②加强原料的整粒工作，改善入炉原料的粒度组成。实验证明，当料块直径在 6 ~ 25mm 范围，随着粒度减小，相对阻力增加不明显。当粒度小于 6mm 时，相对阻力显著升高；当粒度大于 25mm 时，相对阻力基本不降低。可见，适合于高炉冶炼的矿石粒度范围为 6 ~ 25mm，5mm 以下的粉末危害极大，务必筛除。对 25mm 以上的大块，得益不多，反而增加还原难度，应予以破碎。

Δp 的影响因素除煤气和炉料方面外，生产中还有很多，如装料制度等。实际生产中应综合考虑。

c　观察料速和料尺运动状态

（1）目的及目标。

通过观察料速和料尺随时间的变化，结合其他参数及变化，能对炉况走势作出判断。

（2）技能实施与操作步骤。

1）观察料尺记录曲线疏密随时间的变化（见图 4 – 2）。

2）观察料尺记录曲线深浅的变化。

3）观察料尺记录曲线"刀角"的变化。

对不同时期料尺曲线观察并进行比较：

①AE 线所示方向表示时间。其间隔越宽，代表下料间隔时间越长即料速越慢，预示着高炉炉况向热；其间隔越窄，代表下料间隔时间越短即料速越快，预示着高炉炉况向凉；其疏密的均匀性则代表了下料的均匀性。

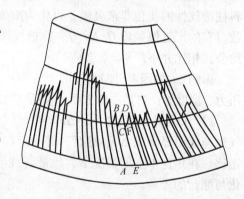

图 4 – 2　探料尺曲线

②AB 线代表料线的高低，此线越伸向中心，代表料线越低。正装时（在碰撞点以上），料线深，加重边缘；料线浅，疏松边缘。

③C 点代表高炉加料后料面在炉内的初始位置；D 点代表高炉料面在炉内到达料线的位置；CD 线的垂直距离代表一批料在炉喉内的厚度，斜率代表炉料在炉内的下降速度；当 CD 线变水平时，斜率等于 0，此即悬料；当 CD 线变成与半径平行的直线时，说明瞬间下料速度很快，料线较浅时称为滑料，料线较深时称为崩料。

④观察其他料尺曲线，若两料指示不相同，说明是偏料。

⑤在一定时间内若料尺曲线指示滑料较多，预示着高炉炉况向凉。

（3）注意事项。

1）实际生产中要定期校对料尺零点，防止因"零点漂移"而使高炉料线失控。

2）生产中要仔细观察料尺曲线，若两尺不相同时，应分析是否为机械故障所致。

3）高炉发生崩料或塌料的瞬间，应将料尺转为手动控制，防止料尺随料面下滑，崩料、塌料后将尺头埋住。

4）手动下尺时，要控制下尺速度，防止因尺头下降过快而将链条拉断。

（4）知识要点。

高炉内不同部位，炉料的下降速度是不一样的。下料速度一般有以下规律：

1）沿高炉半径。沿高炉半径炉料的下降速度是不相等的，紧靠炉墙的地方下料慢，距炉墙一定距离处，下料速度最快（这里正是燃烧带的上方，会产生很大的自由空间，同时这个区域炉料最松动，有利于炉料下降）。此外，由于布料时在距炉墙一定距离处，矿石量总是相对较多，此处矿石下降到高炉中、下部时，被大量还原和软化成渣后，炉料的体积收缩比半径上的其他点都要大。

2）沿高炉圆周方向。沿高炉圆周方向炉料的运动速度也不一样，由于热风总管离各风口的距离不同，阻力损失也不相同，致使各风口的进风量相差较大（有时各风口进风量之差可达25%左右），造成各风口前的下料速度不均匀。另外，在渣、铁口方位经常排放渣、铁，因此在渣、铁口的上方炉料下降速度相对较快。

3）不同高度处炉料的下降速度也不相同。炉身部分由于炉子断面往下逐渐扩大，到炉身下部下料速度最小；到炉腹处，由于断面收缩，炉料的下降速度又有所增加。高炉解剖研究表明：随着炉料下降，料层厚度逐渐变薄，显然是因为炉身部分断面向下逐渐扩大所造成，证明了炉身部分下料速度是逐渐减小的。另外还看到，炉料刚进炉喉的分布都有一定的倾斜角，即离炉墙一定距离处料面较高，炉子中心和靠近炉墙处的料面较低。随着料面下降，倾斜角变小，料面变平坦。说明距炉墙一定距离处，炉料下降比半径的其他地方要快。

4）从滴下带到炉缸均是被焦炭构成的料柱所充满，在每个风口处都因焦炭回旋区运动而形成一个疏松带。由于疏松区和燃烧带距炉子中心略远，形成中心部分炉料的运动比燃烧带上方的炉料运动慢得多。当渣铁在炉缸内积聚到一定数量后，焦炭柱开始漂浮，这时炉缸中心的焦炭一方面受到料柱的压力，一方面又受到渣、铁的浮力，使中心的焦炭经过熔池，从燃烧带下方迂回进入燃烧带，其运动速度不仅取决于中心部分炉料的熔化和焦炭中炭素消耗于还原反应而产生的体积收缩的大小，同时还取决于炉缸中心的焦炭通过炉缸熔池从燃烧带下方进入燃烧带参加反应的数量。所以炉缸中心的"死料柱"不是静止不动的，只不过运动速度比风口上方的料柱小些而已。

d 观察炉喉 CO_2 曲线和炉顶十字测温曲线

（1）目的及目标。

通过观察 CO_2 曲线和十字测温曲线的形状及其随时间的变化，结合其他参数的变化，能对炉况走势做出判断。

（2）技能实施与操作步骤。

1）根据炉喉煤气成分分析，绘制出 CO_2 曲线。

2）根据 CO_2 曲线的形状，对照表4-3，对气流分布类型作出判断。

表 4 – 3　煤气分布类型及特点

煤气分布类型	装料制度	煤气曲线形状	煤气温度分布	软熔带形状	煤气阻力
I	边缘发展型	（曲线图）	（曲线图）	（曲线图）	最小
II	双峰型	（曲线图）	（曲线图）	（曲线图）	较小
III	中心发展型	（曲线图）	（曲线图）	（曲线图）	较大
IV	平坦型	（曲线图）	（曲线图）	（曲线图）	最大

煤气分布类型	对炉墙侵蚀	炉顶温度	散热损失	煤气利用率	对炉料要求
I	最大	最高	最大	最差	最低
II	较大	较高	较大	较差	较低
III	最小	较低	较小	较好	较高
IV	较小	最低	最小	最好	最高

3）观察和记录不同时间和不同时期的 CO_2 曲线及十字测温曲线形状并进行比较。

①CO_2 曲线和十字测温曲线从两个方面反映了高炉内煤气流分布状况和高炉软熔带的形状。煤气流分布和软熔带的形状近似于十字测温曲线形状，与 CO_2 曲线形状相反。

②比较 CO_2 曲线和十字测温曲线在四个方向的对称性，若曲线在四个方向不对称，则说明高炉煤气流在四个方向上分布不均匀（煤气流分布失常）。长时间的煤气流分布失常，预示着炉况将要失常（可能是由于炉顶布料不均或偏料造成的）。

③比较 CO_2 曲线或十字测温曲线边缘四点数值的差别，可以判断出高炉煤气流沿圆周方向分布的均匀性。CO_2 含量低或十字测温的温度高，说明该点代表区域的煤气流较强，反之，则较弱；比较 CO_2 曲线或十字测温曲线边缘点数值随时间的变化，可以判断出高炉边缘煤气流随时间的变化，CO_2 曲线或十字测温曲线数值减小或增大，说明边缘煤气流增强，反之，则减弱。

④比较 CO_2 曲线或十字测温曲线中心点数值随时间的变化，可以判断出高炉中心煤气流随时间的变化。CO_2 曲线或十字测温曲线中心点数值减少或增大，说明中心煤气流增强，反之，则减弱。

⑤比较 CO_2 曲线或十字测温曲线沿纵坐标的升高或降低（煤气中 CO_2 总含量高或十字测温平均温度低）可以判断出高炉煤气化学能和物理热利用的好与差。CO_2 曲线（或十字测温曲线）沿纵坐标升高（或降低），说明高炉煤气化学能和物理热利用的好，反之，则利用变差。

⑥CO_2 曲线（或十字测温曲线）沿纵坐标升高（或降低），高炉煤气利用变好，高炉内增加了间接还原，高炉向热；反之，高炉煤气利用变差，高炉向凉。

（3）注意事项。

1）一定的冶炼条件，高炉应有一个与冶炼条件相适应的煤气分布。冶炼条件变化，代表煤气分布的 CO_2 曲线、十字测温曲线在一定范围内波动。过分强调煤气分布类型或大幅调整煤气分布类型，都将导致炉况失常。

2）发展中心气流，改善煤气利用，要注意同"中心过吹"相区别。

（4）知识要点。

煤气流分布有四种类型，表4－3较全面地反映了四种类型的各自特点。在日常生产中，最感困难的不是如何实现加重边缘或敞开中心，这些是容易实现的，而是边缘加重到什么程度，中心敞开到什么程度。问题的本质是，哪些因素左右着煤气分布，过量会有什么后果。

1）边缘煤气流。

由表4－3可知，Ⅰ型煤气即边缘发展型的煤气分布对高炉生产的危害性，下面进一步分析边缘煤气流的限制环节。众所周知，高炉边缘所占的面积比高炉中心大得多，从煤气能量利用的角度分析，改善边缘煤气利用所带来的效益比中心大得多。

边缘过轻，煤气利用变坏，对炉墙侵蚀严重，长时间过轻，会带来炉缸中心堆积；边缘过重，煤气供给炉墙的热量不足，很容易引起软熔带附近的炉料粘到炉墙上，形成炉墙结厚。

在脱落过程中，脱落处的炉墙温度迅速上升，而后又缓慢下降开始再次黏结，炉墙温度又恢复到原来结厚的水平。脱落和黏结是周期性的，有时因有意发展边缘处理结厚。脱落周期很短，即使不处理，厚到一定程度，也会自动脱落。短周期对高炉行程破坏性较小，长周期时有时在风口处能观察到降下来的黏结物。

黏结物脱落更严重时，易导致以下事故：

①当脱落开始后，炉墙温度升高，黏结物随炉料下降，有时降到风口前还未完全熔化，将风口挡住一部分，导致喷吹煤粉的风口，喷吹的煤粉将吹管堵死，发生吹管烧出事故。

②黏结物脱落沿炉墙下滑，将风口压入炉内，从风口和吹管接口处喷出焦炭和渣铁。

③黏结物脱落沿炉墙下滑，将风口压坏，这种情况宝钢和日本高炉都发生过。日本称这种风口损坏叫"曲损"。

高炉边缘气流不是越重越好，过重会发生结厚，特别是高炉中部、炉腰和炉身下部容易结厚。

边缘加重程度的另一个限制环节是顺行。边缘过重，高炉透气性很差，难以保持顺行。长时间的边缘过重，还会导致炉缸边缘堆积，使出铁、放渣都十分困难。

当然，使用含粉较多的炉料，只能适当发展边缘，按Ⅱ型煤气曲线操作，这种状态下加重边缘更不可取。

2）中心煤气流。

除粉末较多的炉料不能用中心发展的Ⅲ型煤气分布以外，Ⅲ型煤气分布的适应能力最强。中心过轻，高炉压差很低，容易保持顺行。但中心发展也容易造成燃料消耗升高（中心过吹）。

中心煤气分布，一方面表现在中心 CO_2 值或中心温度水平，更重要的是高炉中心区所占的面积。从煤气利用角度分析，中心煤气流发展所占的高炉中心部分的断面积越小越有利。在高炉中心部分较狭窄的断面上煤气流充分发展，反映在十字测温装置上，中心点温度很高，相邻中心点一直到炉墙处，煤气分布普遍较重。

中心轻以保持高炉顺行和保证炉缸中心工作正常，同时在高炉较大区域里煤气得到充分利用，既有利于顺行，又有利于降低燃料比，这应是不断努力追求的目标。

e　观察炉身压力

（1）目的及目标。

通过观察炉身压力变化，对料柱沿高炉纵向的透气性变化作出判断，为进一步判断炉况提供依据。

（2）技能实施与操作步骤。

1）了解炉身压力计安装位置。

2）观察各层炉身压力计数值及其变化（压力值沿高炉高度方向的变化如图 4 - 3 所示）。

在高炉稳定顺行情况下，炉身各层压力计其值在一定范围内波动，其值出现大幅度变化，表明炉内料柱透气性出现波动，预示炉况将发生失常。

以第 3 点为例，说明其值变化如何表明料柱透气性的变化。

①当第 3 点数值下降，如图中 3′ 位置，表明 2 点到 3 点间料柱透气性变好，3 点至 4 点间料柱透气性变差，当第 3 点压力下降且

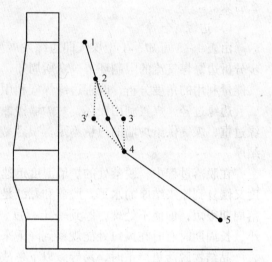

图 4 - 3　压力值沿高炉高度方向的变化

接近于 2 点数值时，表明 2 点到 3 点间料柱透气性大幅度提高，预示着该段将出现管道行程。

②当第 3 点压力升高，如图所示，表明 3 点与 4 点间料柱透气性变好，2 点至 3 点间料柱透气性变差，当第 3 点与第 4 点压力值相近时，预示着该段料柱可能出现管道行程。

当第 3 点与第 4 点压力值相等时，表明该段料柱出现了管道行程。

（3）注意事项。

在测压点数值变化时，要注意仪表的测量误差。

（4）知识要点。

炉料在高炉内共分有五个带，各带料柱透气性存在差异。

f　观察渣水、渣样

（1）目的及目标。

通过观察出渣过程中渣流的流动情况、渣块颜色等，能准确判断出渣碱度和渣温。

（2）技能实施与操作步骤。

1）用干燥的试样勺从渣沟中盛满炉渣。

2）将炉渣倾倒在试样板上，让炉渣自然凝固。

3）用试样勺再次从渣沟中盛满炉渣，稍高抬起试样勺倾倒炉渣，观察炉渣从样勺倾出时的"拉丝"状况。对照表 4 - 4 判断炉渣碱度、温度。

4）将估 R_2 结果记录下来，与当时取渣样的化学分析结果进行对照。经过长期实践，掌握估 R_2 的方法，提高估 R_2 的准确率。

表 4-4　炉渣碱度、温度判断

项　目		渣 碱 度		渣 温	
		低	高	低	高
熔渣	渣流			流动性差；不耀眼；结壳	流动性好；光亮耀眼；不结壳
	样勺倾倒时	丝状	滴状		
块渣	色泽			趋深；发黑	淡
	断口	光滑；玻璃状	粗糙；石头状	光泽差；石头状转玻璃状	有光泽

（3）注意事项。

1）在渣流稳定、均匀时，方可从渣沟内取渣样。

2）要注意炉渣温度、碱度的变化，分前期、中期、后期进行取样，以保证渣样的代表性。

3）取样时，注意避开渣口、铁口的正前方，防止渣口、铁口喷溅、烫伤。

g　观察铁水、铁样

（1）目的及目标。

能根据铁样凝固过程、形态、断口形状及颜色判断铁水含 [Si]、[S] 量。

（2）技能实施与操作步骤。

1）工具准备：试样勺、试样模。

2）取样。

①出铁开始，将干燥的试样模平放于试样钢板上，试样勺置于铁水沟上烘烤。

②试样勺烘烤干燥后，用试样勺从铁水沟盛铁水，然后缓慢地将铁水倒入试样模。

③仔细观察试样凝固过程，对照表 4-5 判断铁水中含 [Si]、[S] 量。

表 4-5　铁水中含 [Si]、[S] 量判断

项　目			含 [Si] 量		含 [S] 量	
			低	高	低	高
铁流	火花		细 密 低	粗 疏 高 分叉		
	油皮				无	有
铁样	液态表面				无纹	多纹 颤动
	冷凝时间				短	长
	固态表面				凸起 光滑	中凹 粗糙 有飞边
	断口	色泽	白	灰		
		晶粒	放射开针状	细小		
			中心石墨渐消			
	敲打时				坚硬	脆，易断

④将估 $w[Si]$、$w[S]$ 结果记录下来,与当时取铁样的化学分析结果进行对照。经过长期实践,掌握根据铁流、铁样估 $w[Si]$、$w[S]$ 的方法,提高估 $w[Si]$、$w[S]$ 的准确率。

3）仔细观察铁水火花低多少,表面油皮状况、流动情况。将估 $w[Si]$、$w[S]$ 记录下来,与本次铁样分析结果对照,经过长期实践,提高估 $w[Si]$、$w[S]$ 的准确率。

（3）注意事项。

1）一般每次出铁中分出铁前期、中期、后期三次取样,增强试样的代表性。

2）使用潮湿的试样勺取样,易发生铁水爆溅。

（4）知识要点。

炉缸渣铁温度受料速、料与煤气的热流比、风口燃烧温度和炉缸热损失的影响。通常热损失一项变化不大。热流比 μ 和料速 $V_{料}$ 可包含在炉身热交换区高度 H_S 的式子中:

$$H_S = 3V \frac{C_{料}\,\rho_{料}}{\alpha_V(1-\mu)}$$

式中　$C_{料}$,$\rho_{料}$,α_V——炉料的比热容、体积密度和体积传热系数。

因此简略地说,渣铁温度主要受炉身热交换区高度和风口燃烧温度的影响。料速快、热流比大（反映在上式中,H_S 扩大）意味着炉料在上部加热不充分,高炉下部凝聚相（渣铁）温度就低。如果不提高风口燃烧温度去弥补的话,渣铁温度将下降,高炉下部凝聚相（渣铁）温度就低。如果不提高风口燃烧温度去弥补的话,渣铁温度将下降,故渣铁温度联系着炉身热交换和炉缸热量补偿（这是习惯说法,实质是炉缸温度补偿）,是从物理角度反映炉温的参数。

根据近 20 年来的大量研究,生铁硅量变化反映的不单是渣铁温度,它还受滴落带大小、气氛和（SiO_2）反应活性等因素的影响,因此它包含的信息更丰富。不过一般来说,只要炉况正常,渣铁温度上升,生铁含硅量也上升,两者是正相关的。

h　观察炉身温度

（1）目的及目标。

通过观察炉身温度随时间的变化,对高炉圆周方向煤气流变化及操作炉型变化作出判断,为进一步判断炉况提供依据。

（2）技能实施与操作步骤。

1）了解炉身各层热电偶的位置、标高及其与炉型的相对位置。

2）观察各热电偶的温度及其随时间变化曲线。

炉身热电偶温度既反映测温点处炉墙厚度的变化,同时也反映着各对应位置、标高边缘气流的强弱。一般情况下,各热电偶温度随冶炼进程在一定范围内进行波动,表明边缘气流在一定范围内波动。

①热电偶温度在规定范围内升高或降低,表明该电偶对应部位边缘煤气流的相对强或弱。

②热电偶温度升高速度较快、幅度较大（大大超过规定范围）,且在 8～48h 内又逐渐恢复到正常波动范围之内,表明该方向有炉墙黏结物脱落。

③热电偶温度降低超过正常控制值,表明该部位炉墙有黏结或结厚。

（3）注意事项。

炉墙热电偶因安装深度差异等因素，虽同一标高，但其数值可能相差较大。

i 观察风口

（1）目的及目标。

通过观察风口的变化，结合其他参数变化，对炉况走势能作出正确判断。

（2）技能实施与操作步骤。

1）观察各风口的明亮程度、活跃程度，并做记录。

2）观察各风口前有无生料下降，有无挂渣，挂渣部位及形状。

通过对风口的观察和记录，对风口变化情况进行比较：

①沿圆周方向进行比较。风口沿圆周方向工作均匀、明亮，说明炉缸圆周各点工作正常；若风口圆周方向活跃、均匀，说明各风口鼓风量和鼓风动能一致，这是炉况顺行的一个重要标志。否则，说明炉况失常。

i 若圆周方向风口一边明亮、活跃，一边暗红，说明炉缸工作不均匀，可考虑是否为上部布料不均所致。

ii 若圆周方向风口暗红、有生降，表明炉况向凉。

iii 若圆周方向风口明亮、耀眼，表明炉况向热。

iv 若圆周方向风口出现呆滞，表明炉况出现难行，甚至悬料。

v 若圆周方向一个风口或几个风口出现呆滞，表明该风口气流受阻。炉内煤气出现不均。

vi 若圆周方向风口有生料下降出现、有挂渣出现，表明炉况向凉。

vii 若圆周方向风口出现挂渣、涌渣甚至灌渣，表明炉况大凉，炉缸冻结时，会出现大部分风口灌渣。

②按时间推移观察风口变化。

i 随着时间推移，风口明亮转向暗红，表明炉况由热转凉，反之，由凉转热。

ii 随着时间推移，风口由圆周工作均匀，转向圆周工作不均匀，风口暗红一侧的料面偏行下陷。

iii 随着时间推移，工作均匀的风口出现生降、挂渣，表示炉况向凉。

iv 炉温充足，风口挂渣，说明碱度可能过高。

v 个别风口局部挂渣，说明该风口可能破损漏水。

（3）注意事项。

1）风口是唯一能窥看炉内情况的孔道，通过它能较早发现炉内化学反应、物理变化的一些情况。因此高炉操作人员必须勤看风口。

2）在观看风口时，注意风口窥视镜片洁净度对风口颜色的影响。

3）为便于对比分析，可设立一个风口现象的简单记录表，以明亮与暗红、活跃与呆滞、有无生降、有无挂渣等特征性字眼按时注记，这样风口带情况一目了然。此外，还可记录风口堵塞、捅开和破损更换的时间等。积累多了，将是一份宝贵的技术档案。

（4）知识要点。

入炉焦炭中的炭素除了少部分消耗于直接还原和溶解于生铁（渗碳）外，大部分在风口前与鼓入的热风相遇燃烧。此外还有从风口喷入的燃料（煤粉等），也要在风口前燃烧。

风口前炭素燃烧反应是高炉内最重要的反应之一，它起以下作用：

1）燃料燃烧后产生还原性气体 CO 和少量的 H_2，并放出大量的热，满足高炉对炉料的加热、分解、还原、熔化、造渣等过程的需要，即燃烧反应既提供还原剂，又提供热能。

2）燃烧反应使固体炭不断气化，在炉缸内形成自由空间，为上部炉料不断下降创造了先决条件。风口前燃料燃烧是否均匀有效，对炉内煤气流的初始分布、温度分布、热量分布以及炉料的顺行情况都有很大影响。所以说，没有燃料燃烧，高炉冶炼就没有动力和能源，就没有炉料和煤气运动。一旦停止向高炉内鼓风（休风），高炉内的一切过程都将停止。

3）炉缸内除了燃料的燃烧外，还包括直接还原、渗碳、脱硫等尚未完成的反应，都要集中在炉缸内完成。最终形成流动性较好的铁水和熔渣，自炉缸内排出。因此说，炉缸反应既是高炉冶炼过程的开始，又是高炉冶炼过程的归宿。

鼓风进入炉内，在风口前形成燃烧带并进行燃烧反应，关于燃烧带大小对初始煤气流分布的影响、对炉缸温度分布的影响及燃烧产物的成分变化，请参阅相关专业书籍。

j　观察原、燃料质量

（1）目的及目标。

掌握原、燃料质量变化，及时对高炉进行调剂，保证高炉安全、稳定、顺行。

（2）技能实施与操作步骤。

1）观察烧结矿。

①观察高炉用烧结矿的粒度、粒度组成变化。特别要注意小于 5mm 的粉末含量的变化。当小于 5mm 的粉末含量增加较多时，易造成高炉料柱透气性变差或高炉煤气流边缘（或中心）自动加重现象。

②观察高炉用烧结矿的强度变化。强度变差时，入炉后易碎，造成炉内粉末增加，降低料柱透气性。

③观察高炉用烧结矿的含水量变化。含水量升高使入炉机械水增加，降低高炉炉顶温度。当顶温小于 100℃ 时，会导致入炉烧结矿顶热不充分，易缩小间接还原区，使炉温下行。

④观察烧结矿的颜色。发现较多白点时，烧结矿易碎裂使入炉粉末增加。

2）观察焦炭。

①看粒度变化。小于 15mm 的含量增加，易降低高炉料柱透气性，使高炉接受风量能力减弱。

②看强度变化。焦炭碎裂纹增多，强度变差，入炉后焦炭粉末增加，使料柱透气性变差，高炉接受风量减弱；反之，粒度均匀，强度好，透气性好，高炉易接受风量。

③看外水变化。含水量大，称量时将造成实际入炉焦炭量减少，造成高炉热制度波动。

3）观察球团矿。粒度、强度变差后对高炉的影响同烧结矿。

（3）注意事项。

当对炉料结构进行调整时，要密切注意高炉冶炼的变化并及时调整装料制度，先求顺行。

知识点3 处理失常炉况

A 处理连续崩、滑料

a 目的及目标

能根据不同起因造成的连续崩、滑料，采取正确措施，消除连续崩、滑料，保证高炉稳定顺行。

b 技能实施与操作步骤

造成高炉连续崩、滑料的起因明确时，可对症处理。

（1）由边缘过重或管道行程引起的：

1）采取疏松边缘的装料制度，发展边缘气流，消除边缘气流过重。

2）减轻焦炭负荷15%～20%，疏松料柱，改善料柱透气性。

3）视炉温情况撤风温。

4）可酌情减风，降低鼓风动能，改善煤气分布。

（2）由炉渣碱度过高引起的，一般可通过变料降低炉渣碱度，改善下部料柱透气性。

（3）由炉热引起的：

1）崩料初期可大撤风温50～100℃，减小炉腹煤气体积，改善炉缸煤气分布。

2）视炉热起因，做相应调整。

（4）由炉温向凉，原燃料质量恶化引起的：

1）视炉温基础，迅速大幅度减风。

2）向炉内加入一定数量的净焦。

3）相应减轻焦炭负荷。

c 注意事项

1）连续崩、滑料消除前，严禁大提风温。

2）崩料后，风压突然升高，必须立即降压，以防炉况难行悬料。

3）连续崩、滑料被制止，炉温回升，下料正常后，应在正常料到达炉腰时，根据顺行情况逐步恢复风量、风温和焦炭负荷。

d 知识要点

连续崩、滑料的征兆：

1）下料不畅，出现停滞、陷落。

2）风量、风压或透气性指数波动加剧，呈锯齿状。

3）炉顶压力频繁出现尖峰。

4）CO_2曲线紊乱。

5）风口工作不均，时常见风口内有较多生料下降，部分风口甚至涌渣。

6）崩料严重时料面塌陷很深，生铁质量变坏，炉渣流动性不好。

B 处理低料线炉况

a 目的与目标

掌握处理低料线炉况的方法，降低因低料线而引发炉况波动的可能。

b 技能实施与操作步骤

（1）由于上料系统设备故障造成的低料线，当顶温超过280℃（根据高炉炉顶设备维护标准自行制定）时，开炉顶打水进行喷水降温，同时可酌情减风控制顶温。

（2）由于上料系统设备故障，料线大于 3m，或低料线时间超过 1h 时，应酌情减风，控制料速并补加净焦和减轻焦炭负荷。

（3）因各种原因造成低料线，减风到 50% 以上，料线仍亏 3m 以上，且亏料原因尚未排除时，应立即出铁后休风。

（4）当矿石系统因故障而不能上料造成低料线时，可临时先装入焦炭 3～4 批，并酌情减风，控制料线，而后补回部分或全部矿石。

（5）当上料系统中焦炭系统发生故障而不能上料，且炉况顺行状况好时，可临时装入一批矿石，并减风控制料线，而后补回全部焦炭。

（6）低料线撵料线时，采用适当发展边缘的装料制度，逐步加风，恢复风量，并适当控制加料速度。

c　注意事项

（1）当上料系统中焦炭系统设备故障而临时不能上料时，先装入矿石，最多一批，且要密切注意风量与风压关系，防止由此而造成透气性指数大幅降低。

（2）有些操作者在赶料过程中，视压差上料，人为地延续低料线时间，这种操作不仅被动，而且易于恶化炉况，应予以纠正。

d　知识要点

由于各种原因不能按时上料，以致料尺较正常规定料线偏低 0.5m 以上时，即称为低料线。低料线不但会使矿石不能正常的预热和还原，打乱炉料的正常分布，破坏顺行，并且有烧坏炉顶设备，引起炉身上部结厚、结瘤的可能。

高炉低料线使矿石不能正常的预热和还原，撵料线炉料进入炉内后的预热、还原将在高炉下部（较正常料线深）进行。炉料在炉内与煤气的接触时间缩短，从而减少了高炉内的间接还原反应，增加了高炉内的热量消耗。因此，应视低料线深度、时间对高炉进行补加热量，以维持高炉正常热平衡。

低料线时间、深度和补加焦炭量如表 4-6 所示。

表 4-6　低料线时间、深度与加焦量

低料线时间/h	低料线深度/m	加焦量/%
0.5	一般	5～10
1.0	一般	8～12
1.0	>3.0	10～15
>1.0	>3.0	15～25

注：1. 一般不需要减风，大于 3.0m 需要适当减风。
　　2. 表中数据只做参考，应视各高炉具体情况进行修订。

C　处理管道行程

a　目的与目标

掌握处理管道行程的方法，消除高炉管道行程，避免造成更大损失。

b　技能实施与操作步骤

（1）立即减少鼓风量，高压高炉转为常压操作。减少鼓风量应遵循以下原则：

1）鼓风一次减少量，应能立即消除管道行程（若管道行程严重时，在炉温充足的条件下，可减少风温，必要时可进行放风）。

2）减少鼓风量时，可按鼓风压力操作，切忌风口灌渣。

（2）补回一定数量的净焦，严防由此而造成高炉炉凉。

（3）管道行程消除后，可进行恢复性加风操作（控制压差以低于常值的20%为宜）。

（4）适当缩短放渣、出铁时间间隔，尽可能及时将炉渣、铁水排出炉外。

c 注意事项

（1）管道行程后，应避免休风，这对防止炉况恶化和争取净焦及早下达是很有利的。

（2）在恢复炉况过程中，切忌加风速度过快而造成悬料、崩料。

（3）集中加焦起着疏松料柱和迅速使炉缸转热的作用。

d 知识要点

管道行程是高炉内煤气分布失常的一种现象。所谓管道行程，就是高炉内某一局部的料柱特别疏松，阻力小，大量煤气经过这一区域上升而产生的"流态化"现象。

（1）管道行程的征兆：

1）初期风压下降，风量自动上升，透气指数增加，崩料后则风压突升，风量锐减。

2）炉顶压力骤升（曲线出现尖峰），炉顶和炉喉温度曲线分散，在管道方向，温度可能特别高，有时高达800～1000℃，甚至烧红上升管。

3）炉喉煤气曲线不规则（炉顶十字测温曲线不规则），管道方向的CO_2含量特别低（或十字测温温度特别高）。

4）风口工作不均，严重时，管道方向的风口前面出现大量下降。

5）料尺出现滑尺，往往一个料尺突然滑得很深，加料后，料尺恢复得很快。

（2）引起管道行程的原因：

1）原料条件不太好，特别是烧结矿含粉量过多，焦炭强度较差，是产生管道行程的潜在因素。

2）高炉采用高压差操作时，也易诱发管道行程。

3）装料制度不合理，边缘或中心过重或过轻。

4）大钟偏料，布料器失灵，风口进风不匀等设备缺陷也能引起管道行程。

5）在原料条件不太好，冶炼强度又较高的情况下，一旦料柱透气性与送风风量不相适应，极易造成管道行程。

（3）预防管道行程的措施：

1）降低入炉原料的含粉率，严格控制粒度小于5mm的烧结矿入炉不大于5%。

2）严格控制入炉焦炭强度（M_{40}大于75%）。

3）当原燃料条件变差时，采用适当发展边缘的装料制度，适当降低入炉风量，保持料柱透气性指数在正常控制范围内波动。

4）消除设备缺陷而造成的偏料等。

5）禁止风口进风不均匀。

D 处理悬料

a 目的及目标

掌握造成高炉悬料的原因，能够进行高炉坐料操作。

b　技能实施与操作步骤

（1）坐料前通知鼓风机、燃气调度等有关单位，准备坐料。

（2）坐料前应先出净渣铁，以防止风口灌渣。

（3）坐料前炉顶通蒸汽。

（4）坐料前赶上料线（可较正常料线高，但要防止料面过高而抗大钟）。

（5）停止重力除尘器清灰。

（6）提起探尺。

（7）通知鼓风机减风。

（8）开放风阀进行放风坐料（放风坐料时间一般不超过3min）。

（9）监视炉顶压力值变化（其值升高速度快，说明料已坐下）。

（10）关闭炉顶蒸汽，放下探尺，确认料线深度。

（11）逐渐关闭放风阀，进行复风。

（12）补加一定数量净焦，视风量状况，尽快恢复正常料线。

（13）坐料复风后，应改用疏松边缘的装料制度（也可相应缩小料批和减轻O/C，以迅速恢复炉况）。

c　注意事项

（1）发现风压升高，炉料难行，料尺曲线开始打横时，如炉温充足可撤风温（减煤量）；如炉温不足，应先停氧减风，争取料不悬或悬料自行塌下。上述措施无效时，才进行坐料。

（2）任何性质的悬料，严禁提风温。高碱度悬料应降低渣碱度或加酸性料。

（3）料未坐下，禁止更换风、渣口。

d　知识要点

（1）悬料。

炉料停止下降超过1～2批料时间称悬料。悬料也是炉况失常过程中的一种中继性现象，初期可考虑如下处理：

1）发现风压升高，炉料难行，料尺曲线开始打横时，如炉温充足可减煤量或撤风温；如炉温不足，应先停氧、减风，相应减煤或停煤。

2）任何性质悬料，严禁提风温。高碱度悬料时，应降低渣碱度或加酸料。

上述措施无效时，应进行坐料处理。坐料时应围绕有无坐料空间、有无风口灌渣危险和煤气安全三原则考虑：

1）悬料20min左右，判断风口无灌渣危险时应进行坐料；如炉缸积存渣铁较多，应先出尽铁渣（如系冷悬可适当喷吹铁口）再坐料。从安全上考虑，放风坐料不得超过3min；坐料前炉顶应通蒸汽；坐料时，除尘器禁止清灰；料未坐下来，禁止更换风、渣口。

2）若第1次未坐下，按入炉风量估计炉缸烧去两批料后进行第2次坐料。第2次坐料可采用休风坐料方式。若第1次已坐下，但复风后又悬住，应在估计烧去2～4批料后再坐料，坐料前应赶上料线。

3）一般情况下，第1次坐料后可恢复到原风量，第2次坐料后应酌情减少复风风量。严禁采用"大风顶"的蛮干操作。

4）坐料复风后，应改用疏松边缘的装料制度，相应缩小批重和减轻焦炭负荷（若喷煤，包括短时间不能喷煤应补的焦炭）。

5）两次以上的连续坐料，应集中加入若干批空焦，下部可堵塞部分风口，或按风压操作，以利炉况恢复。

6）悬料消除后，应先恢复风量，其次恢复风温、煤量和负荷，最后是富氧。

为了更有针对性地处理悬料，有些操作者按悬料发生部位将悬料分为上部悬料与下部悬料，它们的特点如表4-7所示。

表4-7 高炉上部悬料与下部悬料的特点

类别	征 兆	产 生 原 因
上部悬料	（1）悬料前有崩料；风压稍降低而突然跳高； （2）风口工作一般正常； （3）慢风坐料或放风坐料未降到零压，料即坐下； （4）坐料对炉温影响不明显	主要是气流通道突然被炉料卡塞所致，如管道性气流被堵等，在处理边缘过重或过轻时，方法不当造成边缘和中心同时受堵等。因此，预防上部悬料，应及时纠正气流分布失常，尤其是管道性气流
下部悬料	（1）悬料前1.0~1.5h风压已渐升，随之出现崩料和难行； （2）在一次或几次崩料后，风压迅速上升； （3）风口工作迟钝且不均匀	主要是高炉下部热平衡遭到破坏（有时还与造渣不良相结合）造成的。另一原因是，当燃料比很低时，软熔带位置过分下移，其下缘与炉芯之间的活动焦炭区太窄，妨碍了向风口燃烧区顺利地供应焦炭，由此引起崩料或悬料（这是日本研究者提出的一种认识，不过对我国生产指标较差的小高炉基本无实际意义）

下部悬料又可分为热悬料与冷悬料两种：

1）热悬料。炉缸过热、煤气体积与流速大增、与原有料柱中的气流通道不相适应引起的悬料。也有人提出热悬料与SiO挥发沉积、堵塞通道有关。处理热悬料的关键在于减少煤气体积，因此应及时猛撤风温（50~100℃）和减煤，也可减风。但若崩料或坐料较深，仍应适当减轻焦炭负荷。

2）冷悬料。这是一种严重炉况失常，处理不当很容易导致风口灌渣和炉缸冻结。处理冷悬料的关键在于提高炉温，特别是要防止因炉料崩落而使炉温进一步降低。因此在大量减风的同时，不应过多地撤风温（但应停止喷吹）。重要的是加入足够焦炭，使炉温转热后，冷悬料才能根本消除。

（2）恶性悬料。

悬料在4h以上者称恶性悬料，一般是在高炉大凉，尤其是高碱度炉渣凑合下发生的。对此，可参照以下原则处理：

1）炉顶只要能加料，就要果断地加入足够焦炭。不论悬料起因是冷还是热，一旦形成恶性悬料，都要损失巨大热量，只有通过加焦炭才能予以弥补，同时可以疏松料柱，利于炉况恢复。

2）一般性悬料应尽早坐料，以免坐得太深，增加恢复难度。但恶性悬料时已不易进风，这时不要急于连续坐料，而要烧出一个空间再坐。坐料过频，会导致料柱挤紧，完全不进风。

3）连续坐料不下，又不易进风，炉缸无渣铁时，可送冷风，以确保风口燃烧焦炭，发生热量，维持炉温。料坐下后，宜用低压恢复。

4）送冷风仍不能消除时，可掏大铁口或拉下渣口小套，空喷铁口和渣口。其作用是随时排除熔化的冷渣铁及部分冷料，形成空间，促使悬住的炉料崩落或便于坐料。同时使炉内煤气有出路，维持风口燃烧过程，既加热炉缸，又可从下部逐步熔化悬住的炉料。

5）恶性悬料基本消除后，恢复过程要适当慢一些，并可酌情洗炉，清洁炉墙。

高炉悬料是一个老问题，但迄今对悬料的机理仍未有深刻的认识，一般都是采用力学分析的方法对其进行解释。

E　处理炉缸堆积

a　目的及目标

能根据炉缸堆积的不同程度，采用不同方法，消除炉缸堆积。

b　技能实施与操作步骤

（1）处理炉缸堆积前，首先制定炉缸温度管理标准（如炉缸热电偶温度、冷却壁水温差、热流强度等目标值）。

（2）确定处理炉缸堆积的方案。

1）确定采用处理炉缸堆积用料品种（常用料：锰矿、萤石及由净焦、轻料、萤石、锰矿组成的综合炉料）。

2）确定加入量。

①用英石处理炉缸堆积时，其加入量可依据炉渣中（CaF_2）含量为4.5%～5.0%进行计算。

②用锰矿处理炉缸堆积时，其加入量可依据生铁中［Mn］含量为1.2%～1.5%进行计算。

③用综合料处理炉缸堆积时，分量最重，在实践中均有效。

3）确定加入方式。用英石处理炉缸堆积时，可将英石布在高炉中心。具体加入方法有三种：

①分散加入法。该方法的优点是利于保护炉墙；缺点是炉况恢复慢，并且因加入量小，易造成称量误差，影响准确性。

②集中加入法。严重堆积时常用此法，但集中加入，有时会产生偏析，故操作人员要掌握日常炉喉布料的偏析状况。

③开始集中加入，然后隔批加入。

4）处理堆积时的高炉操作制度。

①生铁［Si］含量。比正常炉温高1～2个牌号（或按［Si］含量为0.6%～1.0%控制）。负荷减轻量可根据发展边缘程度与洗炉剂的记录量来确定。

②炉渣碱度。可适当降低炉渣碱度0.05～0.1。但要注意降低炉渣碱度的时机，防止炉温未升，渣碱度已降，造成生铁高硫废品。

③送风制度。维持全风量和正常风温。

c　注意事项

（1）萤石处理炉缸堆积易损坏炉衬。因此，用萤石处理炉缸堆积时，要密切监视炉壳温度或冷却壁出水温差（水温差、热流强度）。

（2）在化验分析中，化验人员一律将渣中 Ca^{2+} 当成 CaO 中的 Ca^{2+}，因而出现化验碱度比实际碱度高的假象。用萤石处理炉缸堆积时，炉渣的真实碱度应用下式计算：

$$R = \frac{w(\text{CaO}) - \dfrac{56}{78}w(\text{CaF}_2)}{w(\text{SiO}_2)}$$

式中 $w(\text{CaO})$，$w(\text{CaF}_2)$，$w(\text{SiO}_2)$ ——渣中该组分含量（%）。

d 知识要点

（1）炉缸堆积的一般征兆：

1）"三口"状况异常，表现为：风口不活，涌渣，有时小焦飞旋，严重时风口大量破损，熔洞多在风口下唇；上渣率显升；渣口难开，上渣带铁；渣口常烧坏；铁口打泥量减少，变得"容易维护"，严重时铁口难开。

2）高炉不易接受风量；出渣出铁前有憋风现象；出铁前后料速明显不均。

3）铁水物理热低，高硅高硫。

4）炉基温度降低。

（2）炉缸堆积的分类。炉缸堆积有中心堆积、边缘堆积、炉底上涨等不同类型，除共性征兆外，还各有一些特点。例如，风、渣口破损增多是炉缸堆积的一个明显表现，但边缘堆积时一般先坏风口，后坏渣口，中心堆积时则先坏渣口，后坏风口。

（3）炉缸堆积形成的原因：

1）入炉焦炭质量恶化，或焦炭质量在炉内劣化严重，造成炉内粉焦积聚。这几乎是常见的各种炉缸堆积的参与因素。

2）上下部调剂长期不当。风量过吹、动能过大，与边缘过重的装料制度、经常性的高炉温、高碱度操作凑在一起造成的边缘堆积；冶炼强度过低，动能偏小，与发展边缘的装料制度长期凑合而造成的中心堆积。

3）碱金属促成的堆积。这主要是碱金属大量聚积炉内，严重恶化了焦炭强度所致。

4）某些特殊原因造成的堆积。例如：高温铁冶炼时间过长造成的石墨碳堆积或钛化物析出引起的热堆积；炉凉或冷却器大量漏水引起的冷堆积；长期堵风口操作引起的局部堆积；长期高 Al_2O_3 渣冶炼引起的堆积等。

（4）处理炉缸堆积的方法。处理炉缸堆积的基本措施是洗炉，此外还可以配合其他手段，如变铁种、变配料、调整风口等。

洗炉还是处理炉墙结厚和下部结瘤的措施。有些工厂将空焦轻料与发展边缘相结合，靠强盛的边缘煤气流净化炉墙的方法称为烧炉，这里将其归入洗炉，集中讨论。

对于洗炉作业，应有以下三点认识：

1）不论何种类型的炉缸堆积和炉墙黏结（包括下部结瘤），均可用洗炉方法减轻其危害，加速炉况恢复，但不能根除堆积或黏结。也就是说，洗炉作用很大，但从根本上看，它治标不治本，只是一个事故处理手段，不能作为一个正常的操作调剂方法。

2）洗炉是个有一定副作用的措施，代价较高，必须慎重对待。洗炉前应制定目标，洗过后要逐项检查，不能不明不白，不了了之。从实际情形看，这一点很值得重视。

3）要达到有效地洗炉，必须判明堆积或黏结的部位、性质，对症下药。

洗炉主要是通过机械冲刷、热力熔化和化学消解的作用来达到目的，因此洗炉需要的条件一般应该是：

1）炉温充沛；

2）有比较强盛的边缘气流；

3）有流动性好、化学性质相宜和必要数量的炉渣；

4）冲刷性良好的铁水。

其中，第1）条是前提，第2）、3）条对付风口以上部位炉墙黏结较为合适，第3）、4）条对付风口以下部位堆积较为合适。

洗炉按其程序和目的来说，可分维护性洗炉和事故处理性洗炉两种。

1）维护性洗炉是在炉况尚属正常的情况下进行的。一个炉况正常的高炉，尤其是强化程度很高的小高炉经过一段时间操作后，其间各种因素变迁，对炉型或多或少是有影响的。一般地，起初表现为边缘自发逐步加重，崩、塌料现象增多，继之风量、风压之间的平衡关系开始动摇，炉缸工作也渐渐冒出不正常的征兆。

维护性洗炉的措施大致有：定期使用酸料；稍退负荷，稍轻边缘，适当提高炉温，降低渣碱度，维持一段时间，观察炉墙热流强度的变化；如生产计划允许，由铸造铁改炼钢铁；如有条件，适当调整炉料结构，配用部分性能较优的原料；配入锰矿或适量配入萤石，即利用一定稀释程度的炉渣和一定强度的边缘煤气流来洗刷渐渐结厚的炉墙或炉缸。

维护性洗炉措施只要及时，效果往往是好的。

2）事故处理性洗炉是在炉缸工作已失常，或炉墙严重结厚甚至结瘤时采用的。此时洗炉是一个必要的甚至是一个主要的措施。

常用的洗炉剂有锰矿、萤石以及由空焦、轻料、萤石、锰矿组成的综合洗炉料。

锰矿洗炉一般不会威胁炉衬。但用多了，花费大，甚至出高锰废品；用少了对改善渣铁冲刷的作用不大。权衡之下，它可以作为一种维护性洗炉的洗炉料，而在事故处理性洗炉中只做配角，如可在后续洗炉中使用。在严重的炉缸堆积面前，其效果不大，可考虑撤除。

萤石是一种典型的洗炉剂，既可用于维护性洗炉，也可用于事故处理性洗炉，而且对付炉墙黏结和炉缸堆积均有效。但它对炉衬侵蚀较重，用量和次数要有所控制。

用综合料洗炉时，分量最重，效果也好。

加萤石洗炉时，渣相中大量出现枪晶石、CaF_2、钙铁橄榄石组成的矿物，在 1250℃ 以上黏度均在 $0.5Pa \cdot s$ 以下，远低于炉渣从高炉内顺利流出的黏度（$2Pa \cdot s$），具有足够的流动性。

F　处理高炉大凉

a　目的及目标

了解炉凉的成因，会处理高炉大凉，防止由此而酿成更大事故。

b　技能实施与操作步骤

（1）视炉凉程度及时加净焦 10～20 批，严重时可加入相当于炉缸容积 1～2 倍的焦炭。

（2）迅速减风 20%～30%，必要时将风减到风口不灌渣为限的最低水平。

（3）谨慎处理悬料。在有风口灌渣危险时悬料，只有在出尽渣铁并适当喷吹铁口后，方可坐料，并注意防止风口灌渣及直吹管烧穿。

（4）尽可能避免休风，不得已休风时，可趁机堵塞部分风口。

（5）炉凉且碱度高，应降低碱度。

（6）净焦下达至炉温回升后，可根据顺行情况恢复风量操作。

c 注意事项

炉凉坐料风口极易灌渣，因此在炉凉坐料时，可立即打开风口窥孔，防止弯头灌渣，或在风口外面打水，防止直吹管烧穿。

d 知识要点

（1）高炉大凉的主要征兆：

1）风量、风压不稳，风压升高，风量减少，炉况难行。

2）炉顶和炉喉温度趋低。

3）风口暗红，出现大量生降，个别风口出现挂渣、涌渣甚至灌渣。

4）渣铁温度急剧降低，流动性明显变差，渣色变黑，生铁含硫量急剧升高。

5）冷却器水温差普遍降低。

（2）造成高炉大凉的原因：

1）炉况失常引起高炉大凉。由于煤气流分布失常，发生管道、大崩料或恶性悬料而导致炉凉。发生上述炉况失常时，由于煤气利用急剧恶化，炉料在上部未经充分预热和还原就直接下到高温区进行直接还原，大量吸热，炉温很快下降，如果未及时采取有力措施，就可能造成大凉。

2）漏水引起炉缸高炉大凉。高炉到了炉役中后期，炉腹、炉腰和炉身冷却设备陆续烧坏，由于冷却器有数百块之多，检查工作困难，漏水后往往不能及时发现和处理。漏水较少时，虽然焦比受些损失，尚不致造成严重恶果。但当高炉长期休风时，由于炉内压力降低，漏水增大，而漏出的水又不能被煤气带走，炉子又停止产生热量，极易造成大凉。

3）高炉无准备的长期休风造成高炉大凉。实际生产中当原料供应系统、装料系统、炉前工作、渣铁运输及处理系统、鼓风及热风炉系统、煤气系统以及动力系统等发生严重事故时，都有可能造成高炉无准备的长期休风，从而导致炉凉甚至炉缸冻结。

4）由于称量错误或上错料，造成高炉热平衡收支不平衡而引起高炉大凉。

G 处理炉缸冻结

a 目的及目标

了解造成炉缸冻结的原因，掌握处理炉缸冻结的方法，会处理炉缸冻结，能迅速恢复炉况，减少高炉生产损失。

b 技能实施与操作步骤

当渣铁口已放不出渣、铁，炉缸冻结已成事实时，应果断休风。休风后按下列两种方案之一进行处理。冻结严重时用第一种方案，冻结较轻时用第二种方案。

（1）风口—渣口—铁口方案。此方案把打开铁口的工作分为三步，依次用风口、渣口、铁口作为出铁口。

（2）渣口—铁口方案。此方案把打开铁口的工作分成两步，依次用渣口、铁口作为出铁口。

以第一种方案为主，具体操作步骤为：

1）向高炉内加入足够数量的净焦。

2）休风后卸下与渣口、铁口临近的1~3个风口。

3）把最临近渣口的热风支管上焊堵盲板，将该风口作为临时出铁口。

4）用氧气烧熔风口前的凝结物，并自风口排除，最终将三个风口烧通。

5）在焊堵有盲板的热风支管的风口上，安装与风口小套外形相同的炭砖套。在另外1~2个风口上安装风口小套，其余风口用泥堵实。

6）安装好风口直吹管（用做临时铁口的风口除外）。

7）在安装有炭砖套的风口大套和二套上砌砖和铺适当的泥料，构成渣铁流槽。

8）在进行上述操作时，应同时将渣口、三套、四套卸下，换以外形与渣口三套相同的炭砖套，同时在渣口大套和二套上铺适当的泥料构成渣铁流槽。

9）做好分别以风口和渣口出铁的一切准备。

10）确认上述工作准备好之后，即送风。

11）送风1~2h后从风口出第一次渣铁。经风口出渣铁2~4次后，可试着用渣口出铁。

12）用渣口出渣铁2~4次后，渣温充沛，流动性好时，可试着用铁口进行出铁，同时可向铁口方向扩风口1~2个用以送风。

13）用铁口进行出铁，炉渣由黏黑转为明亮，流动性较好时，可在送风风口两侧扩大送风风口1~2个。

14）在铁口能顺利出铁、炉温充沛的基础上，风口可依次逐个打开，一般每次以打开两个为宜（一个方向一个）。开风口过快过多，往往容易造成炉缸冻结的反复。为减少休风时间，休风扩风口时可一次多烧开几个风口，然后将暂时不用的风口用泥堵住，下次再开时就不必休风了。切不可隔着堵死的风口去开。

15）在铁口能顺利出铁，炉温充沛的基础上，风口全部打开后，可根据炉况，逐步加重焦炭负荷。

c 注意事项

（1）开始送风时应比正常生产时单个风口平均风量稍多，或按风压掌握；风温视风口情况进行调节。

（2）在用氧气烧熔风口前的凝结物时，风口前方至少要烧通1m，上方的凝结物要烧出一个尽可能大的孔洞，达到风口前落满干净的赤红焦炭；上方有足够的透气性，使烧凝结物产生的烟气能从炉内抽走。

（3）采用第一种方案时，作为出铁口的风口应选在靠近铁口的渣口上方，这样，一方面便于下一步用渣口出铁，另一方面放出的渣铁可利用渣沟排放。

（4）用作送风风口和临时出铁的风口，在把风口套拉下后，应互相烧通。

（5）作为临时出铁口的风口、渣口炭砖套，中心留有直径约 $\Phi50mm$ 左右出铁孔。

（6）采用第二种方案时，用渣口作为临时出铁口，可用渣口上方（可偏向铁口）的2~4个风口送风，其余风口全部堵实。

（7）用第二种方案时，将渣口小套、三套和要送风的风口小套拉下，然后将风口和渣口互相烧通，使烧出的空洞内充满干净的赤红焦炭。

d 知识要点

（1）炉缸冻结的原因。炉缸冻结的原因是多方面的，可归纳为下列几种：

1）炉况失常引起冻结。由于煤气流分布失常，发生管道、大崩料或恶性悬料，经炉凉最后造成炉缸冻结。发生上述炉况失常时，由于煤气利用急剧恶化，炉料在上部未经充分预热和还原就直接下到高温区进行直接还原，大量吸热，炉温很快下降，如果未及时采取有力措施，就可能造成冻结。当原来炉温不高或炉缸堆积，或炉渣碱度过高时，造成冻结的危险性更大。

2）漏水引起炉缸冻结。高炉到了炉役中后期，炉腹、炉腰和炉身冷却设备陆续烧坏，由于冷却器有数百块之多，检查工作困难，漏水后往往不能及时发现和处理。漏水较小时，虽然焦比受些损失，尚不致造成严重恶果。但当高炉长期休风时，由于炉内压力降低，漏水增大，而漏出的水又不能随煤气带走，炉子又停止产生热量，就极易造成冻结。

3）高炉无准备的长期休风造成炉缸冻结。实际生产中当原料供应系统、装料系统、炉前工作、渣铁运输及处理系统、鼓风及热风炉系统、煤气系统以及动力系统等发生严重事故时，都有可能造成高炉无准备的长期休风，从而导致炉缸冻结。

4）有计划的长期休风、封炉或长时间检修停炉形成的冻结。实际生产中，即使是有计划的、准备得很好的长时间休风、封炉或检修停炉，如果超过一定时间（如10d以上），残存在炉内的渣铁也将冷凝，送风时就应按炉缸冻结对待，只不过不算冻结事故而已。对这类复风操作，因为是有计划进行的，一般对其炉缸实际上的冻结容易忽视，许多高炉因此吃过苦头。

（2）炉缸冻结的征兆。炉缸冻结是炉子大凉进一步发展的结果。所以发生炉子大凉时即可视为炉缸冻结的前兆，这时就应该警惕。进一步恶化时则会出现如下特征：

1）风口由活跃变为呆滞，由较明亮变为暗红，进而出现涌渣，甚至烧穿或自动凝死。

2）渣铁一次比一次凉，逐渐渣口放不出渣，铁口只出铁不见下渣，最后铁口完全凝死。

3）下料不畅，易出现管道、崩料和悬料；风压逐渐升高；风量减少，当风口凝死时，风量表指针甚至降到零位。

4）如果是由于漏水造成冻结，则同时出现风口与二套间，或二套与大套间，或大套与炉皮法兰间往外渗水，严重时从渣口甚至铁口往外流水；炉子渗漏煤气点燃的火苗由平时的蓝色变为红色，炉顶煤气含氢量升高，如遇休风则风口大量喷火。

（3）炉缸冻结事故的预防。

1）加强管理，严格操作纪律，搞好综合平衡，搞好精料，保持高炉均衡稳定生产，是消除炉缸冻结的根本措施。

2）保持高炉顺行，维持正常的炉温和碱度；搞好上下部调剂，避免管道、崩料、悬料和炉缸堆积；炉子失常后及时果断地采取措施纠正。这些是从操作上防止冻结事故的关键。

3）漏水是发生冻结事故的重要原因之一，应注意防止漏水，首先是应及时发现漏水，有下列迹象出现时，应及时查明情况：

①炉温向凉原因不明。

②炉顶煤气含氢量升高。

③炉壳缝隙处，特别是风口区，有渗水迹象。

④渗漏的煤气火苗由正常时的蓝色变为红色。

⑤短期休风时，风口冒火大；长期休风炉顶点火时火大，炉顶温度升高，有时堵泥的风口自动鼓开。

发现漏水后要及时查清，及时处理，不应该让水长期漏入炉内，否则，即使不造成冻结，焦比也会升高。如一时难以查清漏水处，可把可疑区域的总水阀门暂时关小，减少漏水，接着再细查。

4) 搞好中修停炉及长时间封炉的休风与送风操作。高炉长时间休风或封炉，不可避免地要引起不同程度的炉缸温度下降，直至形成实际上的冻结。但如果工作做得好，不出意外，则可大大减少损失。

①正确选择封炉（或长期休风）焦比，封炉总焦比一般可参照新开炉的总焦比来确定。如果封炉时间短，焦比可较低；如果封炉时间长，或炉子密封不好，或空料线炸瘤，则焦比应高于新开炉焦比。

②休风前需把炉缸清洗干净。其措施是：保持高炉顺行；维持适当炉温（$w[Si]$ 1.0% ~ 1.2%）；提高生铁含锰量；降低炉渣碱度；打开全部风口并维持适当冶炼强度等。

③正常料线封炉一般比降料线封炉损失焦比小，开炉较顺，因此如无必要，不采用降料线封炉。

④休风前把渣铁放净。

⑤仔细检查有无漏水迹象，严防封炉期间往炉内漏水。

⑥休风后风口、渣口、铁口必须严密封闭，并且要经常检查，防止漏风燃烧焦炭。

⑦如果是中修停炉，最好将炉缸清理到风口、渣口、铁口互通的程度，这样就等于新开炉了。

⑧10d 以上长时间休风和封炉后的复风，均应按处理炉缸冻结对待。

(4) 处理炉缸冻结的原则。

1) 处理炉缸冻结，首先要建立起一个小的活区。所谓小的活区，就是用 1 个或 2 ~ 3 个风口送风，冶炼产物由 1 个临时渣铁口排出，使燃烧、熔化、出渣铁的过程能连续稳定地进行。

2) 加入足够数量的焦炭，迅速提高炉缸温度。处理炉缸冻结要果断地减轻 O/C，其幅度大大超过处理炉凉。最好的方法是集中加焦炭，以争取时间。在轻料下达之前，即使建立了一个小的活区，渣铁温度也不够高，此阶段不可能使冻结的炉缸有大的改观，只能开较少的风口，维持缓慢的冶炼过程。当轻料下达后，炉缸温度很快上升，渣铁温度充沛，流动性良好，形成了熔化冻结炉缸的有利条件，使得开风口、加风量、熔化冻结物的循环过程加快。风口接近开完、炉缸中凝结物大部熔化后，由于热消耗减少，炉温会很快上升，此时就要较快地恢复 O/C，防止渣铁过热引起炉缸石墨碳堆积。

3) 扩开风口和送风制度。扩开风口的过程中，应始终遵循三个原则：

①开风口只能依次开工作风口相邻两侧的，不可跳越，每次开风口的数量一般不超过两个。

②新开的风口工作正常方可继续开其他的。

③新开风口区熔化的渣铁，应能够全部由临时渣铁口或铁口排出。

送风制度：随着工作风口增多，适当增加风量，加快熔化过程；掌握风量的大小主要依据压差值，初期可高些，以后维持正常压差的下限；在风口面积和风量不断变化的情况下，也要保持合理的风速。

4) 出渣和出铁。小的活区建立并工作稳定后，首要任务是尽快将小的活区与铁口连通，以便及时将凉的渣铁从铁口排出，因此要优先扩铁口方向的风口。

在扩开风口中，要做好铁口和渣口的工作，保证及时出渣出铁，加速炉缸凝结物的熔化过程。

H 处理高炉炉底、炉缸烧穿

a 目的及目标

当出现炉底、炉缸烧穿征兆时，能正确判断并及时采取措施进行处理。

b 技能实施与操作步骤

（1）对炉底、炉缸进行监测。

1）制定炉底、炉缸部位冷却壁水温差及热电偶温度管理标准。

2）定期测定炉底、炉缸部位冷却壁水温差并记录。

3）定期观察和记录炉底、炉缸部位热电偶温度。

4）画出炉底、炉缸冷却壁水温差及热电偶温度推移图。

（2）防止炉底、炉缸烧穿的措施。

1）当炉底、炉缸局部冷却壁水温差大于正常值时，立即加大该部位冷却壁冷却水水量。

2）在1）的基础上，水温差仍高于正常值时，可堵该部位上方风口1~2个，并适当控制入炉风量。

3）高炉改冶炼铸造生铁。

4）高炉炉料中加入含 TiO_2 物料，对高炉进行护炉和补炉。

5）出现炉底、炉缸烧穿的明显征兆时，应紧急休风。

c 注意事项

（1）在炉役不同时期，应制订相应的温度管理标准及热流强度管理标准。

（2）在炉料中加入含有 TiO_2 物料时，要注意渣铁水流动性的变化，［Ti］含量越高，铁水越黏稠，流动性越差。

d 知识要点

高炉炉底、炉缸都是由耐火材料砌筑而成的。现代高炉炉底的设计主要着眼于传热学，自从使用炭砖，结合冷却，便出现了永久型炉底，即综合炉底和全炭砖炉底。靠散热的办法，在炉底及早形成一个熔结层，使侵蚀限制在此范围内。实质是铁水的凝固温度（一般为1500℃）的等温线（或等温面）筑成一道挡铁墙。显然，随着炉衬散热能力的增加，这条等温线就被压缩在远离炉壳和炉基的地方，即把铁水包围在更小的范围内。如图4-4所示，该图定性地表现了不同结构的炉底1150℃等温线的分布状况。高炉开炉后，随着铁水侵蚀线的下移，1150℃等温线也下移，但前者下移快，最后二者重合，炉底形成稳定的"铁

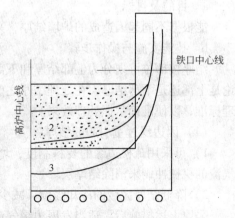

图4-4 炉缸和炉底使用不同材料时
1150℃等温线分布示意图
1—全炭砖炉底；2—综合炉底；3—黏土质炉底

壳"保护层。只要热平衡不被破坏，保护层也会"永久"保持下去。

　　炉缸炉衬比炉底薄，以加强冷却来维护生成渣皮和由铁水中析出并不厚的石墨碳。现代研究表明，炉底破损可分为两个阶段，在开炉初期是铁水渗入将砖漂浮而成平底锅形渗坑，第二阶段是熔结层形成后的化学侵蚀。

　　铁水渗入的条件：（1）炉底砖承受着液态渣铁、煤气压力、料柱重力的 10% ~ 20%，总计可达 $(2 \sim 5) \times 10^5 Pa/cm^2$；（2）砖砌体存在砖缝和裂缝，铁水在高压下渗入缝隙时，缓慢冷却，于 1150℃时凝固。在冷凝的过程中析出石墨碳，体积膨胀，又扩大了缝隙，如此互为因果，铁水可以渗入很深，由于铁水密度大大高于高炉耐火砖的密度，在铁水的静压力作用下砖会漂浮起来。

　　当炉底被侵蚀到一定深度后，渣铁水的侵蚀逐渐减弱，坑底下的砖衬在长期的高温高压下，部分软化重新结晶，形成一层熔结层。熔结层是一个组织致密、砖缝消失、密度较高的整体，与未熔结的下部砖相比较，砖被压缩，气孔率显著降低，体积密度显著提高，而且渗铁后使砖导热性变好，增强了散热能力，从而使铁水凝固等温线上移，由于熔结层中砖与砖已烧结成一个整体，坑底面的铁水温度也较低，砖缝已不是薄弱环节了，所以熔结层能抵抗铁水渗入。炉衬损坏的主要原因转化为铁水中的碳将砖中的二氧化硅还原成硅，并被铁吸收。

$$SiO_2 + 2[C] + [Fe] \Longrightarrow [FeSi] + 2CO$$

但从炉基温度后期上升十分缓慢来看，这种化学侵蚀速度是很慢的。

　　炉底破损情况，国内外大体一致，侵蚀线底部呈平底。危险区由炉底底部转向周壁，即铁口中心线以下炉底周壁越往下侵蚀越严重，其侵蚀线越往下越往外扩展，形成大蒜头形状，炉缸及炉底周边残存的炭砖中往往有一条以炉子中心线为中心的环状疏脆层，有的残存砖中出现孔洞，这是由于铁水侵蚀于砖内生成脆化层，脆化层的内层部分被铁水带走。

　　I　处理炉墙结厚

　　a　目的及目标

能根据不同起因造成的炉墙结厚，采取正确措施，使结厚在萌芽时去除。

　　b　技能实施与操作步骤

结厚按部位可划分为上部结厚和下部结厚。上部结厚起因较清楚时，可对症处理。无论是上部还是下部结厚，在处理结厚之前，首先要制定炉墙温度、热流强度、水温差等管理标准，以便准确掌握处理效果。

　　（1）因边缘过重引起的结厚：

　　1）可采用疏松边缘的装料制度，增强边缘气流，提供给炉墙较多的热量，利用边缘气流的机械冲刷来消除结厚层。

　　2）降低结厚区域的冷却强度，减少热支出，使结厚层自然熔化、脱落。

采取上述措施后，适当发展边缘气流，维持 24 ~ 48h。

　　（2）因碱度高引起的结厚：

　　1）降低炉渣碱度，以改善炉渣熔化性。

　　2）适当减轻焦炭负荷。

　　3）降低结厚区域的冷却强度。

4）提高炉温（较正常冶炼品种提高 1~2 个牌号）。

采取上述措施后，结合发展边缘气流，使结厚逐渐去除。

（3）炉墙结厚的起因复杂，或结厚部位较低、一般性措施收效不明显时，可采用如下措施：

1）净焦洗炉。

①往炉内加入一定数量的净焦。

②提高炉温（较正常冶炼品种提高 1~2 个牌号或控制生铁中 $w[Si] = 0.6\% ~ 1.0\%$）。

2）用锰矿或萤石洗炉。

①锰矿随矿石一同加入炉内，加入量以铁中 $w[Mn] = 1.2\% ~ 1.5\%$ 为宜。

②锰矿尽量均匀加入（在称量允许范围）。

③萤石随矿石一同加入炉内，加入量以渣中 $w(CaF_2) = 2\% ~ 3\%$ 控制。

④萤石也要尽量均匀加入（在称量允许范围）。

c 注意事项

炉墙结厚的原因有很多，初期表现不甚明显，常为别的失常炉况所掩盖。及至严重时又与结瘤难定量区分，故处理的决心和分量较难下准，由此往往拖延时日。这一点与处理其他失常炉况不同。为了早作出准确判断，应仔细采集与分析有关资料。

锰矿价格较贵，在用锰矿处理炉墙结厚时，要注意节约。

d 知识要点

（1）炉墙结厚的主要征兆：

1）高炉不易接受风量；当风压较低和负荷较轻时，炉况尚算平稳；风压偏高时，则易出现崩料和悬料。

2）风口前焦炭不活跃，圆周工作不均匀，风口易涌渣。

3）煤气流分布不稳定，能量利用变差；改变装料制度不易达到预期效果；经常出现边缘自动加重，CO_2 曲线"跷腿"现象。

4）结厚部位的冷却水水温差和炉壳温度降低；炉喉温度也较正常低。

（2）用热流强度监视炉况和炉墙。热流强度 q 是指单位时间单位面积上由炉内壁传出的热量。计算表明：

1）q 或由冷却水带走，或由炉壳散失。后者仅为前者的百分之几，故冷却水带走的热量可视为内壁传出的总热量。

2）q 主要是炉墙热面温度和炉墙厚度的函数。前者和高炉冶炼强度、边缘气流状况及炉温水平有关；后者则受炉墙侵蚀或黏结的影响。

由第 1）条得出计算 q 的方法：

$$qs = 15.5 \times 10^6 M \times \Delta t$$

式中　s——冷却面积，m^2；

　　　M——冷却水量，m^3/h；

　　　Δt——冷却水水温差，℃。

由第 2）条可以认为：若 q 在一定范围内波动，系由炉墙热面温度变化所致；若 q 连续地升高或降低，当是炉墙厚度在起作用，亦即炉墙被侵蚀或黏结；若 q 波动平稳，表明炉内情况正常。这就是用热流强度监视炉况或炉型的原理。

欲知 q 值，必须先测取冷却水量。国内高炉一般只有总水量表，好的也只有分段水量表，因此平时至多只能提供分段的水量。这里介绍一个以实测为基础的、具有一定精度的简易方法。

若炉台过滤器后各支管阀门全开，则各冷却器水流速 v 只与总水压 p 有关：

$$p = av^x$$

式中　a，x——待定常数，x 值一般在 $1 \sim 2$ 之间。

将其化为对数式：

$$\lg p = \lg a + x\lg v$$

改变总水压（3 次即可），实测相应水压下的水量，换算成流速。在直角坐标系中，以 $\lg p$ 为纵坐标，$\lg v$ 为横坐标，作出 $\lg v - \lg p$ 相关直线，以后根据此直线，从总水压 p 的变化计算 v 值，再还原为水量 M。

由于高炉同一段冷却器类型一致，在制作 $\lg v - \lg p$ 直线时，只需选择同一段中有典型性的冷却器，作 3 次总水压变化下的流速测量，以形成实测标准线，该段其他的冷却器只测一次流速（如图 4 - 5 中 A 点），用平行线法即可推出各自的 $\lg v - \lg p$ 直线来。

应用 $\lg v - \lg p$ 关系时，由于"各支管阀门全开"这一前提一般很难满足，故算出的每块冷却器的水量有误差，但仍不失为一种代用方法。

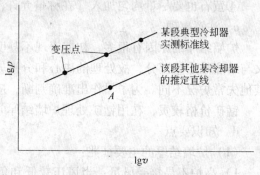

图 4 - 5　$\lg v - \lg p$ 相关直线图

如果实在无法确定 q 值，则用进出水温差 Δt 来判断炉型或边缘气流状况也具有相对意义。因为实际控制的 Δt 值很小，M 值很大。如 q 值恒定，则当 Δt 变化到可测知的程度时，M 值的变化已相当可观。一般说来，若水压较为稳定，M 值变化不会明显，故 Δt 变化总和 q 的变化有联系，尽管这种联系是有折扣的。

可将 q 值或 Δt 值绘成圆形图，并在图中注明风口和渣、铁口方位，便能较为直观地反映炉型变化，这在处理结瘤事故时很有用。

J　处理高炉结瘤

a　目的与目标

掌握高炉结瘤的原因及处理方法；能根据瘤体形状及在炉内位置，选择合理的处理方法消除炉瘤，迅速恢复炉况，提高高炉产量。

b　技能实施与操作步骤

根据瘤体的位置和形状，一般除去炉瘤的方法为炸瘤、烧瘤和烧炸相结合三种方法。

（1）炸瘤。

1）炸瘤前的准备。

①根据冶炼周期确定瘤体体积。

②根据炉墙热流强度（或冷却水温差）、炉墙温度等资料确定结瘤位置。

③在休风料中加入足够多数量的净焦（严重时每吨炉瘤加入 1t 焦炭）。

④根据预定休风时刻确定净焦及休风料加入时刻，保证休风时，净焦到达风口部位。

⑤高炉空料线休风操作，使上部结瘤瘤体全部裸于料面外。

⑥备好炸瘤用炸药及引燃装置。

⑦休风后，再次确认瘤体体积、位置和形状。

2）炸瘤作业。

①根据瘤体体积、位置和形状，再次确认炸药用量及爆破次数。

②用系有炸药的滑杆从炉顶人孔沿瘤体表面将炸药送入炉内瘤体根部，实施爆破，除去瘤体。或根据结瘤位置，从瘤体根部炉皮上开孔，放入炸药进行爆破，除去瘤体。

3）复风。

①根据炸下的瘤量及料面深度，确定补加的焦炭量。

②用适当疏松边缘的装料制度进行装料。

③进行复风操作。

（2）烧瘤

1）烧瘤前的准备。

①根据冶炼周期确定瘤体体积。

②根据炉墙热流强度（或冷却水温差）、炉墙温度等资料确定结瘤位置。

③制定除去炉瘤标准（炉墙温度、冷却水温差）。

④确定烧瘤用料及加入方式。

　　一般烧瘤用料：i 净焦；ii 净焦＋萤石（均热炉渣）。

　　加入方式：i 集中加入；ii 分组加入，各组之间用轻负荷料隔开。

2）烧瘤作业。

①集中加入或分组加入烧瘤用净焦或洗炉剂。

②采用全风作业。

③烧瘤期间采用适当发展边缘气流的装料制度。

④监视并记录冷却壁水温差（热流强度）、炉墙温度参数。

⑤结瘤部位、冷却壁水温差（热流强度）、炉墙温度恢复到正常值时，确认瘤体已除。

c　注意事项

（1）炸瘤时，休风后料面的位置应使瘤根落出。

（2）分几次爆破瘤体时，应首先爆破瘤根，然后自下而上爆破去除。

（3）炸瘤务必干净，不要急于复风，养痈殆患。

（4）烧瘤料分组加入比集中加入效果好。

（5）根据炉瘤的严重程度，决定烧瘤料总量，要一次加足，除瘤务尽，恢复后方能顺行。

（6）一般上部结瘤常用炸瘤方式去除；下部结瘤常用烧瘤方式去除；下部结瘤严重时也可采用烧、炸结合的方式去除（随着现代爆破技术的发展，特别是定向爆破技术的发展，下部结瘤采用炸瘤的方式去除已逐渐被人们所接受）。

d　知识要点

炉瘤按其组成分，有铁质瘤、石灰质瘤、混合质瘤；按其形状分，有遍布整个高炉截面的环状瘤和结于炉内一侧的局部瘤；按结瘤位置分，又可分为上部炉瘤（炉身上、中部）和下部炉瘤（炉身下部、炉腰和炉腹）。

结瘤的过程一般是，首先有一部分已经熔化的炉料，由于各种各样的原因，再凝固黏结于炉墙上，形成瘤根，如果发现较晚或处理不及时，而结瘤的原因又继续存在，则瘤根将发展、长大，成为炉瘤。因此，在分析炉瘤的成因时，主要是分析开始形成瘤根的原因。

（1）高炉结瘤的原因

1）原料方面的原因。

①矿石软化温度低，难还原，往往成为高炉结瘤的原因。

一些矿石软化温度较低，又难于还原，往往形成低熔点、高 FeO 的初成渣。熔融状态的初成渣在下降过程中被还原产生金属铁，而熔点升高，尤其当混入粉状炉料或有大量 CaO 存在碱度较高时，将变得很黏稠，如果遇到温度下降就可能重新凝固。这种情况若发生在高炉中心部位，将恶化料柱透气性，破坏高炉顺行；而发生在高炉边缘，就可能直接黏结在炉墙上而形成瘤根。这种炉瘤一般含金属铁比较多，往往结瘤的位置也较高。

②品种杂，成分波动大，往往成为高炉结瘤的原因。

高炉生产选用矿石品种多，又不能根据矿石的物理、化学性质进行配矿时，往往各种矿石之间软化温度、还原性能以及化学成分相差很大，在炉内的软化区间很长，不仅严重恶化料柱的透气性，而且炉温及炉渣碱度一旦变化（在这种用料情况下，炉温和碱度的波动是不可避免的），就容易使已经熔化的炉料重新凝固而形成下部炉瘤。

③粉末多，焦炭强度差，往往成为高炉结瘤的原因。

高炉工作者都知道，炉料中的粉末是引起炉况不顺的经常性因素。高炉使用含粉率高的炉料时，由于料柱透气性变坏，悬料、难行、管道行程在所难免，而且必然引起炉温的剧烈波动。在这种情况下，为了维持高炉进程，势必会采用低风量和发展边缘气流的装料制度，从而促成高炉沿炉墙处温度升高，矿石过早熔化。一旦发生塌料、坐料、休风或其他原因，高炉圆周的温度下降时，就可能形成炉瘤。不仅经常使用含粉率高的原料容易结瘤，就是偶尔集中使用含粉率高的原料，如清仓料或落地的普通烧结矿，也往往引起严重问题。因为高炉内不仅整个料柱透气性不好会破坏顺行，而且当炉内只有一层炉料的透气性特别坏时也能破坏整个高炉的顺行。其原因正如北京科技大学（原北京钢铁学院）杨永宜教授在研究高炉煤气流压强梯度场时所指出的"由多层料组成的高炉内，局部料层的压强梯度可以发展到大于炉料的体积重量，而把该料层浮起，导致悬料"。

焦炭在高炉中起炉料的骨架作用，尤其是在软熔带，高温的煤气流主要是通过由焦炭组成的"气窗"而上升的。而煤气流的上升是否顺利和均匀，就决定了高炉行程是否顺行和煤气能量利用的好坏。煤气流能不能顺利通过"气窗"除和焦炭层的厚度、层数、分布状况有关外，更重要的是焦炭层的透气性。而这与焦炭的强度有很大关系，焦炭强度不好，对炉况顺行造成的危害，甚至比加入带有粉末的矿石还要大，因为上升的煤气流的阻损主要产生在软熔带。

2）操作方面的原因。

既然结瘤是已经熔化的炉料再凝固的结果，那么炉内温度的剧烈波动就是形成炉瘤的必要条件。在操作上引起炉内温度剧烈波动的因素有：

①经常性管道行程。尤其当发生边缘管道时，在管道部位，由于有强大的热煤气流通过，高炉内沿纵向温度可能大幅度升高。在管道严重时，个别部位温度甚至达到 800～

1000℃，该方位的炉料必然过早熔化。这时一般采取堵料或放风的方法破坏管道。一旦管道被堵，则原管道方向、整个高度的温度将大幅度下降，已经熔化的炉料就可能凝固而黏结在炉墙上。有些高炉炉瘤位置很高，甚至结到炉喉保护板上，大多是这种原因。在所用炉料软化点较低时，这种情况将更甚。这种情况下所结成的炉瘤，在结构上往往是熔化的初成渣包裹焦炭和未熔化的炉料，熔化部分的化学成分与烧结矿成分大致相同，仅含有少量的金属铁。

②连续悬料、崩料。高炉悬料时，高炉煤气不能穿过悬住的料层到达炉顶，因此悬料部位以上的温度将由于煤气量减少而明显下降，由于总进风量减少，高炉整个高度的温度也将下降，如果反复地悬料、崩料或坐料，必然使沿高炉高度的温度长期偏低，而且剧烈波动，形成炉瘤的机会将增加。当坐料或崩料时，大量未经充分还原的矿石落入下部高温区，高 FeO 的炉渣还原时不仅吸收大量热量而且熔点升高、变稠，以致粘在炉墙上，造成下部结瘤。

③长期低料线作业。长期低料线作业，高炉上部温度显著升高、剧烈波动，可使高炉上部炉料过早地熔化、结瘤。

④炉温剧烈波动。原料成分剧烈波动、负荷调整不当、改变装料制度过急、冷却设备漏水等都可能造成炉温剧烈波动，从而引起成渣带变动和炉墙温度变化。尤其应该提出的是，一些高炉长期采用边缘过分发展的装料制度，虽然可能取得短时间的相对顺行，但高炉不会稳定，炉温波动也大。

⑤大量石灰石集中于炉墙附近，形成流动性极差的高碱度渣，当炉墙温度下降时，就可能黏附在炉墙上。

⑥长期休风，尤其是无计划休风，也可能造成炉瘤。休风后炉墙温度不断降低，炉料又处于静止状态，已熔化的物料很容易黏结在炉墙上，而复风后炉况不顺，也易造成结瘤。

⑦长期慢风作业，使边缘过分发展，尤其在低风温、高焦比时，高温区位置较高，更容易结瘤。

3）设备缺陷。有些高炉的结瘤是由于设备缺陷造成的。如大钟偏斜、炉喉保护板严重损坏、布料器失灵、风口进风不均匀、高炉末期某些部位炉衬严重侵蚀等。这些设备缺陷都会使炉料分布不匀，或高炉偏行，经常出现管道行程，用操作方法很难克服。

4）冷却设备漏水或冷却强度过大。

高炉炉身、炉腰、炉腹冷却设备漏水，在漏水方向容易引起结瘤。有些高炉冷却强度超出炉壁热负荷的需要，使渣铁凝固等温线深入于高炉内部，炉墙上势必经常黏结物料，形成炉瘤。

（2）高炉结瘤的征兆

在结瘤的萌芽状态，尽早发现其征兆，果断处理，能使高炉生产的损失减到最少。高炉结瘤的征兆表现为：

1）炉况顺行变差，不断发生管道崩料、悬料，结瘤较严重时，可能发生顽固悬料。

2）圆周工作显著不均匀，炉顶四个方向的煤气分布差别很大，而且方向比较固定。一般结瘤方向煤气曲线的边缘 CO_2 含量较高，但整个曲线较平；炉顶温度分散，温度带显著变宽。上部结瘤时，这种现象更为明显。

3）结瘤方向的料尺记录表上出现台阶；炉顶压力不稳定，经常出现向上的尖峰。

4）上部结瘤时，结瘤方向的煤气曲线出现第二点或第三点比前一点低的"倒勾"现象，用这一征兆判断上部结瘤是比较准确的。

5）炉墙温度和冷却水温差出现反常。高炉正常行程时，各部位炉墙温度和冷却水温差应该维持在一个较稳定的数值。当高炉结瘤时，这些数值会发生变化，炉瘤下方的炉墙温度升高，上方的温度下降。如炉瘤恰好结在炉墙热电偶位置；则温度将明显下降。结瘤处的水温差将明显下降。

6）煤气灰吹出量增加，结瘤侧炉喉温度降低。

除根据上述征兆进行判断外，一些高炉在炉身炉墙上留有探瘤孔，对高炉定期进行探孔观测或出现征兆时进行探测，可以直观地观察到炉瘤的位置和厚度。

（3）高炉结瘤的预防措施

1）搞好精料工作。进厂原料应混匀，减少成分波动；减少石灰石入炉量；提高烧结矿强度，降低氧化铁含量，并改善冶金性能。入炉原料都应过筛，减少粉末，以改善料柱透气性。优化炉料结构，提高高炉熟料率，改善炉料性能。提高入炉焦炭强度，改善高炉料柱透气性。

2）保持高炉顺行、稳定、避免炉内温度剧烈波动，对防止高炉结瘤是非常重要的。为此，高炉生产应根据本高炉原料、设备、人员等具体情况，寻找适合于本炉特点的基本操作制度，才能既得到较好的技术经济指标，又能避免发生事故。

3）送风制度和装料制度应与原料条件相适应。不顾原料条件，片面追求产量、鼓大风的做法，会破坏高炉顺行，经常出现管道，炉温也不可能稳定。应注意具体条件下的正常压差（透气性指数），避免不顾客观条件地追求高压差。有条件的高炉应尽量提高炉顶压力。

装料制度也不能脱离原料条件。脱离原料条件，过分压制边缘气流，会造成管道、悬料、崩料；而过分发展边缘气流，只能得到暂时的顺行，不能长期稳定，而且会造成炉墙附近的炉料因温度过高而过早熔化。比较理想的煤气分布是边缘较重，中心气流相对发展。

4）提高高炉操作水平。高炉调节要准确，幅度小。风量、风温、喷吹物都应坚持"勤调、少量"的方针。装料制度的调节不能过于频繁。改变铁种时，负荷调节要准确，过渡时间要短，避免反复。

5）避免长时间慢风作业，必要时要缩小风口直径，不得已时可堵风口，防止边缘过分发展。

6）尽量避免无计划休风，并注意在计划长期休风前，净焦要加够，渣铁要出净，待净焦下到炉腹再休风。复风时要根据休风期间的情况补充焦炭，保证炉温。复风恢复过程不要拖得太长，复风后要主动清洗炉墙。

7）严格禁止长期低料线作业。

8）及时消除设备故障，大钟偏斜、漏气应及时检修或更换，保持风口进风均匀，避免长期堵风口作业。

9）冷却设备的冷却强度，应根据高炉各部位、各时期的热负荷而定。冷却强度小，不利于炉体维护；冷却强度过大，则容易结瘤，且易造成能源浪费。

10）漏水的冷却器应及时处理。

K 高炉护炉

a 目的与目标

掌握高炉用含钛物料的种类，理解含钛物料护炉原理，能用含钛物料进行炉料操作。

b 操作步骤或技能实施

（1）加入时机。一般地，强化冶炼生产的高炉，开炉半年后即可加入含 TiO_2 物料进行护炉。

（2）加入方式。

1）使用含钛铁精矿粉时，可将其配入烧结混匀料中，其对烧结矿质量无明显影响。

2）使用含钛块矿和含 TiO_2 炉渣时，可以杂矿的形式，随烧结矿等含铁原料一起入炉。

（3）加入量。目前，高炉使用含钛物料进行护、补炉时，其加入量以四种方式计。

1）按 TiO_2 负荷计算：

护炉时：每吨铁需用 TiO_2 5～7kg；

补炉时：每吨铁需用 $TiO_2$10～20kg。

2）按铁中［Ti］含量计算：

护炉时：0.05%～0.1%；

补炉时：1.0%～1.5%（侵蚀严重时可大于1.5%）。

3）按（TiO_2）含量计算：

护炉时：1%～2%；

补炉时：2%～4%。

4）按单位生铁含钛物料计算：

当使用含钛物料品种单一、成分波动小时，可采用此法。

（4）高炉操作制度。一般是，温度高，TiO_2 还原反应进行快，所以使用含 TiO_2 物料补炉时，生铁中［Si］含量按0.8%～1.0%控制，其造渣制度等可维持正常生产制度。

c 注意事项

（1）使用含钛物料护炉时，易出现炉渣铁水黏稠现象。

（2）铁水中含有一定数量的［Ti］，随着铁水温度的降低，易出现"粘罐"现象，因此应加强铁水罐周转，防止出现"粘罐"现象。

（3）正常生产中，可以用［Si］与［Ti］含量之和来判断炉温（补炉时除外）。

d 知识要点

（1）含 TiO_2 的品种。

1）钛精矿。钛精矿含 TiO_2 大于47%，TFe 大于30%，其他杂质少，用其护炉渣量增加极少。但钛精矿是生产金红石、钛白粉、钛合金等的原料，价格昂贵，一般不宜采用。

2）含钛精矿。攀矿的铁精矿含铁52%～53%，TiO_2 含量在13%左右，配入烧结混合料对烧结品位基本无影响。

3）含钛块矿。该矿价格较低，使用灵活，可直接加入需要护炉的高度。但其含铁品位低、硅高，渣量大，对高炉指标有一定的影响。

4）含钛炉渣。炉渣含钛高，攀钢高炉渣 TiO_2 为23%～25%，承钢高炉渣 TiO_2 为

18%左右。渣中 CaO + MgO 含量大于 35%，硫较低，且价格便宜。干渣经整粒入炉，水渣可配入混合料经烧结入炉。

5）窑结料（生产金红石的废弃物）。含 $TiO_2$50%左右，但资源不多，价格较高。

6）含钛铁矿。产于海岸，是日本传统护炉用料。

（2）护炉机理。

理论研究认为，钛的碳、氮化物主要从铁相中析出。钛在铁水中的溶解度有限，并随温度降低而降低。在高炉炉缸中，从风口、渣铁界面到炉底的温度梯度很大，死铁层底部的温度约在 1250℃以下，因冷却作用炉缸壁（特别在侵蚀较严重的部位）温度也比较低。因此沿炉缸壁和炉底的铁水，只要有一定的含钛量（如大于 0.05%），就会有钛析出。在炉缸内碳、氮充足的条件下，就会有钛的碳、氮化物生成、生长和集结，并与其他附近的渣、焦、铁一起凝结在砌衬上，形成保护性"自生炉衬"。因此，含钛物料护炉是一种自动选择的补炉过程。

在护炉期间炉腰、炉腹水温差易降低。宝钢护炉经验是，当每吨铁用 TiO_2 在 10kg 时，炉腹到炉身下部出现结厚现象。石家庄钢厂发现炉腰部位的黏结物中有少量 Ti(C，N) 及辉钛石和黑钛石。包钢也发现护炉时炉腹水温差与炉缸一样明显降低。

上述现象启示，用含钛物料护炉，不但能有效地保护炉缸炉底，而且也可能对炉腰、炉腹黏结含有 TiC、TiN 等熔点较高的渣皮有利。这种渣皮在炉腰、炉腹侵蚀严重时起保护作用，而在正常时使其结厚则不利于高炉顺行。建议护炉高炉对这一现象予以进一步观察、研究。

知识点 4　高炉特殊操作

A　高炉短期休风操作

a　目的及目标

掌握休风操作程序，实现安全、顺利、准时休风。

b　技能实施与操作步骤

休风时间在 4h 以内时，称短期休风。短期休风时间少于 2h，一般对焦炭负荷不作调整。休风时间超过 2h 时，酌情减轻焦炭负荷。

（1）休风料。

1）负荷调整。应根据炉容和炉龄及破损程度对负荷进行调整，炉容大，相应减少的负荷量小。一般可按 300 ~ 500kg/h 加入焦炭来调整；休风料渣碱度可酌情降低0.02 ~ 0.05。

2）加入方式。一般以净焦方式加入。

3）净焦在炉内的位置。净焦数量少时，可控制净焦到达炉腹上沿休风；净焦数量多时，可分两段加入，一段置于炉腹上沿，另一段置于炉腰上沿。

（2）操作制度。

1）休风前 1 ~ 2 次铁，可酌情提高 [Si] 含量。

2）休风料可适当缩小矿批，并采用减轻边缘的装料制度。

3）休风前保持炉况顺行，以利于复风操作。

（3）休风操作程序。

1）休风前通知各有关单位做好准备（如燃气调度室、风机房、上料等部门）。

2）出净渣铁。

3）开炉顶和除尘器蒸汽阀。

4）通知鼓风机减风。

5）减风到热风压力 50kPa，全面检查风口有无漏水。

6）停止上料。

7）开炉顶放散阀，关遮断阀（切煤气）。

8）关闭混风调节阀，并确认。

9）全开放风阀，关闭送风炉热风阀，热风炉进行休风操作。

10）需倒流时，在休风操作完毕后，开倒流休风阀。

c 注意事项

（1）加休风料期间，应掌握好风量，严格控制料速，防止过料。

（2）休风前悬料，应坐下料赶上料线后再休风，如发现风口漏渣，应减少风量，打开渣口喷吹，清除漏渣现象。

（3）休风中发现风、渣口漏水应立即更换。

（4）休风超过 2h，应堵死全部风口。

（5）高炉休风后需停风机时，必须在卸下全部直吹管后方可停机。

（6）煤气系统检修，"动火"等应由专职部门按有关安全规程办理。

d 知识要点

（1）休风期间负荷调整的目的是：

1）补偿休风期间仍需支付的热量，主要是冷却水带走和炉壳散热。

2）复风时，如风温水平降低过多，风温恢复时间又较长，则风温损失应在休风料中安排补偿。

3）高炉休风后需适当提高炉温作相应的补偿。

（2）高炉煤气是一种易燃、易爆、有毒气体。高炉由正常生产转入休风操作时，因煤气量大减，压力降低，煤气系统与炉顶大小钟间容易造成负压，吸入空气，形成爆炸性混合气（其组成为空气 38% ~54%，煤气 62% ~46%），加上 H_2 和炉尘存在，促使混合气着火点降低，更易爆炸。为此，休风时上述部位必须通入蒸汽维持正压，或将煤气赶走。

休、复风时很多地方都会有煤气泄漏，现场作业人员多，故防止煤气中毒也是安全工作的重要内容。

B 高炉短期休风的复风操作

a 目的及目标

掌握短期休风后的复风程序，以利于实现高炉安全、顺利复风。

b 技能实施与操作步骤

短期休风后的复风操作，一般复风目标风量为正常风量的 80% ~100%，风温为正常水平，以保证炉况顺行。

（1）捅开风口，关闭窥孔盖。

（2）通知热风炉，关闭倒流休风阀。

（3）将冷风引到放风阀后，通知热风炉送风（开热风阀、冷风阀），关放风阀，调节风量到指定风量（一般压力为50kPa）。

（4）开混风阀，调节风温到指定风温。

（5）检查风口、直吹管等连接处是否漏风，并及时处理。

（6）逐渐关闭放风阀，风量恢复到1/3时（也可按风压操作），炉况正常，炉料自动下降时，通知热风炉引煤气（开遮断阀，关炉顶放散阀）。

（7）关炉顶和除尘器蒸汽阀。

（8）酌情恢复风量、风温。

（9）有喷煤、富氧时，酌情恢复喷煤、富氧。

c　注意事项

（1）复风初期，加风或提风温宜缓慢，且不宜在同一时刻进行，一般先恢复一部分风量，再恢复一部分风温。

（2）复风初期，料柱较紧，风量偏小时，炉缸中心吹不透。此时可采用一段时间疏松边缘的装料制度，批重亦可较正常时小（休风料中已缩矿批时，可酌情维持一段时间），以利于接受风量，以后再逐步恢复正常的装料制度。

d　知识要点

高炉复风后，鼓风就将风口前的焦炭吹出一个疏松而近似球性的区域，使焦炭在这个区域做高速的循环运动，同时进行焦炭的燃烧反应，产生大量的煤气。该煤气分布为高炉一次煤气分布；随着煤气的上升，经过软熔带的焦窗后又进行二次分布；进入到高炉散料带后，煤气又进行三次分布。为保证高炉复风顺利，必须保证这三次气流分布稳定、顺利、合理地过渡，因此就必须选择合适的复风风速和鼓风动能。

C　高炉长期休风操作

a　目的及目标

了解长期休风后高炉内热损失情况，掌握高炉休风程序，实现安全、稳定、顺利休风。

b　技能实施与操作步骤

休风时间超过4h，但短于一个星期时，称为长期休风。长期休风前应做到炉况顺行，洗净炉墙结厚和炉缸堆积。

（1）休风料。

1）负荷调节。负荷调节量如表4-8所示。

表4-8　负荷调节量

休风时间	d	1/3	2/3	1	2	3	4	5	6	7
	h	8	16	24	48	72	96	120	140	168
减负荷	%（经验值）	5	8	10	10~15	15~20		20		25

注：减负荷量可根据具体高炉的炉役、炉况，冷却器漏水情况及休风经验值进行调整。

休风料的渣碱度要适当降低，同时要注意因焦炭耗量增加而导致的渣中$w(Al_2O_3)$的升高，控制$w(Al_2O_3)<15\%$。

2）加入方式。一般为净焦＋轻负荷料。

3）净焦在炉内的位置。净焦数量少时，可控制净焦到达炉腹上沿时（后接轻料）休风；净焦数量多时，可控制第一段净焦到达炉腹上沿，后接轻料，第二段净焦控制在炉腰上沿（后接轻料或正常料）。休风时间超过 3d 时，可考虑炉腹全部为净焦，后接轻料。

（2）操作制度。

同短期休风。

（3）休风操作程序。

长期休风分炉顶点火与炉顶不点火两种。

1）长期休风应提前通知有关单位做好准备工作，包括炉顶点火器材准备、除尘器清灰及煤气系统的处理等。

2）按短期休风 2）~8）项进行。

3）开放风阀，将风压控制在 5~10kPa。

4）将大、小钟同时打开（无钟炉顶，关下密封阀，开料罐均压放散阀）。

5）全开放风阀，关闭热风阀（热风炉进行休风操作）。

6）关闭炉顶蒸汽，打开炉喉人孔（煤气封盖人孔），同时用炉顶点火器点燃炉顶煤气（无此点火器时，可将点燃的油棉丝或火把投入炉内点燃炉顶煤气）。

7）开倒流休风阀。

8）对全部风口堵泥密封（视情况卸下全部直吹管）。

9）通知风机房停风机。

10）驱除除尘器内残余煤气。

11）适当控制冷却水量，停风 0.5h 可关闭炉身喷水，2h 后可降冷却水压至 130~150kPa（1.3~1.5kgf/cm^2）。

c 注意事项

（1）休风前 4h，禁止开炉顶打水。

（2）炉顶点火后，一般不要倒流。

（3）参照短期休风注意事项。

D 高炉长期休风后复风操作

a 目的及目标

掌握长期休风后的复风特点和程序，实现安全顺利复风，进而迅速恢复高炉生产。

b 技能实施与操作步骤

（1）制定复风方案。

1）视休风时间长短、顺行情况及原料条件，决定复风风量和复风风温。

①风量为正常风量的 60%~70%（若休风时间超长时，复风风量可降低到正常风量的 50%，风温按 600℃进行）。

②风温为 700~800℃。

2）根据复风风量确定复风风口面积（按比例缩小），进而决定堵风口的数目，以保证复风时风速和鼓风动能接近于正常值。

（2）复风操作。

1）提前 1h 通知鼓风机站开启鼓风机。

2）提前 0.5h 将冷却水水压恢复到正常水平。

（3）放风阀处于全开位置，通知鼓风机将冷风送到放风阀。

（4）开炉顶、除尘器蒸汽阀。

（5）捅开风口，关闭窥孔盖。

（6）按短期休风后复风操作中的（3）～（8）项进行。

c　注意事项

（1）决定堵风口位置时，铁口两侧的风口不能堵，以防复风后出铁困难。

（2）复风后炉缸工作明显好转时，可挨着已开通的风口逐个打开。

（3）长期休风后，炉缸能容纳的渣铁量比平时少。复风后要先从铁口放渣铁，当估计不会损坏渣口时，才能恢复渣口放渣。

（4）参照短期休风后复风注意事项。

d　知识要点

高炉复风后，鼓风就将风口前的焦炭吹出一个疏松的而近似球性的区域，使焦炭在这个区域做高速的循环运动，同时进行焦炭的燃烧反应，产生大量的煤气。煤气沿炉料空隙自下而上溢出炉体。由于高炉煤气是高炉内唯一的载热体，炉内的热量分布与煤气分布有密切的关系，炉内煤气分布合理与否，直接影响到炉内热量分布的合理与否。

产生煤气的燃烧带是高炉炉缸内温度最高的区域。炉缸内由边缘到中心煤气量的分布逐渐减少，温度分布也逐渐降低。对不同的高炉，由炉缸边缘向中心温度降低的程度是相同的。一般地，高炉风口燃烧焦点温度可达 1900℃ 以上，但炉缸中心的温度则因各方面因素不同，会降低很多。高炉操作者的主要责任就是设法使炉缸内煤气分布和温度分布达到合理，提高和保持足够的炉缸中心温度。

炉缸中心温度过低，会使中心的炉料得不到充分加热和熔化，从而造成炉缸"中心堆积"，使炉缸工作不均匀，严重影响冶炼进程。

炉缸内的温度分布不仅沿炉缸半径方向不均匀，沿炉缸圆周的温度分布也不完全均匀。

为使高炉炉缸工作均匀、活跃和炉缸中心有足够的温度，其重要措施是采用合理的送风制度和装料制度。生产中常采用不同口径风口来调剂各风口前的进风情况，以达到全炉缸温度分布尽可能均匀和合理。操作人员可通过各个风口窥视孔观察和比较其亮度及焦炭的活跃情况，判断炉缸的热制度和圆周的下料情况。

E　突然停风时紧急休风

a　目的及目标

掌握突然停风时的操作要领，实现安全休风。

b　技能实施与操作步骤

（1）立即关闭混风阀。

（2）开放风阀。

（3）停止富氧。

（4）通知热风炉关闭热风阀（热风炉按休风程序动作）。

（5）开炉顶、除尘器蒸汽阀。

（6）开炉顶放散阀、关除尘器遮断阀（进行切煤气）。

（7）在出铁前遇突然停风，应立即组织炉前迅速出铁。

（8）如突然停风时风口灌渣，可打开窥孔盖排出部分渣液。

（9）如停风时间超过 2h，应堵严全部风口，且按长期休风控制冷却水水量。

（10）对漏水冷却壁，休风后立即关闭其进水阀。

c　注意事项

由于紧急休风面临的险情不同，事先较难预料。但在最紧急的情况下，作为高炉工长，至少应想到要做好三件事：

（1）立即关闭混风阀，将高炉与鼓风机隔离。

（2）立即打开炉顶蒸汽，防止因炉内压力下降而吸入空气。

（3）立即组织出铁，以及实施能避免（或减轻）风口灌渣危险的措施。

做完上述三件事后，再进行休风，可以避免引发其他事故或将事故损失控制在最小程度。

F　突然停电紧急休风

（1）停电造成停风按停风处理。

（2）停电造成停水按停水处理。

（3）突然停电仅造成上料系统暂时不能上料时，短时间内减风以控制料速，避免低料线过深。如短时间内不能恢复应组织出铁，并在出铁后休风。

G　水压降低或突然停水时紧急休风

a　目的及目标

掌握高炉水压降低或突然停水时的操作要领，以维持高炉生产或实现高炉安全休风。

b　技能实施与操作步骤

（1）高炉水压（以风口水压为准）降低时：

1）立即全开炉顶压力调节阀，改高压操作为常压操作。

2）立即减风至较水压低 0.049MPa（0.5kgf/cm²），维持生产。若水压低于 0.098MPa（1kgf/cm²）时即执行休风程序：

①开炉顶、除尘器蒸汽阀。

②关混风阀。

③立即堵上正在放渣的渣口。

④开炉顶放散阀，关遮断阀（切煤气）。

⑤开放风阀放风，风压控制在 10~20kPa（0.1~0.2kgf/cm²），并通知热风炉关热风阀进行休风操作。

⑥全开放风阀。

⑦检查风、渣口，若发现漏水应组织更换；若风口灌渣应组织清除，并将风口堵严。

⑧如炉内渣铁较多应组织出铁，但禁止用渣口放渣。

（2）高炉突然断水时，应立即进行休风操作，其程序见前述水压降低时的休风操作程序。

恢复送水操作程序为：

1）应将总进水阀关小，然后分区、分段缓慢送水。

2）如风口已冒蒸汽，应将风口进水阀关闭，然后逐个缓慢通水，以防蒸汽爆炸。

3）全部冷却设备出水正常后，即恢复正常水压。

4）水压正常后，可按短期休风后复风操作程序进行复风操作。

c　注意事项

同突然停风。

H　高炉烘炉操作

a　目的及目标

了解高炉烘炉的目的,掌握烘炉的方法,能够按照烘炉曲线完成烘炉工作。

b　技能实施与操作步骤

(1)确定烘炉方法。对多高炉生产的炼铁厂,应选用"热风"烘炉。

(2)制定烘炉升温曲线。

1)确定高炉砌体中机械水蒸发温度及蒸发时间。

2)确定高炉耐火砖的晶型转变温度。

3)根据不同温度区间,确定升温速度(一般 300℃以下时,升温速度按 10～15℃/h 控制;300℃以上时,按 15～30℃/h 控制)。

4)绘制高炉烘炉升温曲线。

(3)高炉烘炉准备。

1)安装风口热风导向管。烘炉弯管伸向炉缸的臂长分长短两种(一种伸到炉缸半径的 1/2 处,另一种伸到炉缸半径的 1/4 处,其中一根伸向炉缸中心),按单双号风口交叉布置。

2)安装铁口废气导出管(如图 4-6 所示)。

3)安装炉缸护板(如图 4-6 所示)。

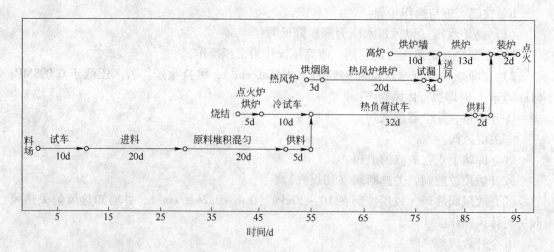

图 4-6　高炉系统投产进度表

①炉缸内设置一钢架,高度超过风口上缘平面。

②在钢架上敷设一圆形铁板,铁板与炉墙间隙约 300mm。

4)炉皮安装炉体位移指针。

5)松开扁水箱或支梁式冷却壁,进出水管与炉壳分开,松开托梁与支柱间、炉顶平台与支柱间的螺栓,以防胀断。

6)烘炉期间炉体冷却设备通水量要减少(一般为正常量的 1/4)。

(4)高炉烘炉。

1)确定烘炉废气走向,开启阀门。

①通过炉顶的放散阀排放。

②通过除尘器放散阀排放（一般下降管内为喷涂料时）。

2）在炉顶封盖平台。

3）通过热风炉将规定温度的热风送入高炉内（风量大小视炉顶温度进行调节）。

4）严格按烘炉升温曲线进行升温。

5）烘炉期间定期取烘炉废气样，测定其湿分含量。当废气湿分含量与当地大气湿分含量相近后，再继续烘炉不少于16h。

c 注意事项

（1）高炉用炭砖或炭素材料砌筑部分，烘炉前砌一层黏土砖保护或涂保护层，以防止烘炉时烧坏炭砖或炭素材料。

（2）烘炉期间把所有灌浆孔打开，烘炉完毕再封闭。

（3）严格按烘炉曲线烘炉，升温要均匀，温差不大于15℃。禁止烘炉时停时烘。

（4）对于热风管道在烘炉期间要用热风或热风炉烟气烘的，其温度要按烘炉曲线进行。

（5）烘炉要彻底，否则残余水分可能引起开炉困难或酿成事故。

d 知识要点

烘炉的主要作用是缓慢地除去高炉内衬中的水分，提高内衬的固结强度，避免开炉时升温过快水汽快速逸出致使砌体爆裂和炉体剧烈膨胀而损坏设备。烘炉的重点是炉缸和炉底。

烘炉是开炉前一项重要工作，烘炉时间一般为6~7d。烘炉时间不足，不仅损害炉衬，缩短高炉一代寿命，也会影响开炉。

高炉常用烘炉方法见表4-9。

表4-9 高炉烘炉方法一览表

热源	适用条件	方法	特点
固体燃料（煤、木柴等）	无煤气	在高炉外砌燃烧炉，利用高炉铁口、渣口作燃烧烟气入口，调节燃料量及高炉炉顶放散阀开度来控制烘炉温度；或将固体燃料通过渣口、铁口直接送入炉缸中，在炉缸内燃烧，调节燃料量来控制烘炉温度	烘炉时间长，温度不易控制
气体燃料（煤气）	无热风	在高炉内设煤气燃烧器，调节煤气燃烧量来控制烘炉温度	热量过于集中，并须注意煤气安全
热风	通常采用	（1）风口设导向管，烘炉弯管伸向炉缸的臂分长短两种，按单双号风口交叉布置，铁口设废气导出管；（2）直接从风口吹入热风，但在炉缸内设一钢架上置铁板，高度超过风口，该挡风铁板与炉墙的间隙约300mm左右	最方便，不用清灰，烘炉温度上升均匀且容易控制，烘炉比较安全

I 高炉开炉准备

a 目的与目标

掌握高炉开炉准备的内容、步骤，为高炉安全顺利开炉奠定基础。

　　b　技能实施与操作步骤

　　（1）开炉前的准备。

　　高炉是钢铁联合企业中的一个环节，与前后工序有不可分割的联系；高炉生产又是连续作业，因此开炉前必须对保证连续作业的相关条件进行仔细检查，认真做好准备工作，尤其是以下三项：

　　1）编制开炉工作网络图。为保证开炉工作有条不紊地进行，事先要编制开炉工作进度网络图，以协调各部门之间的工作，达到最佳配合。图4-6是一个供参考的原料、烧结、高炉三单元生产准备进度表。实际编制时应更详细些。

　　2）设备检查与试运转。无论大修或新建高炉，均应按规定对设备进行检查和试运转。试运转包括单机、联动及带负荷联动试车等方式。试车时间要足够长，使问题能尽量暴露在投产前。运转中发现的问题要详细记录，以便逐次安排解决。

　　3）操作人员培训。在安装、检查初试车过程中，要抓好对操作人员的培训，尤其是新建高炉或有新设备、新工艺采用时更有必要。操作人员不仅应该参加整个安装、调试及试运转工作，最好还应进行必要的操作演练和反事故训练，以确保高炉投产后各岗位人员能熟练操作，应付各种意外情况。

　　（2）开炉应具备的条件。

　　1）新建或大修高炉项目已全部竣工，并验收合格，具备开炉条件。

　　2）上料系统经试车无故障，能保证按规定料线作业。

　　3）液压传动系统经试车运行正常。

　　4）炉顶设备开关灵活并严密。

　　5）炉体冷却设备经试水、试压合格无泄漏，发现不合格者立即更换。

　　6）送风系统、供水系统、煤气系统经试车运行正常无泄漏。

　　7）炉前泥炮、开口机、堵渣机等设备试车合格并能满足生产要求。

　　8）冲洗系统运行正常。

　　9）各监测仪表安装齐备，验收合格并能满足生产要求。

　　10）各岗位照明齐全，安全设施齐备。

　　11）准备好风口套、渣口套、吹管、炮嘴、钻头和钻杆、堵渣机头等主要易损备件。

　　12）准备好炉前打水胶管，氧气管和氧气，炉前出铁、放渣工具。

　　13）准备好高炉生产日报表和各种原始记录纸。

　　14）制订各岗位工序的工艺操作规程、安全规程、设备维修规程等文件。

　　c　知识要点

　　开炉前准备工作：按配料要求准备好开炉用的原燃料，并做好开炉配料。

　　开炉工作有两方面要求：一是安全顺利地完成开炉工作，即做到炉温适中，铁口易开，下料顺畅，并且无人身、设备事故；二是与其后转入正常生产有一个良好的衔接过渡，以获得较佳的经济效果。为此，开炉时应使炉内各区域适时地达到所需要的温度。故开炉料的选择、开炉焦比的确定以及料段的安排至关重要。

　　（1）开炉料的准备及质量要求。

　　开炉操作难于正常生产，因此对开炉料的质量要求高一些，各种理化性能数据亦应齐全。不少高炉开炉时，采用吃"小灶"的办法，显然是合理的。

含铁炉料应使用还原性好，磷、硫低的原料，含铁量不宜过高，以获得较为理想的炉渣成分。使用烧结矿显然比使用生矿合理，尤其是使用自熔性烧结矿或高碱度烧结矿，对还原、成渣更有利。但烧结矿往往品位偏高，渣量偏小，不利于冲淡渣中 Al_2O_3 含量。搭配使用一些品位较低的生矿可弥补此不足。马钢高炉通常使用80%左右的烧结矿，20%左右的生矿。

烧结矿强度虽不如生矿，但因开炉料焦炭负荷极轻，加矿部位又在料柱上段，故不必担心在炉内产生较多粉末的问题。

焦炭强度一定要好，粒度应均匀；硫分、灰分要低；水分也不宜高。

加入锰矿是为了改善造渣，提高脱硫效率。锰矿大都易碎，尽可能选择好一些的。

（2）全炉焦比。

全炉焦比是指装满全炉后所有炉料的综合焦比。全炉焦比要大大高于高炉的正常焦比。

开炉时，预热炉料，炉衬要消耗相当多的热量。日本户畑4号高炉1978年10月开炉时测得预热炉料及炉衬的显热占点火送风后16h总热收入的2/3，其热收支状况如图4-7所示。此项巨额热量应由开炉料提供，这是全炉焦比高的根本原因。

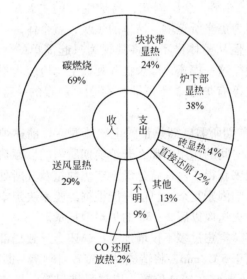

图4-7　户畑4号高炉开炉送风16h后的热收支图

此外，在确定全炉焦比时还应考虑到：

1）高炉容积越小，焦比越应高些。这是由于小高炉预热炉衬所需热量占的比例更大，同时散热损失也大。

2）全焦法开炉的焦比，在同等情况下要比枕木法低。因枕木法的木料占去高炉近20%的容积，使开炉料中的重负荷段变成开炉后的续料，从而使它的全炉焦比值升高。

应强调适宜的全炉焦比。把全炉焦比高低作为评价高炉开炉操作水平的一个重要指标，从而竞相压低全炉焦比的做法有片面性。实际上全炉焦比高低对开炉能耗的影响相当有限。因为它只涉及装炉料部分，同时开炉时对热量又有额外需求，多加一些焦炭正是物尽其用，用在其时。考虑到各种难以预料的因素，使全炉焦比向偏高一方选取，实属合理。马钢 300m³ 高炉开炉时全炉焦比通常在 2.5~2.8t/t 范围。笔者认为同类高炉取此范围的上限水平，可能是合理的。

（3）正常料焦比。

从降低开炉期间能耗的角度来说，更应强调的是后续料焦比以及提高焦炭负荷的速度。

开炉料中除净焦、空焦外，通常采用组成相同的同一种带负荷料（正常料），并在其间插入不同批数空焦的方法，来完成沿高炉高度方向上焦炭负荷的递变布置。装炉料的最后一段，往往即为连续若干批的正常料。点火料动后所加的续料，亦为此料。常见的情况是到出第 1 炉铁前都使用此料（这无疑有些浪费，往往是后期炉温猛升的主要原因）。因此正常料焦比的高低与开炉中后期的炉温、总的能耗有很大关系。

鉴于目前开炉中后期炉温偏高的特点，正常料焦比趋于取低值，现一般为 0.9~1t/t。

（4）料段安排。

装炉料的料段安排，应依据不同时间、不同区域的需要，提供不等的热源，并且应符合高炉正常生产时炉料在炉内布置的模式，否则较高的全炉焦比将不能充分发挥作用，甚至有导致开炉失败的可能。

1）净焦是骨架，是填充料。众所周知，高炉生产的主要反应区是在风口以上区域。在风口以下的炉内空间多为焦炭所充填。这里的焦炭，就个体讲虽然以后将不断被替换更新，并也参与一些反应，但从整体讲不妨将其视为只起简单的骨架作用。故全焦法开炉时，在装炉料安排上就遵循这一模式，即炉缸和死铁层均应装入不带熔剂的净焦。

同理，由于软熔带之下有炉芯"死焦堆"存在，炉腹的一部分也应装净焦，一般以 1/2 左右为好。

2）空焦是提供开炉前期所需巨额热量的主要热源。如前述炉腹 1/2 高度以下的净焦实际上只起填充高炉下部空间的作用，那么开炉前期所需的巨额热量只能由热风显热以及燃烧在此范围以外的焦炭来获得了。这就是确定空焦数量及其所处位置的依据。但因高炉开炉是个非稳态过程，影响因素复杂，目前只能根据经验来决定空焦数量，一般均加至炉腰上沿附近。这大约是点火送风以后 2~3h 的焦炭消耗量。

空焦数量也不宜过多。空焦过多不仅增加能耗，还会导致局部升温过猛危害炉衬。模拟实验表明，升温速度高于 5℃/min，将造成黏土砖砖衬剥落、断裂。

3）矿料在可能条件下要装在较高位置，以尽量推迟第一批渣铁到达炉缸的时间。开炉时，炉底、炉缸是逐渐被加热的，故应避免渣铁流入尚未充分加热的炉缸。同时矿料在抵达高炉下部之前，亦应得到较充分的预热与还原，至少不以块状生料进入炉缸。凡开炉炉缸温度低，铁口难开或铁水高硫，大量生矿过早进入尚未准备就绪的炉缸，往往是原因之一。因此将矿料布置在距风口较高的位置上，是一个重要的原则。

矿料的位置，实际上是空焦高度的另一种表述。所以空焦除有提供热量的主要功能外，尚有间隔矿料的作用。

4）空焦的熔剂宜晚加。用于焦炭灰分造渣的熔剂宜晚加，不要与空焦同步加入。前苏联 3200m³ 高炉已有人提出，熔剂应加在风口 5~8m 以上。

这样做的道理是：①减少石灰石在高温区分解耗热的可能性；②推迟焦炭灰分成渣，可以延长渣铁口的喷吹时间，而这对加热炉底、炉缸甚为重要。

国内在这方面实践不多，可以考虑尝试。例如可将炉腹上部的空焦所带熔剂后移，甚至将炉腰空焦所带熔剂后移，改为随矿料一起加，在矿料前一、二批中补足所欠的熔剂。

5）带负荷料的分段可从简。由于净焦，集中加入的空焦数量较大，余下供插在正常料间的空焦批数所剩不多，故空焦段以上带负荷料的分段可以简化。例如可采取两段或三段过渡。

d 注意事项

高炉生产是一个连续作业过程，开炉时应总体协调。不要只想急于看到出铁，不顾头尾，不看是否具备条件，匆忙开炉，这种做法是极为有害的。

J 高炉开炉操作

a 目的与目标

掌握高炉开炉的方法，实现安全顺利开炉。

b 技能实施与操作步骤

（1）装炉。

1）装炉方法的选择。目前，我国高炉开炉装料方法有带风装料方法和不带风装料方法。在高炉开炉时，应根据本厂具体情况进行选择。两种装料方法各具特点，如表4-10所示。

表4-10 带风装料方法与不带风装料方法比较

方法	优　点	缺　点
带风装料	（1）装炉过程中可预热炉料； （2）可吹出部分粉末； （3）能提高料柱透气性； （4）可降低炉料压实率	（1）人不能入炉对烘炉结果进行检查； （2）不能在炉喉进行料面测量工作
不带风装料	（1）可进入炉内进行料面测定工作； （2）可检查烘炉结果； （3）可在上料系统设备重负荷试用时进行	（1）装料过程中炉料破碎率高； （2）料柱透气性差，炉料压缩率高； （3）开炉焦比高

2）装料制度的选择。装料至点火送风料动后一段时间内，所采用的装料制度，应以有利顺行为主。在保证中心通路的同时，边缘应有适当发展，高炉开炉时的矿批，可取正常矿批重的60%～70%。

（2）送风制度。

1）风量。全焦开炉时，风量为正常风量的60%以上，风口面积可按风量比例缩小。缩小风口面积的方式可采用：①堵部分风口；②风口内加砖衬套。

2）风温。一般采用700～750℃。

（3）点火送风。

点火方法有人工点火和热风点火两种，对于有热风的高炉不宜用人工点火。

1）点火前：

①煤气系统全部处于准备送煤气状态，通入蒸汽；

②关大钟均压阀和煤气遮断阀，开小钟均压阀及炉顶放散阀；

③炉前准备工作完毕；

④鼓风机已将冷风送到放风阀。

2）点火送风：

①通知热风炉送风（热风炉进行送风操作）。

ⅰ 关送风炉废气阀；

ⅱ 开送风炉热风阀；

ⅲ 开送风炉冲压阀；

ⅳ 开送风炉冷风阀（同时关冲压阀）。

约 15～20min 后，风口明亮着火。

②视风量情况，调节放风阀开度，使风量达到正常量的 50%～60%。

③根据风温情况，开混风阀，调节风温并稳定在 700～750℃。

④点火送风 1～3h，炉顶压力在 3kPa 以上，经煤气爆炸试验合格后，进行送煤气。

ⅰ 开重力除尘器遮断阀；

ⅱ 关炉顶放散阀；

ⅲ 关炉顶蒸汽阀、重力除尘器蒸汽阀。

⑤炉料下降后，视料线、顶温情况加料及调整风量。

⑥渣、铁口工作正常，下料顺畅后，逐渐加风，并调整焦炭负荷，转入正常生产操作。

（4）炉前操作。

1）点火送风前，先安装好铁口煤气导出管（两段式）。

2）送风后，待渣、铁口有煤气喷出时将煤气点燃，防止煤气中毒（渣、铁口应尽量喷吹）。

3）待铁口有渣铁喷出时，拔出铁口煤气导出管。

4）启动泥炮，堵上铁口（注意打泥量要少，以防铁口过深，难开）。

5）做铁口泥套，并烤开。

6）渣口继续喷吹，待有渣喷出时，堵上渣口。

7）估计渣面到达渣口部位时，抬起堵渣机放渣（未有渣时，重新堵好渣口）；开炉前期渣铁分离不好时，以不放渣为好。

8）估计炉缸有一定数量铁水时，出第一次铁（出第一次铁的时间，应视料段安排、风量大小等情况现场确定，通常应在点火后 14～15h）。

9）出第一次铁后，视渣铁分离情况，决定堵铁口打泥量及第二次出铁时间。

c　注意事项

（1）开炉点火风量不宜过小，一般为正常风量的 60%，但此后直到第一炉铁前的十几个小时加风要慎重。

（2）点火送风后，渣、铁口应尽量喷吹。从渣、铁出来的煤气要始终点燃，以免伤人。

开炉出第一次铁时，铁口是否易开，除取决烘炉点火送风后对炉底/炉缸的烘烤程度、全炉焦比、料段安排合理性、风量/风温的使用因素外，还与出第一次铁的时间有关。因此，出第一次铁时可尽量往后推迟。

d　知识要点

高炉开炉点火分为人工点火、风口热风点火和烘炉导管热风点火三种方式。

（1）人工点火。一般是在直吹管前端置木刨花、废油布之类引火物，点燃时自然通风，人工引燃引火物，待风口前木柴普遍燃着后送少量风，然后再逐渐加风至开炉风量。

（2）风口热风点火。从风口送入温度约700℃（高于焦炭着火点）的热风，使木柴（或焦炭）自燃的开炉点火方式。一般情况下，使用全焦开炉时，送入热风15~20min后，风口即明亮。

（3）烘炉导管点火。利用烘炉时安设的风口至炉底的导向管，送入温度约700℃（高于焦炭着火点）的热风的开炉点火方式。用此种风口全部点燃约为35min（全焦开炉）。

K 充填料停炉操作

a 目的及目标

掌握充填料停炉的方法，保证高炉安全顺利停炉。

b 技能实施与操作步骤

充填料停炉按充填料不同分为石灰石停炉、碎焦停炉和砾石停炉。

（1）石灰石停炉。

用石灰石代替炉料，直至石灰石料柱下达到风口区休风。此法有下列优点：

1）石灰石在一定温度下分解产生的CO_2可稀释煤气中的CO浓度。

2）石灰石分解是一个吸热过程，可降低煤气温度以保证炉顶温度在500℃以下。

3）无需安装炉顶打水装置和向炉内打水。

4）石灰石充满风口以上空间，防止炉衬塌落。

此方法的缺点是停炉过程中，石灰石分解反应伴随着由块变成粉末过程，造成料柱透气性极差，严重影响高炉顺行，而且停炉后清除炉内物料时劳动条件恶劣。现此法很少采用。

（2）碎焦停炉。

多用于小于350m³的无炉壳高炉。停炉操作开始就往炉内装入湿的碎焦代替正常料，同时从炉顶喷适量水以控制炉顶温度。现有些无炉壳小高炉停炉多采用此种方法。料线降至允许位置，出铁时仅有少量渣而无铁时休风。然后取下直吹管，继续炉顶喷水，至全炉焦炭熄灭为止。该法优点是：

1）碎焦带入和炉顶喷入的水形成的蒸汽可稀释煤气中CO的浓度。

2）采用湿焦和炉顶喷水，易于控制炉顶温度。

3）碎焦充满风口以上空间，防止炉衬塌落。

4）出最后一次铁时仍可维持使用较高风压，利于出净渣铁。

5）与石灰石或砾石停炉相比，从炉内清出碎焦较易。

该方法的缺点是费用较高，休风前要从炉顶喷水，须防止水汽爆炸。

（3）砾石停炉。

炉体破损比较严重，但炉顶设备尚好，为保护炉顶设备和防止炉身塌砖，不能采用空料线停炉而采用砾石停炉操作。砾石停炉的优点有：

1）炉顶温度易控制，休风前可不打水。

2）来源易，价格低。

3）用砾石做填充料，料线控制较低，因此填充量较少，清除工作量小。

4）停炉后打水时引起水汽爆炸的可能性也较小，因此比较安全。

5）砾石滚动性好，清除工作较易。

L　空料线停炉操作

a　目的及目标

掌握空料线停炉技术的特点，实现安全顺利停炉，减少停炉后的扒料工作。

b　技能实施与操作步骤

（1）停炉前的准备。

1）停炉前数天，开始有计划地安排料仓使用，停炉后腾出所要空的料仓与焦仓。

2）备好炉顶喷水装置。

3）计算空料线喷水量，校核选用喷水水泵能力。

4）备好长探尺（应比预定料线长 1~5m，可探到风口平面）。

5）计算停炉用盖料面净焦（数量相当于炉缸及死铁层容积）。

6）安装好放残铁沟及工作平台（需放残铁时）。

（2）降料面操作。

1）操作制度。

①提高炉缸温度，降低炉渣碱度。$w[Si]$ 一般取大于 1.0%，但必须小于 3.0%。炉渣碱度降低 0.05~0.1，以改善炉渣流动性。

②装料制度。采用疏松边缘的装料制度，以保证炉况顺行，同时清除炉墙黏结物。

③送风制度。

风量：降料面过程中，要尽量采用全风操作，以加快降料面速度，若炉顶温度过高，可配合炉顶喷水，进行减风。

风温：视炉顶温度，逐渐降低风温，以控制炉顶温度。

2）控制上料速度，使料面逐渐降低，其间由盖料面净焦控制炉顶温度。

3）待净焦全部加入炉内，料线到达一定深度后（一般可达 3~5m），进行预休风操作，使高炉转入休风状态。

预休风后，进行以下工作：

①安装炉顶喷水泵、流量表及喷水管。

②安装炉顶长探尺（长料尺）。

③更换漏水冷却设备，不能更换的可焖死。

④将炉顶煤气取样管引到风口平台，以便于取样。

4）上述工作完成后，高炉复风继续进行降料面。

不回收煤气的空料线操作：

①往炉顶及大小钟之间通入蒸汽或 N_2。

②随着料面降低，当顶温在 400℃ 左右时，开始向炉内喷水，喷水时将顶温控制在 350~500℃。

③定时取煤气样及测量料线深度（每隔半小时测量一次），并做好记录。

④随着降料面的进行，风量自动加大，当顶温靠打水不易控制时，须减少入炉风量，以控制炉顶温度（当料面达到炉身中下部时，可将风量减到全风量的 2/3，到炉腰时减到全风量的 1/2）。

⑤当料面降至风口以上 1~2m 处时，如需出残铁，此时，可从铁口出最后一次铁，同时用氧气（或用钻铁口机）烧残铁口（或休风后出残铁）。

⑥当风口变黑，炉顶煤气中 CO_2 含量升高且有残余 O_2 时，料面已降到风口平面。

⑦出完最后一次铁即可休风，若休风后放残铁，则立即停止向炉内打水，用氧气烧残铁口。

⑧休风放完残铁后，迅速卸下直吹管，用泥炮将风口堵严，然后向炉内打水凉炉。

⑨中修停炉时，风口有水流出，即可停止打水。

⑩大修停炉时，铁口有水流出，方可停止打水。

回收煤气的空料线操作：

①~②同不回收煤气的空料线操作。

③每半小时取煤气样及测料线一次，当煤气中 $\varphi(H_2)>6\%$，$\varphi(O_2)>2\%$ 或炉顶压力剧烈时，即停止回收煤气。

④切煤气后，向除尘器中通入大量蒸汽保压。

⑤~⑧同不回收煤气的空料线操作。

c　注意事项

（1）炉顶开始喷水后，要连续喷水，切忌时喷时停。

（2）喷水控制炉顶温度应大于 100℃，以防水未成汽进入高温区，致急剧汽化而发生爆炸。

（3）除料面中心须休风时，需先停止打水，且炉顶点火后再休风。

（4）在停炉过程中，若发现风口破损，漏水不严重时，可适当减少供水量，使之不向炉内大量漏水；如风口破损严重时，应迅速切断冷却水，从外部喷水冷却，直到休风为止。

（5）在停炉前几天就要把铁口角度逐步增大。对需要大修的高炉停炉时，最后一次出铁将铁口角度加大到 20°左右；中修最后一次出铁时铁口角度比大修稍低，并尽快喷铁口，以利于出净渣铁，减少扒炉量。

M　放残铁操作

a　目的及目标

正确选择残铁口位置，安全顺利放出残铁，保证高炉安全顺利停炉。

b　技能实施与操作步骤

（1）残铁口位置的确定。

确定残铁口位置的方法有两种：一种称为"实际测量法"；另一种称为"计算法"。

1）实际测量法。

①利用计划休风的机会，在休风后期将炉缸冷却壁停水 4h。

②将炉缸圆周划分为若干区，再将每个区按高度从上到下划分若干平面。

③用接触式温度测量计测量各区平面的炉壳温度并记录。

④比较记录的炉壳温度数据（炉底侵蚀严重时温度高）温度高处，可作为残铁口位置（该方位无构筑物）。

2）计算法。一般经计算确定出残铁口位置后，还要结合实测参数进行验证。

（2）放残铁准备。

1）准备足够数量的残铁罐。

2）制作放残铁流槽。

①搭建放残铁操作平台；

②用 10mm 厚的钢板焊制流槽外壳；

③在钢板流槽内砌筑黏土砖（底部砌两层，侧壁砌一层）；

④在砌有耐火砖的流槽内，用有沟泥铺垫内衬；

⑤用煤气火将流槽内衬烘烤干。

3）装设照明设施。

4）配备好煤气、压缩空气、氧气、烧氧气管等管路。

（3）放残铁操作。

1）开残铁操作口可在休风前也可在休风后。

2）将残铁口处的冷却壁闭水。

3）将残铁口处炉壳割去面积不小于 800mm×800mm 的孔，并用压缩空气吹出冷却壁内的余水（或将此处冷却壁摘下，然后同 8）～11））。

4）用炮泥敷满暴露于此面积的冷却壁（厚度 100～200mm）。

5）用钢钎在炮泥上沿面积不小于 500mm×500mm 的四周每隔 100mm 扎透一个洞。

6）当料线降到炉身中部时，将氧气插入洞内烧冷却壁至烧透，每烧透一个洞时立即将两个洞之间的间隔烧断。

7）将烧断的小块冷却壁撬出。

8）清除暴露出来的炭捣料深 150～200mm（沿小块冷却壁切口）。

9）用炮泥制作残铁口泥套。

10）用煤气火烘烤干残铁口泥套。

11）高炉休风后（或出最后一次铁时）立即用氧气烧开（或钻开口机）残铁口放残铁。

c　注意事项

（1）不休风或不停水时也可对炉缸处炉壳表面温度进行测量，但对判断炉缸侵蚀程度的准确性较休风或停水时测量结果差。

（2）做残铁口泥套的孔道应为水平。

（3）泥套外端与炉壳齐，下口要覆盖残铁流槽至炉壳的接触处，防止铁水渗漏，泥套内端与炉底砖紧接。

（4）在烧残铁口时，如果烧入深度超过该处炉底中心线仍无铁水流出，必须另选残铁口位置，可较原处提高，尽量仍用原流槽。

（5）有的厂在未休风时开始放残铁。出残铁理想的结果是，残铁口位置准确，烧残铁口时机恰当，料线降至风口，残铁正好出尽，然后休风停炉。倘若如此，将给大修带来很大方便。

N　高炉封炉操作

a　目的及目标

掌握高炉封炉的方法、步骤，会高炉封炉操作，以便顺利恢复生产。

b　技能实施与操作步骤

（1）封炉料。

1）确定封炉焦比。确定封炉焦比时应考虑以下几个方面：

①封炉时间越长，焦比越高。

②炉容大小：炉容小散热快，封炉焦比高。

③封炉前后的热风温度差距也影响封炉焦比，若封炉后比封炉前热风温度低，则封炉焦比选择要高。

④漏水、漏风及炉料性质变化：高炉炉役后期，由于冷却设备及炉壳都已破旧，密封程度差，易漏水、漏风；高炉使用强度低、易粉化碎裂的原料，其封炉焦比应额外高。高炉封炉焦比经验值如表 4-11 所示。

表 4-11　高炉封炉焦比经验值

炉容 ＼ 封炉时间	10～30d	30～60d	60～90d	90～120d	120～150d	150～180d
13m³	4.2～4.8	4.8～6.1				
28m³	3.7～4.3	4.3～5.4	5.4～6.2			
55m³	2.0～3.0	3.0～3.8	3.8～4.4	4.4～5.0	5.0～5.5	5.5～6.0
100m³	1.6～1.9	1.9～2.3	2.3～2.7	2.7～3.0	3.0～3.3	3.3～3.6
300m³	1.3～1.5	1.5～1.9	1.9～2.2	2.2～2.5	2.5～2.8	2.8～3.1

2）确定封炉料碱度。封炉料碱度为 1.0～1.05，以便开炉后炉况顺行并尽快达产。

3）封炉料计算及安排。

①封炉料安排也应和开炉料的安排一样，采用三段式炉料，即：炉缸、炉腹全装焦炭；炉腰及炉身下部视封炉时间的长短装入空焦和正常轻负荷料；上部为净焦和轻负荷料。

②封炉原燃料质量不得低于开炉料质量。

4）封炉前高炉操作。

封炉前高炉操作的主要目标是：清理炉缸、活跃炉缸，保证休风后炉缸洁净、无黏结、无堆积，为高炉顺利复风奠定基础。

①根据高炉顺行情况，封炉前应采取洗炉、降低炉渣碱度、提高炉温（0.8%～1.0%）和发展边缘的措施，保证高炉在封炉期间不崩料、塌料。

②封炉前几次铁就将铁口角度适当地增大。

③最后一次铁，加大铁口角度，全风喷吹后再堵口，以保证休风前出净渣铁，最大限度地减少炉缸中剩余渣铁。

5）休风。

①当封炉料到达风口平面时，按长期休风程序进行休风操作。

②休风后炉顶料面盖水渣或矿粉，以防料面焦炭燃烧。

6）停风后操作。

①检查炉壳有无漏风部位，若有用耐火泥封严。

②卸下风口小套堵泥，用耐火砖将风口砌上，再从外侧涂耐火泥封严。

③将渣口小套和三套卸下堵泥，也用砖砌好涂泥封严。

④对封炉期间损坏的冷却设备和蒸汽系统能更换的就更换，严重者关闭；冬季对关闭

的冷却设备要吹空其中的剩余水防冻。

⑤封炉期间减少冷却水量（见表 4 - 12）。

表 4 - 12　封炉期间冷却水量控制

封炉时间/d	10	10 ~ 30	>30
风口以上保持水量/%	50	最小量	最小量
风口以下保持水量/%	50	30	最小量

注：最小量指维持正常水温差所需的最小量。

⑥封炉 1d 后，为减小自然抽力，应逐渐关闭放散阀，大钟常闭，大钟下人孔仍开启。

⑦封炉期间设专人观察：

i 炉顶温度在降 100℃ 以下时是否保持平稳。

ii 观察炉顶料面是否下降和炉顶煤气火焰颜色。火焰呈蓝色，说明高炉漏风，应立即弥补；若呈黄色且有爆炸声，说明漏水，应立即检查冷却设备和其他水源，发现后应立即处理。

iii 炉体各处有无变化。

iv 检查未闭水的冷却壁是否畅通、损坏，若有问题立即处理。

v 高炉在停风 2 ~ 3d 后炉顶应点不着火。

c　注意事项

封炉后的高炉开炉，可参照大、中修高炉的开炉。

4.4　岗位操作

4.4.1　值班工长日常工作

（1）值班室正班长负责本班全面工作，主要负责召开本班班前会，炉内操作，本班所有岗位的全面管理；副班长负责外围协调，出铁过程监护，生铁、炉渣的制样，原燃料、生铁、炉渣成分的分析及核对。

（2）工长接班后立即检查报表及原始记录，检查装料制度等冶炼参数是否同上班工长交接相符。每班每个工长对原燃料的体积、粒度、表观质量等观察最少两次。

（3）每班根据《原燃料筛粉标准》对原燃料的粒度组成测定一次，8 点班测定一次烧结返矿中小于 5mm 的返矿比例，测定一次球团矿中红球与蓝球比例，裂纹球、碎球与整球比例。

（4）值班室正工长每小时观察一次风口，副班长每半小时观察一次风口。

（5）每班配合加料工核对一次溜槽角度。

（6）当班工长必须如实填写相关的网络数据，夜班工长负责对前一天的原料消耗进行核实上报，并负责核对前一天的各种数据，发现有误及时进行更改。

（7）副工长参加每次出铁全过程，检查炉前设施工作情况及炉前工安全作业情况，检查渣铁情况及渣铁物理性质，为工长操作提出重要信息。

（8）雷电、大雨、雾、雪等恶劣天气，工长、副工长检查防汛、防火器材及设施，作业现场存在的隐患等，做好应对突发事件的准备。

（9）负责本班的安全工作，检查工作现场劳保是否齐全，进入煤气区域检查，是否携带煤气报警器，同时做好互保联保工作。

4.4.2 值班工长日常调剂炉况的操作

（1）炉温：以当日规定 w（Si）$±0.1\%$ 为标准，物理热 $±20℃$，超出标准，如果是短期性的必须采取调整煤量，如果是长期性的在调整煤量的同时调整氧量、风量、焦炭负荷。

（2）炉渣碱度：以当日规定炉渣碱度 $±0.03$ 为标准，超出标准必须采取调整烧结比例或下两批酸料的办法调整炉渣。

（3）料速：以当日规定小时料速 $±2$ 批为标准，大于标准 2 批必须采取减氧、减风同时增加煤量稳定综合负荷，小于标准 2 批首先分析清楚原因，然后采取增加氧量、减少煤量稳定综合负荷。

（4）风温：以当日规定风温 $±20℃$ 为标准，不得随意变动。

（5）风压：以当日规定的风压为最高操作风压；当风压有大的波动时必须减风控制，减风幅度最少 20kPa，等风压平稳、料线均匀顺畅，方可加风，每次加风 10kPa，加风时间间隔 15min 以上；当高炉产生塌料时，视塌料深度，减风幅度最少 30kPa，等风压平稳、料线均匀顺畅，方可加风，每次加风 10kPa，加风时间间隔 15min 以上。

（6）喷煤量：以当日规定 $±0.3t$ 为标准，不得随意变动，需要超标准时要及时和工段领导联系同意后方可。

4.4.3 值班室开风引煤气的作业

（1）作业人员：值班工长，热风炉操作工。

（2）作业条件：

1）复风后需要引煤气。

2）切煤气以后恢复。

（3）作业程序：

1）接到引煤气指令或复风后需要。

2）与调度除尘联系确认，除尘具备引煤气条件。

3）确认后热风炉关闭炉顶放散阀。

4）除尘引煤气后，煤气进入管网，值班工长加风至常压最高水平，但加风应缓慢。

5）引煤气后，通知调度。

6）副工长拿对讲机在炉前巡检本体及炉顶，顶压超过 30kPa 后，检查是否有泄漏。

7）短时间切煤气以后，很快转高压，尽快恢复。

4.4.4 正常休风作业

4.4.4.1 作业程序

（1）停氧、停煤。

（2）工长减风转常压。

（3）副工长组织炉前出净渣、铁。

（4）热风工关闭混风大闸。

（5）转入常压后，工长继续减风至 50kPa，热风工全开炉顶放散阀，通知有关单位休风。

（6）工长将放风阀打开 40%，副工长带看水工全面查看风口后，工长全开放风阀。

（7）热风工按操作程序休风，需倒流时按工长指令倒流。

（8）休风后副工长指挥炉前工打开风口大盖，检查风管是否灌渣，如果灌渣立即处理。

4.4.4.2　安全注意事项

（1）劳保必须齐全有效。

（2）防止烧、烫伤及碰伤。

（3）任何原因的紧急休风，必须做好以下程序：

1）关闭冷风（混风）大闸。

2）全开炉顶放散阀（无蒸汽时保留一个放散阀关闭）。

3）全开放风阀（突然停风）。

4.4.4.3　正常复风作业标准

（1）停倒流休风阀，关上风口大盖。

（2）通知风机房送风，开送风炉的冷风阀、热风阀。

（3）逐渐关放风阀。

（4）开混风阀调节风温。

（5）视顶温情况引煤气。

（6）引煤气后，关炉顶放散阀。

（7）高炉按情况转入正常操作。

4.4.5　炉况分析

（1）炉况的综合分析。

（2）原燃料的分析。包括：机烧、球团的粒度组成及分析，碱度的波动情况，焦炭水分的波动情况。

（3）炉况的顺行度分析。包括：炉况的顺行度简要概述，热制度（风温、喷煤），送风制度（风压、风口工作状态、风速），造渣制度（炉渣碱度、下酸碱料的情况、渣的流动性），装料制度的调整情况，生铁 [Si] 含量的控制范围，透气性指数及压量关系的平衡分析，理论出铁量与实际铁量比较与分析，煤气的利用。

（4）设备对炉况的影响。包括：本区域内的所有设备（水泵房、风机房、铸铁机等）。

（5）外界因素对炉况的影响。包括：需要与调度协调的各项因素（马力车、原燃料等）。

（6）炉缸、冷却壁温度的分析。

1）炉缸温度变化的趋势及影响因素。包括：全天的温度总趋势及特殊点的分析。

2）冷却壁上升的处理及原因分析。包括：某一段温度升高具体时间及处理方法，原因分析。

3）各段水压及温度的控制范围。

（7）下一步的操作建议。包括：各项参数、操作制度、生产协调。

4.4.6 高压转常压作业

4.4.6.1 作业程序

（1）紧急休风时的高压转常压，首先将降压操作由自动改为手动，将风压减到 120kPa 以下后，全开高压阀组调节阀。

（2）在悬料时高压转常压操作，将顶压操作由自动改为手动，减风过程中的撤顶压可较正常休风时慢点，争取炉料不坐而下。

（3）正常休风时改常压操作在减风前，衡压调节由自动改为手动，随着风压的减小，顶压也将下降，如果顶压下降较慢时，可适当开高压阀组调节阀。

4.4.6.2 注意事项

（1）顶压操作时一定要和压差相匹配，稳定压差在规定范围内调节。

（2）顶压在转换过程中，可设定一个或两个阀门自动，其余为手动，或者完全设置为手动。

（3）顶压的使用必须和风量相对应，避免风速波动较大引起煤气流分布的波动。

4.4.7 低料线作业操作

在正常生产中，常常会因为设备或炉况的波动造成空料线作业，如果处理不当，还会造成炉况的进一步恶化，因此必须关注"低料线"时的炉况处理。

（1）设备影响不能上料时：

1）时间小于 10min，可适当减风 15～20kPa。

2）时间 10～20min，可减风 20～50kPa，同时减小顶压，视顶温开启炉顶打水。

3）时间 20～30min，可减风 50～80kPa，同时减小顶压，视顶温开启炉顶打水。

4）时间大于 30min，应减风至小于 80kPa，同时将高压改为常压操作，并将炉顶打水启动，防止顶温升高烧坏炉顶设备，炉外联系进罐出铁，休风处理。

5）如果是矿石系统引起的不能上料，可临时下焦炭来代替矿石入炉，正常后将矿石补回，但不能超过 3 批料。

（2）炉况影响造成低料线时：

如果是由于悬坐料、崩料造成的低料线作业，可按照以往处理方法进行处理。

（3）恢复：

不论是设备还是炉况引起的低料线作业，在恢复时都应根据料线的高低，在上部做相应的调整，以避免炉况的恶化。

1）低于正常料线 1m 时，应补加空焦 1～1.5t，待料线正常后逐步进行风量的恢复。

2）低于正常料线 2m 时，应补加 1 批空焦，并将布料角度缩小 1°，退负荷 0.1 ～ 0.15，待料线正常后，风压平稳时，方可进行角度及风量的恢复。

3）低于正常料线 3m 以上时，应先将布料角度缩小 2°，补加 2 批空焦，同时缩小矿批，退负荷 0.3 以上，待料线正常后，视炉况进行恢复。

4.4.8　大喷煤下停煤操作

（1）作业人员：值班工长。

（2）减煤操作。要求值班工长每小时了解喷煤的喷吹情况，当减煤时间小于 0.5h，减煤量小于正常的一半时：

1）可视炉温，补充 1 ～ 2 批净焦。

2）果断按喷煤能力退负荷。退负荷的原则：以综合燃料比为标准，应高于正常水平的 15% ～ 20%。

3）风温保持尽用。

4）减煤 1.5 ～ 2h 后视炉温情况减风，确保轻负荷料到达风口，视炉况再做恢复。

5）批重可根据风量的调整做相应的调整。

6）待喷煤正常后先将负荷恢复，然后根据实际情况进行全面恢复。

（3）停煤、停风操作。当喷煤发生故障或煤量不足，突然停止喷煤时，应采取如下措施：

1）及时汇报调度和车间领导，同时减少富氧量至 1000m³/h 以下。

2）补加 1 ～ 2 批净焦，退负荷至全焦负荷（2.8 ～ 3.0）。

3）风温视炉况接受能力使用。

4）如停煤时间小于 0.5h，则正常冶炼待喷煤正常后适当补充煤量（考虑煤粉燃烧率）。

5）如果停煤在 0.5 ～ 4h，积极组织炉前出铁，铁后休风，喷煤正常后按短期休风恢复。

6）如果停煤时间大于 4h，则及时出铁休风堵 3 ～ 4 个风口。

7）按处理炉凉的程序进行复风。

8）待煤粉供应正常后，逐步恢复负荷和捅开风口。

4.4.9　高炉断水作业

（1）作业人员：值班工长，炉前工，看水工，热风工。

（2）职责分工：

1）值班工长：负责对外联系，做好紧急休风准备，并积极组织出铁。

2）炉前工：立即组织出铁，休风后如果风口烧坏，协助看水工更换。

3）看水工：停水后检查冷却器工作情况，烧坏的进行更换，来水后，逐步恢复送水。

4）热风工：协助值班工长按照紧急休风程序进行休风。

（3）作业标准：

1）当水压低于 230kPa，冷却水低压报警时，值班工长做好休风准备，立即减风。对外联系查明断水原因，若短时间内可能恢复送水，高压转常压操作，组织炉前出铁、休风。

2）热风炉根据工长指令，按照休风程序休风。

3）看水工在水压降低后，优先保证风口用水，确认高炉整体断水后，值班工长立即放风至最低水平，然后休风，看水工检查风口和冷却壁是否烧坏，并通入蒸汽冷却，有冷却设备烧坏时，在值班工长组织下进行更换。

4）看水工在断水后切断所有供水阀门，在恢复供水后，要逐层逐个缓慢供水，待所有冷却器出水正常，再进行检查确认后，报告值班工长。

5）断水后，炉前工积极出铁，休风后，需要更换风口时组织更换。

（4）注意事项：

1）劳保齐全，随身携带煤气报警器。

2）开关水门时防止烧、烫伤。

3）更换风口中、小套时，严格执行更换作业标准程序，防止各种碰、砸、烧伤意外。

4.4.10 原燃料筛分检测

4.4.10.1 目的

为了掌握机烧、球团的粒度组成，为高炉操作提供及时、有效的参考数据，特制定机烧、球团取样、筛分检测标准。

4.4.10.2 职责

（1）由槽下三班人员负责取样筛分。

（2）值班工长参与监督。

4.4.10.3 内容及要求

（1）每班必须进行一次取样筛分检测。

（2）检测内容（粒度组成）如下：

机烧：	<5mm	5～10mm	10～25mm	>25mm
球团：	<5mm	5～10mm	10～25mm	>25mm
焦炭：	10～25mm	25～40mm	>40mm	

（3）取样工具：铁锹、料斗、台称、手动筛。

（4）取样方法：取样时，由一名值班工长和两名加料人员一同在料仓振动筛出口处随机均衡采取，采样质量50kg，取样时间在每班接班后前两个小时内进行，特殊情况由值班工长决定报车间。

（5）筛分方法：

1）机烧、球团。

①用孔径为25mm的筛子筛分，筛上物称重后与总量相除所得百分率，即为大于25mm的比例。

②用孔径为10mm的筛子筛分，筛上物称重后与总量相除所得百分率，即为10～25mm的比例。

③用孔径为 5mm 的筛子筛分，筛上物称重后与总量相除所得百分率，即为 5～10mm 的比例。

④筛下物称重后与总量相除所得百分率，即为小于 5mm 的比例。

2）焦炭。

①用孔径为 40mm 的筛子筛分，筛上物称重后与总量相除所得百分率，即为大于 40mm 的比例。

②用孔径为 25mm 的筛子筛分，筛上物称重后与总量相除所得百分率，即为 25～40mm 的比例。

③用孔径为 10mm 的筛子筛分，筛上物称重后与总量相除所得百分率，即为 10～25mm 的比例。

4.4.10.4　记录

将筛分结果如实记录，由值班工长负责填写报表数据。

4.4.11　变料作业

（1）作业人员：工长，副工长，微机工。

（2）作业标准：根据上级批示或高炉工艺需要进行装料制度（负荷、料线、配比、角度）改变时执行该程序。

1）副工长根据需要填写变料单。

2）工长核对并签字。

3）微机工变完料后，要通知槽下工，由微机工在微机上执行并签字，副工长监督执行。

4）加料工应在执行后检查运行情况，发现问题及时汇报。

5）工长密切注意变料对炉况的影响。

4.4.12　取渣样作业

（1）作业人员：副工长。

（2）作业程序：

1）来渣 15min 以后，渣流稳定时取样。

2）由副工长用样勺在渣沟内取样，保证渣样无夹杂，迅速倒入渣样模。

3）待渣冷凝后，由清渣工将整块渣样送往化验室。

（3）注意事项：

1）确保渣样清洁，确保数据准确。

2）取样时注意不要烧伤。

4.4.13　处理炉皮烧红作业

（1）作业人员：工长，副工长，看水班长，看水跟班。

（2）作业标准：

1）看水工或其他工作人员发现炉皮烧红，立即报告工长，并汇报烧红的程度及部位。

2）工长减风 30~50kPa。

3）看水工立即就近用水管向烧红部位打水，副工长跟踪现场和看水工一道作业，并观察冷却情况。

4）发现烧红面积扩大，烧红程度加剧，或5min内冷却效果不明显，副工长通知工长大幅度减风转常压操作。

5）烧红严重难以制止，工长组织出铁，准备紧急休风。

6）烧红部位经冷却恢复正常后，看水工检查烧红部位周围有无煤气泄漏，如有必要将煤气点燃。

7）看水工在烧红部位外部将水管固定，加强该部位冷却强度，工长恢复风量。

（3）安全注意事项：

1）作业时劳保必须齐全。

2）作业时必须携带煤气报警器，同时做好互保联保工作。

3）打水时站在上风向，防止烫伤或中毒。

4.4.14 切煤气作业

（1）作业人员：值班工长，热风炉操作工。

（2）作业条件：

1）正常休风时切煤气。

2）在除尘或其他设备有故障必须切煤气而短时间内可以处理，否则必须休风处理。

（3）作业标准：

1）在休风前或决定切煤气后对除尘、调度、热风炉联系确认。

2）炉前出净渣铁，即将堵铁口。

3）确认后工长开始减风，副工长监护风口情况。

4）第一次减风50kPa同时降低顶压，第二次再减50kPa同时降低顶压保持压差，第三次将风压减至常压水平并转常压。期间正副工长用对讲机联系确认风口无灌渣危险后，再次同除尘联系、确认。

5）确认后，工长减风至 50~80kPa 或风量小于 $500m^3/min$。如果要休风，通知热风炉停止烧炉。

6）通知热风炉打开炉顶放散阀，如果控制机构失灵打不开，要三人（热风炉两人、值班副工长）带对讲机、空气呼吸器、倒链上炉顶，用倒链打开至少一个放散阀。

7）放散阀打开后，通知除尘切煤气。

4.4.15 取铁样作业

（1）作业人员：副工长。

（2）作业标准：

1）每次开铁口出铁至理论铁量的25%时，取第一块样。

2）出铁至理论铁量的50%时，取第二块样。

3）出铁到理论铁量的75%时，取第三块样。

4）取铁块冷凝后，由小壕工送至化验室。

（3）注意事项：

1）取样前，劳保必须穿戴齐全。

2）取样前，样勺应预热，注意不要烧烫伤。

3）取样时，每块铁样质量保证大于 500g，满足化验用量。

4.4.16　动力介质的管理

目前生产区域内的动力介质主要包括：氮气、蒸汽、焦炉煤气、氧气、工业用水等。

（1）氮气用处及使用规定：

1）主要供炉前开眼机、炉顶气密箱使用。

2）打壕时，连接风镐配合打壕使用。

3）在送风装置跑风时，供冷却送风装置使用。

4）开眼后，要将氮气阀门及时关闭。

5）检修时，炉顶人员在休风后，应将气密箱氮气阀门关闭。

6）严禁用氮气吹扫电器设备和进行炉台各层平台的吹扫。

（2）蒸汽用处及使用规定：

1）主要用于炉顶设备的保温，休风后炉顶驱赶煤气，室内的取暖工作。

2）当蒸汽压力小时，以生产为主，应将取暖蒸汽关闭，确保炉顶设备的正常运转。

3）严禁在未经允许的情况下，私接多余的暖气片及管道。

4）由值班室负责与调度协调蒸汽的来源。

5）对破裂的蒸汽管道、阀门要进行补焊、更换。

（3）氧气用处及使用规定：

1）主要供炉前使用。

2）严禁用氧气吹扫电气设备。

3）严禁用氧气吹扫工作平台。

4）在烧铁口时，连接氧气的工具要连接紧密，防止回火。

4.4.17　紧急休风作业

（1）当发生突然停电、断水，风管、风口、炉缸烧穿或其他紧急事故时，应紧急休风。

（2）值班工长要立即停氧、停煤。

（3）通知热风工马上拉起炉顶放散阀，打开放风门。

（4）完成上述步骤后，通知热风炉执行正常休风程序。

4.5　典型案例

案例 1　炉身喷补效果分析

高炉炉身喷补效果分析案例介绍如表 4 - 13 所示。

表4-13 高炉炉身喷补效果分析

适合工种	炼铁工				

| 案例背景 | (1) 时间：2003年12月2日。
(2) 地点：1号高炉。
(3) 过程：
　2003年12月2日，夜班起炉体周围135°~180°方向相继有5支热电偶温度急剧上升至600℃~900℃，炉壳出现局部发红。白班炉渣中的Al_2O_3含量上升至15.8%。
　12月7日，从白班9:29起在上次脱落的同方向，几乎相同的热电偶温度急剧上升达到1000℃左右，炉壳再次发红而且面积有所扩大。
12月8日，由于炉壳不断出现发红，被迫减风、减氧、退负荷。
(4) 背景：
1BF于2003年11月7日进行了首次炉体喷补，采用了铭德公司的喷补料 |

| 案例结论 | (1) 案例性质：
　据当时初步判断是在喷补后不久喷补部位的耐火材料脱落。脱落原因可能有两种：边缘气流过重，或喷补料本身有缺陷。
(2) 案例影响：
　喷补及原炉体耐火材料脱落造成炉皮发红，大面积脱落则会造成大面积的炉皮发红，影响了高炉正常的稳定的生产。
　由于喷补料的脱落，造成渣中Al_2O_3含量大幅提高，造成了渣流动性不好 |

| 案例分析 | 造成大面积喷补料及炉体耐火材料脱落的可能原因有以下几个方面：
(1) 炉壳内没有支撑耐火材料的锚固件，喷补层又太厚（共喷了120t），造成喷补层喷后不久脱落。
(2) 喷补料与炉壳的黏结力不够好。
(3) 喷补料的抗热震性不好，造成材料剥落。因为从测试的技术数据看，该材料很致密，强度高，这对耐磨性有利，但对材料的抗热震性来说是不利的。
该喷补料的理化指标如下： |

检 验 项 目		1	2	3	平 均
常温抗折 强度/MPa	110℃×24h 干后	17.6	18.9	18.1	18.2
	1000℃×3h 烧后	27.7	22.4	23.0	24.4
常温耐压 强度/MPa	110℃×24h 烧后	175.2	170.6	155.5	167.1
	1000℃×3h 烧后	175.1	200.0	169.9	181.7
线变化率	1500℃×3h 烧后	167.0	177.4	187.4	177.3
	1000℃×3h 烧后	-0.7	-0.6	-0.6	-0.6
高温抗折 强度/MPa	1500℃×3h 烧后	+0.5	+0.5	+0.5	+0.5
	1000℃×1h	>23	>23	>23	>23

　抗热震性能研究，试样尺寸230mm×115mm×65mm，进行1100℃⇌水冷循环热震试验。试样第1次热震后，均出现明显裂纹，第3次热震时2号、3号砖的端面已掉落样块。

　从热震试验结果分析，该材料的抗热震性能很差。作为莫来石质的$Al_2O_3 - SiO_2$系列的材料，热震结果应在20次以上

适合工种	炼　铁　工
案例处理	(1) 案例处理的原始过程: 出现喷补料脱落导致炉皮发红,采取了以下措施: 1) 控制炉体边缘热负荷,从布料入手控制边缘气流。 2) 炉壳发红时,加强打水对炉壳的冷却,或提高风冷的能力。 3) 对喷补料进行理化指标检查。 (2) 案例处理过程: 发生炉皮发红时,首先对发红部位进行冷却处理,在操作上进行边缘热负荷控制。同时,立即对喷补料进行理化性能检查,但由于检查的滞后性,所以导致未能及时发现该材料存在的问题。 (3) 案例处理的技术难点: 该案件处理的技术难点关键在于对材料的分析,通过对该材料的理化性能的分析(常温抗折强度、常温耐压强度、体积密度、显气孔率、线变化率、热态抗折强度、热震稳定性等)发现,该材料很致密,强度非常高;但热震稳定性很差。因此,此材料的耐磨性很好,但抗热震性不佳,热应力和机械应力的变化都会导致材料剥落损坏
案例启示	(1) 吸取的教训: 1) 在材料使用前没有进行充分的研究,材料的设计目的过于单一,仅强调了耐磨性,忽略了材料的抗热震性能。 2) 对耐材质量的判断不仅在于常规物理性能指标要符合要求,更重要的是使用性能关键技术指标一定要满足现场使用条件。 (2) 预防措施: 1) 在材料开发研究时,要充分考虑到该材料的使用环境,充分发挥材料的各项性能。 2) 在使用前应做好材料的理化指标复检工作,若是能够及早发现此材料的抗热震性能如此之差,完全可以避免使用此种材料
思考与相关知识	(1) 问题思考: 出现炉墙脱落或炉皮发红时应采取什么措施? (2) 专业知识: 1) 耐火材料理化性能检验标准与方法。 2) 检验结果的判断与分析。 (3) 技术新进展: 复杂工况的情况模拟——在材料设计时会经常使用到此种模拟

案例 2　炉况失常及处理

高炉炉况失常及处理的案例介绍如表 4 - 14 所示。

表 4 - 14　高炉炉况失常及处理

适合工种	炼　铁　工
案例背景	(1) 时间:2003 年 3 月 3 日。 (2) 地点:1 号高炉。 (3) 过程: 1 号高炉从 3 月 2 日夜班起,高炉风压偏高且波动大,透气性指数(K 值)最高达 2.82,热负荷也明显上升到 33913,虽然经过采取降低 O/C 和调整顶压等措施,但炉况未见好转。大约到中班中期

适合工种	炼 铁 工
案例背景	（19：00 左右），高炉顺行状况继续恶化，大约在 22：00 左右到 K 值大于 3.0 后，高炉开始采取减风、减氧和减 O/C 等措施，但未能进一步止住。大约在 3 日凌晨 4：50 左右，高炉有悬料（料尺打横）的征兆，炉顶煤气温度升高和煤气利用率急剧下降。通过采取减风至 5000、富氧停止和 O/C 退至 4.000 等手段，炉况逐步稳住，至 15：00 高炉风量、氧量回全，19：00 O/C 恢复至 5.400
案例结论	（1）案例性质： 高炉炉况失常。 （2）案例影响： 由于炉况失常，在 3 日 5：00 出了两罐铁水（S 分别为 105 和 106），减风、停氧损失铁产量约 1500t
案例分析	造成本次炉况失常的原因主要有三点：维持过高的全压差；炉温过高造成难行；调整炉况动作量过小及偏晚。 （1）维持过高的全压差。 1 号高炉正常时，高炉全压差在 170kPa 左右（2 月份平均值为 169.6kPa），相应高炉透气性指数在 2.65 左右。在 2 日夜班 K 值出现较大波动后（2.63 到 2.82），未能得到有效控制，最后导致在 19：00 以后 K 值长期在 2.80 以上，22：00 以后超过 3.0，此期间高炉全压差最高达到 200kPa。至 3 日凌晨 5：00，K 值在 2.80 以上的整个过程达 11h。 （2）炉温过高造成难行。 在 3 月 1 日夜班 90° 方向渣皮（W6、W9）脱落后，炉墙热负荷上升，从 21000 增加到 25000 的水平，2 日夜班更是达到 33000 的高值。由于炉墙脱落，使煤气流分布受到影响，煤气利用率降低且波动幅度大，造成炉温不易控制。 在 3 月 1 日~3 月 3 日，由于受气流的影响，再加上炉温调整量不够，使炉温波动较大。在 2 日的夜班出现较长时间的炉温低下（1：00~6：00，w[Si] 在 0.2% 左右），而在 2 日的早班和夜班初期出现较高的炉温，w[Si] 最高达到 0.74%，一般都在 0.5% 以上，经历了两起两落，炉温变化相当大。长时间的高炉温及炉温波动使高炉煤气流分布受到影响，热风压力升高，顺行状况变差。 （3）调整炉况动作量过小偏晚。 由于炉墙脱落、热负荷以及风压升高等因素的变化，造成炉温、煤气利用率、高炉透气性指数（K 值）等也发生了相应的变化。如未能对操作参数及时进行调整，或调整的量不够，就会丧失时机，继而影响到高炉的炉况。本次高炉失常前在对炉温的控制和风压高的处置上有失误。 （4）对长时间的高风压和高 K 值没能采取有效措施。 K 值在 2.8 以上坚持 4 个多小时，未能及时减风及减风量不够（3 日夜班），在 K 值超过 3.0 的情况下，减风幅度仅为 350m³/min，明显不够。 对高炉热量的调控能力不强，特别是当煤气流发生变化引起煤气利用率发生大的波动时，因动作量不够或滞后，造成炉温出现多次反复和波动，并且出现 w[Si] 大于 0.7% 的高炉温和 0.09% 的低炉温，高风压、高炉温导致炉料难行，炉况失常
案例处理	（1）案例处理过程： 本次炉况失常主要是由于高炉温、高风压引起的炉料难行，在处理上主要采取了减风（风量从 6250 下降到 5000）、减氧（氧量从 18000 到停氧）和调整炉温（矿焦比从 5.746 下调到 4.000）等措施，确保高炉平稳渡过。 在 3 日夜班初期，当炉况出现不好的征兆时（风压升高、炉温升高、煤气利用率下降、崩滑料增加），由于采取措施未能到位（风量分两次从 6250 降到 5900、氧量从 18000 调到 7000、矿焦比从 5.746 下调至 5.199），使炉况进一步恶化，在凌晨 5：00 左右达到最严重，下料极为困难，炉顶煤气利用率降到 46.6%，炉顶煤气温度小时平均超过 300℃（瞬时值达到 500℃）。由于炉况变差，

适合工种	炼 铁 工
案例处理	在 5：00 以后采取了停氧、矿焦比退到 4.000 等措施，经过约 3h 的稳守，从 8：30 开始炉况逐渐好转，并稳步恢复风量和氧量，到 15：00 左右，高炉的风量、氧量回全（风量 6300、氧量 18000），19：00 矿焦比恢复到 5.400，至此高炉基本恢复正常。在高炉恢复期间，燃料比按 515 ~ 525kg/t 控制，炉温比较稳定，为高炉顺利恢复创造了条件。 （2）案例处理的技术难点： 1）高煤比炉况处理； 2）炉墙黏结物脱落处理； 3）高风压时处理
案例启示	（1）吸取的教训： 1 号高炉在高产、高煤比的情况下，应始终将保持稳定放在第一位，要顺行优先。 （2）预防措施： 1）高炉正常时透气性指数（K 值）应控制在 2.7 以下。当透气性指数（K 值）超过 2.75 并出现风压拐动时，高炉应该减风和减氧加以制止；当透气性指数（K 值）超过 2.80 时，高炉不能硬挺，应该立即进行减风和减氧，避免炉况进一步恶化。 2）当有炉墙脱落或煤气利用率发生急剧变化时，要密切注意炉温的变化趋势，增加对风口内状况（有无生降）和渣铁状况（流动性、火花）的监视，对炉温的调节做到"早调、勤调、少动"，避免炉温出现大的反复。 3）要特别忌讳高炉温和高风压同时出现，这是炉热难行、继而出现管道的前奏。遇到这种情况，可以先采取集中大撤热量（风湿、湿分）的方法，待风压下降后再视高炉的热量进行平衡，不能出现大热后大凉
思考与相关知识	（1）问题思考： 1）高炉长时间高压差操作，炉况会发生什么变化？ 2）炉热调整的顺序和动作量如何？ （2）专业知识： 高炉透气性管理、炉热管理、煤气流分布管理。 （3）技术新进展： 大型高炉的富氧大喷煤

案例 3　炉况分析

炉况分析的案例介绍如表 4 - 15 所示。

表 4 - 15　炉况分析

适合工种	炼 铁 工
案例背景	本次从 1 月 30 日开始进行高利用系数试验，2 月 25 日夜班第 9 回由于热负荷下降，矿石挡位变更，从 O^{123456}_{43322} 到 O^{23456}_{433221}。4：00 过后，K 值缓慢走低，到 6：30 左右 BP 从 4.15KP 下降到 7：20 的 3.98KP，η_{CO} 也从 51.6% 下降至 50.5%，炉墙Ⅲ、Ⅳ区有大面积脱落，热负荷上升到 2300。铁水温度为 1505℃，w[Si] 从上一炉的 0.40 跌到 0.27。此时并未出现崩滑料。早班第 1 回 PWO 挡位返回，7：43BH 减 2g/m³，第 7 回 O/C 从 5.369 降至 5.261（CB 加 0.5t/ch）。到 7：49 炉顶 3 号探尺出现一次滑料到 1.9W，到 8：04 顶压冒尖，3 号探尺出现崩料

适合工种	炼　铁　工
案例结论	此次案例性质为炉况失常，由于处理得当恢复时间较短，损失部分产量，同时对后道工序生产产生了一定的影响
案例分析	(1) 烧结矿质量变化：2 月份以后烧结矿粒度下降，平均粒度由 16mm 下降到 15mm，粒度变小，尤其是 10mm/5mm 所占比率增加，最高达到 46.4%。加之烧结矿的 FeO、RDI 波动增大，对气流产生影响。 　　(2) 2 月 24 日 9：37 氧量加大到 2600m³/h，富氧率再次增加，高富氧缩短了风口回旋区，边缘气流有所加强，采取控制合理边缘气流的措施。3 号高炉生产实践表明，适当的边缘气流更有利于炉况的顺行。 　　(3) 2 月 25 日夜班前期，FR 较高，炉温偏高，使炉墙不稳导致脱落，出现了崩滑料。 　　(4) 近期 3 号高炉出渣铁一直不理想，主要是不下渣，重叠次数增多，日均铁次上升到 17～17 次，2 月 24 日中班炉前出铁重叠多，炉子受憋，也引起了炉墙的变化
案例处理	炉内立即减氧 6000m³/h，此时出铁的 2 号铁口温度下降为 1475℃，w [Si] 已降为 0.15～0.12，热负荷仍在上升，炉墙中上部脱落严重，风口观察有黏结物下落，亮度下降。8：35PCI 增加 1t/ch，继续跟踪观察。10：16 3 号探尺又有一次滑料，之后炉子逐渐好转，热负荷从最高的 2432 下降至 2200 左右，炉墙开始稳定，炉温逐渐回升，未再出现崩滑料现象。12：46 氧量开始返回，到 15：58 氧量加全
案例启示	高利用系数试验表明，炉子抗波动能力差，影响炉况因素变化，就会影响炉况顺行。因此，日常工作中必须保证高炉的稳定，尽量避免波动。并且在目前的操作条件下，炉温不宜做得过高，反应在 w [Si] 上即一般不能超过 0.30。炉前作业组织好，及时出好渣铁，避免炉子受憋。留有适当的边缘气流更有利于炉况的顺行
思考与相关知识	(1) 炉热管理标准。 　　(2) 连续崩滑料处理对策。 　　(3) 如何组织炉前出渣铁？ 　　(4) 合理调整边缘气流均匀发布

情境 5　炉前操作

5.1　知识目标

（1）炉前操作设备和工具知识；
（2）出铁操作知识；
（3）放渣操作知识；
（4）高炉炉前特殊操作知识。

5.2　能力目标

（1）能正确使用炉前操作设备和工具；
（2）能够完成出铁操作；
（3）能够完成放渣操作；
（4）具有开、停、封炉和复风的炉前操作能力。

5.3　知识系统

知识点 1　泥炮

A　液压泥炮主要技术性能参数

液压泥炮主要技术性能参数见表 5－1。

表 5－1　液压泥炮主要技术性能参数

部　件	序号	名　　称	性　能　参　数
打泥机构	1	泥缸有效容积/L	210
	2	泥缸直径/mm	φ500
	3	泥缸油缸直径/mm	φ400
	4	活塞对炮泥压力/MPa	15.7
	5	吐泥量/L·s^{-1}	4.7
	6	活塞行程/mm	1270
	7	打泥活塞速度/mm·s^{-1}	24
	8	泡嘴调整	向上 400mm，向下 250mm，左右 ±200mm
泥炮回转机构	1	回转角度/（°）	130
	2	回转角余量/（°）	4
	3	压紧力/kW	276
	4	回转油缸直径/mm	φ250
	5	回转油缸行程/mm	1240

续表 5 - 1

部 件	序号	名 称	性 能 参 数
其 他	1	型号	NH250/160H – Z 全液压泥炮（左装）
	2	工作压力/MPa	24
	3	全重/kg	25600
	4	厂家	西安冶金机械厂

B 操作前的检查确诊

（1）操作前要对设备各部进行检查，如检查泥筒的装泥量，打泥机构、回转机构的灵活性，动力源是否正常。

（2）各油管、油缸有无泄漏，油箱油量、压力表、阀门是否正常。

C 操作程序

（1）打开铁口之前，预先用泥炮活塞压紧炮泥。

（2）打开铁口之后，将阀台三通换向阀转向泥炮操作位置。

（3）首先启动两台主油泵，操纵回转手柄，将泥炮送到铁口。

（4）在确认炮头封死泥套后，操纵打泥手柄打泥，到达规定的泥量后，打泥手柄复位，如无冒泥、冒煤气火等异常现象，停止油泵。

（5）确认堵口后，无水炮泥 40min（有水炮泥 30min）进行退炮操作，首先启动一台主油泵，操作打泥手柄点动三次退打泥活塞。再操作回转手柄点动，确认炮头脱离泥套后，将泥炮退到起始位置，进行装泥操作。

D 异常情况的位置

在堵口过程发生冒泥时，进行泥炮紧急退回操作，如停止打泥，将泥炮退至起始位置，确认炮头损坏情况，确认剩余泥量，有针对性地更换炮头和按装泥操作进行装泥。

E 运转中的注意事项和严禁事项

（1）严禁开三台主油泵，严禁超大型负荷使用，严禁用泥炮吊拉渣铁。

（2）注意在运转中不得有阻碍物阻挡泥炮。

F 操作人员点检维护规定

（1）掌握操作点检标准，熟悉点检内容。液压泥炮操作点检标准内容见表 5 – 2。

表 5 – 2 液压泥炮操作点检标准内容

部 件	部 件	标 准	方 法	周期/次·班⁻¹
重点部位	平面轴承螺栓	不松动	锤敲	1
	基础螺栓	不松动	锤敲	1
	活塞螺栓	不松动	锤敲	1
	打泥机构	不倒泥	眼看、耳听	3
	回转机构	无异声、保压	眼看	3
	油管	无泄漏	眼看	3
一般部位	操作室各阀	无泄漏	眼看	3
	各电器信号	有显示	眼看	3

（2）操作人员严格按点检标准内容对设备进行点检和信息反馈，认真填写好点检本，做好记录。

（3）设备润滑的规定：

1）严格执行润滑标准。

2）油类、油具必须保持清洁。

G　设备交接班制度

接班人员提前15min到岗，对设备进行检查，了解上班设备运行情况，交班人员主动讲清本班设备运行情况、使用维护情况、故障发生及处理情况。

知识点 2　开口机

A　开口机主要技术参数

开口机主要技术参数见表5-3。

表5-3　开口机主要技术参数

名　称	参　数	名　称	参　数
钻头/mm	$\phi45$, $\phi50$, $\phi60$	送进机构送进速度/mm·s⁻¹	16.7
送进机构退出速度/mm·s⁻¹	1000	打出机构气缸直径/mm	$\phi125$
旋转机构转速/r·min⁻¹	0~300	气压/MPa	0.5~0.7
回转机构送出时间/s	15	回转机构退出时间/s	10
回转机构直径×行程/mm×mm	$\phi160\times1000$	压力	21MPa
给油马达最高工作油压/MPa	10	设备质量/kg	7240
开铁口角度/（°）	10±4		

B　操作前的检查确诊

（1）操作前要对设备各部件进行检查，如小车链条、行轮、风马达运转是否正常，钻杆有无变形，钻头有无损坏，发现问题及时处理。

（2）各风管有无泄漏。

C　操作程序

（1）首先启动主轴泵，操纵回转手柄，将开口机送到铁口前。

（2）将钻杆对准铁口中心线，确认后开启吹灰气阀、冲击气阀，操纵进退手柄进行钻铁口操作。

（3）钻到一定深度开冲击气阀，钻至红点后退回停车位置。

（4）用圆钢把铁口打开。

D　异常情况的处理

在运转过程中发生故障应及时处理，如钻杆断裂时，应立即停风马达，退送进及回转机构，并更换钻杆。

E　运行中的注意事项和严禁事项

（1）严禁开启两台或两台以上主油泵进行开口操作。

（2）当钻至红点后应停钻，严禁钻漏铁口，严禁潮铁口出铁，以免烧坏钻头和开口机，避免钻机风管喷伤人。

F　操作人员点检维护的规定

（1）点检标准见表 5-4。

表 5-4　点检标准

项　目		标　准	方　法	周期/次·班⁻¹
重点部位	风镐	冲击有力，旋转灵活	手摸	1
	移动小车	链条正常、车轮正常	眼看、手摸	1
	水管、油管	不漏风、不漏油	眼看	1
	液压马达（保压）	进退正常	眼看	1
	回转油缸	保压、不内漏	眼看	1
一般部位	手动调台	动作灵活、不泄漏	眼看	1
	雾化器润滑油	正常	眼看	1
	风镐基础螺栓	不松动	手摸	1
	油箱油温、油位	正常	眼看、手摸	1
	油泵	响声、压力正常	耳听、眼看	1

（2）掌握操作点检标准，熟悉点检内容。

（3）操作人员严格按点检标准的内容对设备进行点检，认真填好点检表，做好记录。

（4）及时给风马达雾化器加油。

G　设备交接班规定

接班人员要提前 15min 到岗，对设备进行检查，了解上班设备运转情况，交班人员应主动讲清本班设备运行情况、使用维护情况、故障发生及处理情况。

知识点 3　堵渣机

A　技术性能参数

油缸：活塞直径 ϕ100mm，行程 750mm，工作压力 6.5MPa；

冷却介质：冷却水压 0.2MPa，风压 0.3MPa；

设备自重和尺寸：914kg，收起高度 1723mm。

B　操作前的检查确认

（1）操作前先看清上班对设备状况的记录及故障处理情况。

（2）启动油泵，检查堵渣机液压站油位、油压是否正常。

（3）参照上班记录对该设备进行仔细检查，找出隐患，确认是否可以正常使用。

C　操作程序

（1）放渣前先用大锤将堵渣机燕尾槽向后和两边振动，而后点动堵渣机后退三次，待堵头松动后抬起堵渣机，打开渣口。

（2）打开渣口后，进一步检查堵渣机，并做小幅度的试动作，确认无异常。

（3）堵渣口前再次对液压站、堵渣机进行检查。

D　异常情况的处理

（1）打开渣口抬起堵渣机后，一旦发现设备异常，立即做好人工堵渣口的准备，避免渣口放炮。

（2）人工堵渣后立即通知相应的维护车间进行处理。

E　运转中的注意事项和严禁事项

（1）运转中，严禁直接将堵头从渣口小套中拔出，以免带出小套。

（2）运转中必须连续察看抬起的堵渣机是否上滑。

（3）渣口不许大喷，不许有渣中带铁过多的现象，应勤堵勤放。

F　操作人员点检维护规定

（1）操作人员点检的规定。严格按点检标准进行点检。

（2）操作人员维护的规定。

1）掌握操作点检标准，熟悉点检内容。

2）操作人员严格按点检标准进行点检，认真填写好点检本，做好记录。

G　设备交接班制度

（1）交班前对堵渣机进行卫生清扫。

（2）认真填写设备运行状况及故障处理情况。

（3）交接班前签字。

知识点 4　炉前岗位职业健康及环境保护

A　目的

确保炉前岗位作业安全、炉前现场环境整洁及工作人员的健康、安全。

B　范围

适用炉前岗位作业。

C　职责

（1）炉前作业人员按本指导作业。

（2）班组长负责监督考核。

（3）在岗人员有权拒绝违章指挥。

D　工作程序

（1）出铁：

1）上岗人员必须开好每天班前会，明确当天作业内容，做好作业过程中的危险预测并制定好防护措施。工作前必须正确穿戴好劳保用品，严禁喝酒上班或岗上喝酒，身体不适者，应主动报告班长，班长根据实际情况，安排适当工作，做好安全自保与互保工作。

2）做好铁前准备工作，检查确认所使用的工具设备是否安全可靠，发现安全隐患需整改后才能作业。吊运沥青、保温剂、沙子等物品时必须遵守《炉前吊车岗位作业指导书》，防止起重伤害。上、下炉台经过走梯、平台，防止走梯/栏杆锈蚀、油渍、结冰等，防止发生高空坠落伤害。

3）出铁前检查铁沟、渣沟、砂口及小闸、下渣沟，必须烤干保持干燥，防止高温渣、铁水遇水放炮伤人；检查铁罐位置是否正确，铁罐线有无积水，防止铁水跑出罐位流入铁道遇水爆炸；检查渣沟冲渣水的水流、水压是否正常，防止水压过低，冲渣不动，红渣堆积，造成放炮伤人。

4）出铁时，铁口正前方不准站人，开铁口必须钻到底但不能钻漏，防止跑大流；遇跑大流，必须砌沙墙，保持炉台无水，防止铁水流入炉台遇水放炮；遇铁口过潮时必须烤干，遇铁水罐过潮时，应立即换罐，防止铁水遇水放炮；出铁时必须专人负责看罐，看罐时必须戴好防护镜，防止烫伤。透铁口时，人与主沟边缘保持 1m 以上距离，与铁口保持 3m 以上距离，防止烫伤。

5) 使用开口机时，必须遵守《炉前开口机作业指导书》，防止机械伤害。

6) 烧氧气时，事先检查氧气带是否完好；手不能握在氧气带与铁管接头处，压力不得过大，氧气管不可顶得过紧，防止回火烧伤；随着氧气管的烧尽，慢慢关小氧气，但不得关死，只有在氧气管抽出后，再关闭氧气；氧气瓶要轻放，氧气瓶要距明火 10m 以上，防止氧气瓶爆炸伤人；瓶嘴保持清洁，用完后放在安全地点；烧氧气时要专人指挥，引开周围人员，戴好防护镜，围好毛巾，防止回火烧伤。

7) 出铁、渣时，铁、渣未流尽时，不许横跨铁、渣沟，无论何时不得在砂坝上行走，过铁、渣沟要走安全桥，防止铁水烫伤。

8) 出铁时，如遇冲渣沟没开水，冲渣沟红渣堆积，人员立即撤到安全地点，立即堵口，严禁开水，防止水遇红渣在管道内聚集大量蒸汽产生爆炸，确认红渣清理完毕方可出铁。

9) 堵口时遵守《炉前岗位泥炮机作业指导书》。

10) 堵口后推尽砂口进端的红渣，必须戴好防护镜，防止推渣时，溅起渣铁灼伤眼睛。

11) 清理上、下渣时，必须确认渣凉透（无液体红渣）方可清理，防止渣中未凝固的残余渣、铁或红渣铁遇水放炮伤人，清理主沟残渣时，严禁站在沟帮或主沟作业，主沟中的大块渣要先撬松打成小块，用钩子钩出主沟，然后用锹或吊车清理至渣钵，以防跌倒造成烧烫伤害。打大锤作业时，不得同边站，不得戴手套打锤，停锤时应有扶钎人暂停手势、口令，防止物体打击伤害。

12) 放红渣前，确认渣罐无水、干燥，渣罐边无人，如发现渣罐不符合安全要求，及时与厂调度联系换罐，防止大量红渣遇水放炮伤人。

13) 铁后清扫，使用吊车作业时，必须遵守《炉前岗位吊车作业指导书》。

14) 铁口失常时，要特别加强铁口的维护，出净每一次铁，并及时做好铁前准备工作。如果没有做好准备工作，发生铁口自穿，则应及时堵口，防止铁口自穿灼烫伤人。

15) 铁口连续过浅时，要杜绝操作失误，维护好设备，打泥量适当，杜绝潮铁口出铁，以防止"跑大流"造成烫伤。

16) 当使用管道氧时不许使用带油污的手套和工具，不许用锤子等物体敲击管道氧设备，检查仪表调节系统的运行情况，出现故障或氧气压力不足时应停止使用，氧气设备附近不得存放易燃易爆物品，禁止吸烟，用完后氧气嘴头放在铁箱内，铁箱上锁。

17) 清理铁口保护板杂物时必须有专人监护安全，认真检查上方是否有重物，及时清除易落杂物，防止物体打击伤害，若同时检修开口机，须将开口机用钢绳拴牢，防止开口机自动进机造成机械伤害。同时做好煤气的防护工作。

18) 使用风管、水管、氧气管（带）时，必须点检接头处是否连接好，防止接头崩开伤人。若烧氧气时，发生氧气带扭结，应先关氧气阀门，再将氧气带拉直，防止氧气带损坏回火灼烫伤人。

(2) 放渣：

1）做好放渣前准备工作，按值班室当班人员指定的时间放渣。

2）放渣前确认水流水压是否正常，严禁没开水先放渣，防止突然送水造成大量红渣遇水放炮伤人。

3）使用堵渣机必须严格遵守《炉前岗位堵渣机作业指导书》。

4）透渣口时，如遇渣口凝固，不能用钢钎直接打穿，应留有一定的距离后，用氧气烧开或用钢钎慢慢捅开，不得用力过猛，防止跌入渣沟烫伤、摔伤或其他伤害，人不能正对渣口作业，随时注意渣口情况，防止渣子喷出伤人。

5）烧渣口时，人不能站在渣口正面，防止渣子喷出伤人。

6）渣子必须冷却后才能清理，不得将大块红渣清进冲渣沟，防止红渣堆积遇水放炮伤人。

7）做水套、泥套时开启鼓风机，点燃煤气火，需有专人监护，CO 含量在 $30mg/m^3$ 以下时可以长时间工作，CO 含量在 $70mg/m^3$ 时连续工作不得超过 1h，CO 含量在 $130mg/m^3$ 时连续工作不得超过 30min，CO 含量在 $250mg/m^3$ 时连续工作不得超过 15～20min，CO 含量大于 $250mg/m^3$ 时必须佩戴防毒面具，防止 CO 中毒。

（3）修、铺主沟、铁沟、砂口：

1）处理铁沟残铁时，严禁使用潮湿的工具或空心管，防止遇铁水放炮伤人。

2）修、补工作，吊物时，必须遵守《炉前吊车岗位作业指导书》，防止起重伤害。

3）打水冷却时，水量不能过大，打水均匀，引开周围工作人员，人员至少在 5m 以外，防止蒸汽烫伤人。

4）吹残渣铁时围好毛巾，戴好防护镜，防止灼伤眼睛及烟尘危害。

5）使用打夯机时必须遵守《炉前岗位打夯机作业指导书》，防止机械伤害、触电事故发生。

6）修、铺主铁沟、砂口后，烤火时须确认前方无人后，先点火再开煤气，防止煤气火烧伤。

（4）更换风口作业：

1）休风前准备好工具及风口备品，抬大、小钩时不得脱手，互相配合、确认安全无误，防止砸伤、碰伤。

2）更换时必须确认倒流阀已打开，人不能正对大盖，防止煤气火从风口窜出烧伤人。

3）打开拉杆时，引开周围人员，防止大锤弹起伤人。

4）拆、卸、装风管时，要有专人指挥，严禁站在楔销对面，以防楔销飞出伤人。

5）拉出风管后要移开，防止高温风管烫伤人。

6）操作大钩时，严禁站在大钩和风口水管对面，防止碰伤。

7）遇风口难卸、打水冷却时，严禁站在风口出水管近前，防止蒸汽烫伤；拖坏风口时，防止高温烫伤，重物砸伤。

8）上风口过程中，注意风口煤气火喷出，须围好毛巾，防止煤气火烧伤。

9）更换风口时现场交叉作业，备品备件、工具堆集杂乱，人员多，随时注意周围物体，防止碰伤、砸伤；特别是更换铁口两边的风口时，要架设安全可靠的工作平台，防止高空坠落伤害。

（5）更换渣口小套：

1）准备好更换渣口所需工具备品，严禁脱手或防止滑跌摔伤。

2）清理渣口时须开启鼓风机，吹散渣口周围煤气，要专人监护作业，带好 CO 报警仪，防止煤气中毒。

3）振打渣口时，确认拖拉渣口的小横管没有脱落，防止渣口管子断裂造成小钩伤人，严禁正后方站人，防止大锤、小钩等物体打击伤人。

4）清理渣口时，打大锤人严禁与扶钎者同边站和戴手套打大锤；烧氧气时压力不得过大，不得手握氧气带接头处，防止氧气回火造成伤害。

5）做泥套时要开启鼓风机，吹散渣口周边煤气，点燃煤气火，煤气火没点燃时，不准做泥套，防止煤气中毒。

6）透风口时，只准打开风口小盖，风口正前方不准站人，操作人员必须背对风口作业，防止风口喷出红渣铁或火苗灼烫伤人。

（6）冲渣沟作业：

1）去冲渣沟作业时，必须先与值班室取得联系、停水，并拿操作牌，在外围工长监护下工作，防止冲渣水烫伤。

2）在冲渣沟吊大块渣时，要确认吊具完好，才能作业。

3）如遇冲渣沟特殊情况，需送水清渣时，作业人员脚要站稳，用力均匀，防止烫伤。

（7）渣罐线、铁罐线作业：去渣罐线、铁罐线处理故障或清扫工作时，须与调度室或机车取得联系，告知炉台工作人员不得往下丢杂物。防止物体打击和车辆伤害，如打水处理残铁，须引开周边工作人员，防止高温残铁遇水放炮伤人。

（8）如遇风管烧穿，要远离烧穿位置，防止烧伤。

（9）上下班途中应遵守交通规则，经过铁路道口、公路岔口时应做到"一慢二看三通过"。

E　环境保护

（1）炉前除尘系统除铁口风量阀（3号炉砂口风量阀）常开外，1号罐位出铁，只能开1号罐位风量阀，此时2号、3号、4号罐位风量阀关闭，拔2号罐前将2号罐位风量阀打开，拔完罐后，关闭1号罐位风量阀，以此类推。出完铁后，打开1号罐位风量阀，其他罐位风量阀关闭。

（2）废弃物分类回收处理。

F　事故处理

（1）岗位人员应懂得使用灭火器材和一般性人身伤害的救护知识，并保持灭火器材良好。

（2）发生火灾事故时，应首先切断电源，及时采用岗位备用灭火器材扑救。必要时应迅速拨打火警电话"119"、厂调度室电话请求救援。

（3）发生人身伤害事故时，应立即组织抢救伤员（当人员发生烧伤时，应迅速将伤者衣服脱去，用流动清水轻轻冲洗降温，然后用清洁布类覆盖创伤面，避免创伤面感染，不要把水泡挤破，伤者口渴时，可适量饮水或含盐饮料；当发生触电事故时，不准赤手拉触电者，要先将电源切断或用绝缘物将触电者隔开，触电者脱离电源后，若停止呼吸，必须迅速进行口对口人工呼吸，直至伤者能自主呼吸为止；当发生煤气中毒事故时，在做好自保的情况下，如带好防毒面具（防毒面具配备在厂调度室、各高炉值班室），将伤者移到新鲜空气流动的地方，松开伤者衣扣及裤带，盖好衣服或被子，注意保暖，若停止呼吸，必须迅速进行口对口人工呼吸，直至伤者能自主呼吸为止；当发生开放性外伤事故时，应立即用布类或纱布加压包扎伤者的伤口），然后迅速拨打职工医院急救室电话请求救援，同时报告厂调度室、厂安环部门，采取措施保护好事故现场。

　　G　炉前操作牌制度

　　（1）操作牌是操作设备的唯一凭证，未见操作牌不得操作设备。

　　（2）非操作者无权交出操作牌。

　　（3）交出操作牌必须在相应的阀门上挂警示牌。

　　（4）交出操作牌必须督促拿牌者签字。

　　（5）倒班人员交接班时应交接操作牌。

　　（6）操作牌遗失和违反以上规定者按违规违纪处理。

5.4　岗位操作

5.4.1　铁口岗位操作

5.4.1.1　铁口维护

　　（1）出铁口工作深度规定为 2.0~2.2m。

　　（2）每周五由炉前技师检查测量铁口角度。测量时，钻杆钻入铁口 1000~1500mm 深，测量钻杆角度，所测角度与规定角度发生偏差时，应与维修部门联系，当天纠正，并做好记录。

　　（3）泥套应完整，泥套缺损或泥套深度超过 80mm 时必须做新泥套，做新泥套时，抠进保护板内 150mm，做好后，泥套应比保护板深 20mm，用泥套泥或接缝料做泥套均可，大火烤 20min 以上。

　　（4）遇铁口太潮时，利用铁口煤气火自然烘烤或用压缩空气管深入到铁口内 1500mm 吹烤铁口 5min 左右。

　　（5）钻杆长度为 3650mm，透杆长度应在 3650~3800mm。

　　（6）无水炮泥应达到如下生产要求：好钻，铁口不漏，堵口不漏泥，抗冲刷，长深度，用量少，铁流速度目前应保持在 4~6t/min。

5.4.1.2　出铁前的准备与检查

　　（1）每次堵口后立即检查开口机是否正常，若异常立即联系人来处理，雾化器油标面高于或等于 50%，风压 0.6MPa，换上钻杆，准备一根不锈杆。

　　（2）泥炮各机构运转正常无异响，炮嘴完整，装足 10 格泥，炮泥吐泥呈饱满圆柱形。

　　（3）开口前要修整泥套，泥套前 500mm 长，50mm 深的主沟前无残渣铁，泥套中心抠一个 20mm 深的眼，用黄沙或碎渣灰将主沟两边垒高 100mm，主沟前段 5000mm 长的沟帮每次清干净并撒上一层黄沙。

　　（4）主沟、下渣沟应根据渣量的多少及时组织清理，做到不影响正常出铁。

　　（5）清除砂口凝盖，打开大井头渣铁面，小井头铁面应随着涌动，证明过道畅通。

（6）确认冲渣水正常，铁罐正常，主沟、铁沟、下渣沟、流嘴正常通畅，各道闸安全牢靠。

（7）钻头直径大小的选择考虑如下因素：如上次铁口深度低于 1.9m，铁未出干净，堵口冒泥，炮泥抗冲刷性差，可选择 $\phi50mm$ 的钻头开口；如铁口深度 2.1m 以上，出铁时间超过 40min，炮泥抗冲刷性能好，可选用 $\phi65mm$ 的钻头开口；介于两者之间，可选用 $\phi60mm$ 的钻头开口；透杆用 $\phi28mm$ 的圆钢或死芯的废旧钻杆。

5.4.1.3 钻铁口

（1）启动一台油泵。

（2）将操作台下油路换向阀门手柄拉至水平位置。

（3）左手将开口机大回转操作手柄前压，待开口机运转到距铁口保护板 200mm 处停。

（4）钻头对准铁口眼后，右手握住钻杆进退操作手柄，向前点动，直至钻头压紧铁口中心眼。

（5）右手开吹灰阀，再压冲击阀，与此同时，左手握住进退操作手柄向前点动。

（6）待钻头钻进 100mm 后，开启旋转阀门，同时，左手操作大回转手柄轻点前压，直至开口机回转完全运行到位。

（7）钻进过程中，左手握住进退操作手柄，每隔 2~3s 前压一次，每次前压到位后，手柄停留时间约 2s，根据开口机大梁上 1.5m、1.6m、1.8m、2.0m、2.2m 5 个刻度标志，掌握开口深度。

（8）当铁口钻到 1.5m 时，每隔 2~3s，将进退操作手柄向后点动一下，使钻杆后退 200~300mm，拉出灰粉。

（9）当钻头钻到黑油烟火外冲时，退出钻杆，换上透杆捅开铁口；换上透杆后，不开吹灰阀门，开旋转冲击，进退交替，直至透开铁口。

（10）铁口捅开后，左手握住进退操作手柄向后拉，右手关闭旋转冲击气阀，待钻杆后退到离碰撞点 150mm 时松开，利用惯性自然到位。

（11）左手握住回转操作手柄向后拉，当开口机刚过主沟时停，再将回转手柄向后轻点 2~3 下，使开口机回转到起点，关吹灰阀。

（12）停油泵将油路换向阀门推至垂直位置，开口完毕。

5.4.1.4 开口困难操作

（1）氧气烧铁口：

1）退回开口机。

2）将事先准备好的氧气管向铁口底部烧进，注意烧的角度与铁口孔道一致，防止铁口烧偏。

3）当铁口烧漏后，铁流较大时，可停止烧进，用 $\phi20mm$ 或 $\phi28mm$ 的圆钢将铁口透开。

4）用氧气烧铁口步骤：

①在铁口前架上横梁，将氧气管拿到铁口前。

②徐徐打开氧气阀，确认氧气吹出后，将氧气管沿铁口中心线慢慢插入铁口，铁口烧

开后，拔出氧气管，迅速离开。

③关闭氧气阀。

（2）如遇下列情况，可采用二次开铁口的办法：

1）铁口开漏，铁流过小，氧气不能烧，经反复捅铁口 15min 仍不见效。

2）砂口未保温，过小的铁流有可能凝死砂口。

3）上次铁已出尽，而且目前放渣正常。

4）经工长同意，当时计算炉缸存铁量 100t 以内，距上次堵口最好不超过 80min。

二次开铁口步骤如下：

1）堵口操作：

①将铁口周围残渣铁清除干净。

②打泥是关键，封住铁口后，采用打泥的办法：铁口深度在正常情况下，一次性完成泥量在 2.0～2.5 格，如低于正常深度，分 3 次打泥，第一次打泥 1.0 格，停顿 1s，以后每打泥半格，停顿 1s，总计打泥 2.5～3.0 格为宜。

③打泥时，注意观察铁口两边风口的风筒弯头动静，如有冒火星等现象，可暂停打泥，并用高压水管打水冷却，待平静后可将泥分次打至规定范围。

④做好能出铁的一切准备工作，10min 退炮。

2）开口操作：

①退炮后即可开铁口。

②应选择 $\phi50mm$ 的钻头开铁口，遇铁口过潮时，可用压缩空气管吹烤 5min 左右。

③当铁口深度低于 1.9m 时，根据铁流大小，通知炉内工长适当减风出尽渣铁。

5.4.1.5　出铁

（1）要保持全风状态下出铁，铁流平稳，呈圆柱形，流速 4～6t/min 左右，下渣不带铁，砂口不过渣，出铁时间应为 35～50min。

（2）当铁口未全开或铁口卡焦炭时，应组织人员用 $\phi28mm$ 或 $\phi18mm$ 的圆钢捅铁口，使之保持正常流速和出铁时间。

（3）有下列情况可考虑与工长联系减风出铁：

1）连续两次以上铁口深度低于 1.9m，炮泥质量差，而且经计算尚有存铁未出尽时。

2）铁口深度低于 1.9m，而且铁流速度大于 6t/min，主沟渣铁、铁沟铁水即将跑出沟外时。

3）铁口深度估计低于 1.5m 时，开口时应预先适当减风减压。

4）渣流大，造成冲渣沟堵，往外跑红渣时。

（4）出现下列情况应立即堵口：

1）砂坝跨或砂口过铁不畅，铁水流向冲渣沟时。

2）铁口大量涌焦，或冲渣沟因此而放炮时。

3）冲渣沟突然停水，或因渣流大致使冲渣沟堵塞严重时。

4）铁罐快满或由于拔罐不过，铁罐要跑铁时。

5）渣铁跑大流不可控时。

5.4.1.6　堵铁口

（1）铁口喷，渣铁出净，经工长同意，班长下达堵口命令，铁口负责人堵口。

（2）启动两台油泵，外加一台补油泵，正常情况不能加补油泵。

（3）右手前压泥炮回转手柄，当泥炮运行到离铁口1500mm时停回转，用上补油泵，当泥炮运行到离铁口800～1000mm时，前压回转操作手柄，一次封死铁口后，回转操作手柄回至零位。

（4）左手前压打操作手柄，将泥打至规定格数，打泥的同时，将补油泵操作手柄拉至零位，打泥完成后，静观3～5s，铁口无异常，指挥铁口助手推倒砂坝，停油泵和补油泵。

（5）当第一次铁口封不死时，立即将补油泵操作手柄回至零位，泥炮退到离铁口约1000mm时停，用上补油泵，右手前压操作手柄，进行第二次堵口。

（6）第二次堵口失败后，应将泥炮退至起止位置，并立即补装炮泥，联系炉内工长减风减压后再堵，直至堵死。

5.4.1.7　打泥量的控制与掌握

（1）打泥量的多少应根据上次铁的打泥量、铁口深度、铁流速度、是否冒泥、炮泥质量、炉况好坏、风量大小等因素来决定。如铁口深度2.1m，渣铁出净，堵口未冒泥，泥质无变化，可维持上次堵口的打泥量；如铁口深度低于2.1m，炮泥抗冲刷性能下降，铁流速度大于8t/min，可在上次打泥量的基础上加泥0.5～1.0格，如冒泥，应根据冒泥多少相应补足打泥量；如铁口深度超过2.1m，出铁时间超过45min而炮泥质量好，打泥量可在上次打泥的基础上减少0.5格，打泥量要相对稳定，应维持在3.0～4.5格为宜。

（2）无论泥量加减，均要分几次堵口，逐步进行。每次堵口加泥量不应超过1.0格，每次减泥量应控制在0.5格。

（3）打泥要采取分几次打泥的办法，封死铁口后，第一次打泥2.0格，以后每停顿1s打泥1格，直打至需要泥量位置。

（4）6h以内的短期休风，打泥量应控制在2.5格以内；12h以上的中长期休风，最好更改用有水炮泥堵口，打泥量控制在1.5格为宜。退炮后将炮膛残泥清干净，堵口时无水炮泥与有水炮泥不能混用。

（5）复风期间，如风量低于1650m³/min，铁口难开，可采用有水炮泥暂时堵口的办法，随着风量的增加，炉况恢复，可恢复使用无水炮泥堵口。

（6）堵口后渣铁停止流动时，将砂口大井的渣尽量向下渣口推尽，而后向砂口大、小井撒好焦粉。

5.4.1.8　退炮

（1）堵口后15min即可退炮，如堵口大量冒泥或退炮时铁口穿二次堵口，可与当班工长联系，尽早配罐并做好一切出铁准备工作，待罐到位后再退炮。

（2）启动一台油泵，将打泥活塞后退20mm。

（3）轻点回转后退操作手柄，使炮嘴缓慢退离铁口100mm处停顿，静观铁口2～3s，无冒火穿漏现象后，可将泥炮退回起止位置（如发现铁口穿，应立即封堵打泥，二次打泥后尽量留 2 格泥在炮膛内作备用）。

（4）前压炮泥活塞，将炮嘴干泥挤出并彻底清理炮嘴头内干泥，使炮嘴吐泥呈饱满圆柱形，装泥时，装一次压一次，直到装足 10 格泥。

5.4.1.9　无水炮泥的使用与管理

（1）无水炮泥配方如需变动，应先由炉前技师提出，车间与生产科协商，再由生产科书面通知生产厂家。

（2）炮泥须经炉前技师或炉前班长验收登记，吊放到炉台规定位置，不能水泡雨淋。

（3）由于休风等原因，当炮身温度接近常温时，应在铁口打开后将泥炮开到主沟边，利用铁水温度将炮身、炮头加热 10～15min。

5.4.2　放渣岗位操作

5.4.2.1　放渣前的准备工作

（1）冲渣沟通畅，水流水压正常。

（2）渣口各套插销紧固，堵渣机正位，各焊点牢固，渣口各套，大小水套，堵渣机头、杆、水管活结、丝扣等无漏水现象，油管、油缸无漏油，渣口内水套里残渣清除干净。

（3）大锤一把，打好的长 2.5m 左右的长钢钎一根，1.3m 的短钢钎两根，钩子 2～3 根。

5.4.2.2　放渣

（1）应在堵铁口后 40min 内打开渣口，或根据炉况、出铁情况由工长指挥。

（2）先用大锤用力向后敲打堵渣机尾翼两边各 10 下，使堵渣机头与渣口眼接触面松动。

（3）启动油泵（1 号、2 号油泵应经常倒换）。

（4）轻点堵渣机后退按钮，待堵渣机缓慢退离渣口，红渣流出后，可一次退至堵渣机杆离机座大梁 600～700mm 处停。

（5）如堵渣机退不出来，要仔细清理渣口内水套里残渣，再次敲打堵渣机尾翼，直至退出。

（6）渣口应勤堵勤放，如渣口卡或渣温不足应勤捅，保持渣流大和不让渣口凝死，如渣口喷或带铁严重，立即堵上渣口，过 3～5min 再放。

（7）当出铁晚点，放渣时间超过 70min 且渣中带铁严重时，应立即堵上渣口，待铁口打开后或出铁 60t 以上再打开渣口放至喷堵。

（8）堵渣口前先清除水套外侧两边残渣，按堵渣机前进按钮，待机头前进到离渣口水管弯头 200～300mm 处停顿，然后再轻点前进按钮 3～5 次，待机头顺利通过渣口水管弯头后，一次前进堵严渣口。

（9）渣口堵严，停油泵。

5.4.2.3 渣口堵不死时的操作

(1) 当渣口再三堵不死时，应立即组织出铁，铁出尽，渣口无渣喷煤气火时，如堵渣机头、杆完好，开动堵渣机堵口，基本堵严后，向堵渣机头部位插入水管打水凝死。

(2) 如堵渣机头、杆烧坏，应采用人工堵口，待铁渣出尽，渣口只喷煤气火，炉内工长减风减压，渣口小喷，人可靠近时，用堵耙堵住，大锤打紧堵耙，尾部用小钩等重物压住，并插入水管打水凝死，即可回风。

5.4.2.4 渣口烧坏的判断方法

(1) 放渣时，突然渣口内"卟"的一声响，且渣面有水泡渣浮出，或有水流出，此时应立即堵口。

(2) 退出堵渣机，渣口凝死，渣口内有水流出，如坏的不大，可用干燥的氧气管插入渣口眼内搅动，抽出后管头有水迹。

(3) 需配管工从渣口水头上做最后的判断。

5.4.2.5 渣口更换

(1) 根据渣口损坏程度，配管应闭水 1/2 ~ 1/3，并卸掉渣口排水管，卸松活节。

(2) 做好更换前的准备工作，在防止煤气中毒的前提下，清理原渣口内残渣，备齐小钩、有水炮泥等备品，渣口眼内塞实炮泥，如要烧，及早准备氧气。

(3) 铁快出尽，高炉减风后，试着退出堵渣机，拉出水套，做最后的清理。

(4) 低压后，迅速拉出坏渣口，清理好三套内结渣，上渣口，打紧，新上渣口应基本平整，严紧合缝，如达不到上述要求，一面联系休风，一面准备氧气，烧好再上。

(5) 渣口上好通水后，立即用堵渣机堵上送风，点燃渣口煤气火，打开吹风机，安放水套，先在耐火砖及三套内铺上一层炮泥，水套安放前部应顶紧渣口，后端点距堵渣机杆下沿 100mm 左右，水套两边用炮泥糊满。

5.4.2.6 更换渣口三套的操作标准

A 准备工作

大、小钩各 1 根，麻绳 1 副，稍干的有水炮泥 20kg，短枕木 1 根，2m 长钢钎 2 根，3m 长钢钎 1 根，大锤 1 把，1t 葫芦 1 个，小氧气管钩子 1 个，炉耙 1 个，手电筒 1 支，小氧气管 4 ~ 5 根。以上工具物品与试压合格的渣口三套备品一起全部提前搬运到位。

B 更换程序

(1) 按照渣口更换程序先将渣口小套拉出；配管工卸开冷却水管接头，用气焊吹断固定顶杆。

(2) 拉链葫芦把大钩吊起，大钩前端伸进三套内并用钩头勾住三套上沿，再用枕木顶住大钩，打紧防止钩头脱落。

(3) 向三套水管内打水，另一头出水即可，拉动滑锤带下三套。

(4) 如确实打不下时，应立即用氧气烧。

(5) 用氧气烧时先用压缩空气把三套内的水吹干净，并在烧的部位糊上炮泥，烧三套时注意不要烧坏二套的接触面，烧开后用大钩打出。

（6）三套卸下后把二套里面清理干净，有残渣铁用钢钎打不动时用氧气烧掉，确保能装进三套。

（7）清理干净后把三套备品抬至大套内，再用葫芦拉住小钩将三套送至二套内，放正。

（8）用小钩撞打三套上下左右，直至上严。

（9）上严后配管工连接好进出水管，焊好固定顶杆。

（10）按渣口更换程序上好渣口小套。

（11）渣口上好后立即堵上堵渣机送风，再按照渣口更换程序做好水套。

5.4.3　看罐岗位操作

5.4.3.1　出铁前的准备工作

（1）配罐个数与高炉要求相符，正位，无厚结盖，无积水。

（2）堵口后立即做大、小闸，大、小闸下清理后无残铁，干净见沟底，尺寸如下：2号大闸，底宽400mm，高450mm，背靠闸板形成斜坡，下面用一铲黄沙拍紧，中间用4~5铲焦粉拍紧，表面用2铲沥青沙子盖面并踩实；3号大闸，全用黄沙按大闸尺寸做牢；小闸，底宽200mm，高100~150mm，用沥青沙子做牢踩实，大、小闸应烤火20min以上，如大、小闸下垫沟，应在铁沟大火烤10min，烤干后再在上面做闸。

（3）3号大闸如1d内没拔4号铁罐，除日常修补外，应在白班彻底清除重做新闸，闸板背面要用黄沙堵实。

（4）铁沟流嘴应完整，无烧漏无进出，流嘴下不结胡子，流嘴与横沟应形成5°的流畅坡度。

5.4.3.2　出铁操作

（1）根据铁流大小，决定拔罐的提前量，拔罐后，铁水面与罐口应有200mm的距离。

（2）拔罐时，先压下闸板配重臂，双脚站在沟外，侧身将闸板黄沙铲出，留下一层结壳，用2m长，ϕ28mm的圆钢捅开，直至完全拔过。

（3）如3个或4个铁罐快全满，而铁出不尽时，第3个罐应留有30t铁的余地堵口，第4个罐应留有40t铁的余地堵口。

（4）装铁后，每个铁罐应均匀撒5~8包保温剂盖住罐面。

5.4.4　高炉出铁场维护操作

5.4.4.1　主沟工作状况的日常检查

A　检查目的

掌握沟体的侵蚀状况，制定修补计划，达到修补次数少、每次垫料厚度适中、节时省料的目的。

B　检查责任

检查工作由炉前技师（或大班长）督促常白班班长负责每天上、下午各一次探摸主沟侵蚀情况，并将探摸时间、部位、侵蚀深度、修补计划等详细记录在记录本上。

C 检查方法

检查方法应一听、二看、三摸。一听：听三班特别是中夜班反映主沟是否有浮料、沟帮粘渣，或出铁时渣铁异常翻滚等现象；二看：看铁口主沟沟帮能见部位是否有裂缝、穿洞、缺损等情况；三摸：堵口后立即用氧气管围成的钩子探摸主沟底部，从前段、中段、后段沿沟而下，重点部位是 0.5~2.5m 渣铁落点处。

D 检查后的判断

沟体侵蚀深度在 150~200mm 时修补为宜，侵蚀深度超过 250mm，或因侵蚀过深，出铁时渣铁异常翻滚。不论何时，应及时组织力量修补。

5.4.4.2 修补主沟

（1）堵口推倒砂坝后，应立即向该修补主沟段内打水，使表层红渣变成水泡渣状，迅速清理主沟两边结渣及水泡渣。

（2）用压缩空气吹扫表层残渣，现出铁水面，如沟底较平整且积铁不深，可采用边吹边向铁面撒黄沙的办法吹扫铁水。

（3）如主沟内沉积铁水较深，面积较大，应采用分段舀铁水的办法，即选择主沟后段铁水面较浅部位，用炮泥或黄沙拦腰筑一小坝，把前后段铁水面隔断，先将后段铁水吹扫干净后，在底层均匀撒上一层黄沙，再把前段的铁水舀入后段，一直舀到不能再舀时再用压缩空气吹扫。

（4）如主沟侵蚀太深，积铁太多且面积过大，可采用炉耙拷铁水的办法：先把主沟沉铁最深处一侧沟帮清出一个大缺口，泥炮基座处用黄沙围上保护起来，再用炉耙将铁水从缺口处拷出去，拷干净后再吹扫。

（5）铁水吹干净后，将沟帮沟底松动的老料层打掉，凝铁块清除干净，如料层下仍有铁水，应将表面料层撬掉，将底层铁水吹扫干净。

（6）待主沟内残渣铁基本清除干净后，向红料层表面快速均匀打水，然后用风管吹扫干净，即可填料。

5.4.4.3 填料与捣制

（1）在所垫沟内填料，除去包装袋，整理沟料时，应依据铁口中心点与砂口中心点的连线，决定沟帮的走向与沟底坡度，主沟最前端沟底部应低于泥套下沿 30mm，以此为基准点，顺沟而下，整个主沟形成一个前高后低的流畅坡度。

（2）如沟体有深洞，先将洞内沟料用大锤或钢钎捣实出洞面，如大面积填料超过 200mm 以上，应采用二次填料，分层夯实的办法，先在底层均匀垫料 100mm，夯实后，再垫第二层料。

（3）先用大打夯机，底部夯 5 遍，再用立式小打夯机打沟帮，先顺沟横向从最上沿打起，3~4 路即可，将沟帮打遍，再自下而上，纵向反复夯实沟帮，使之成形，主沟捣实后，要求沟体坚实光滑，沟帮不偏倚，沟底坡度流畅。

（4）沟体盖铁板，3 根煤气管，压缩空气助吹，大火烤 10min，烘干即可出铁。

5.4.4.4　沟体维护

（1）主沟撇火后，应在所垫沟体上均匀撒上一层沥青沙子，以后每次出铁前，主沟两边沟帮要用黄沙撒在表面。

（2）禁止三班为清渣而向主沟内大量打水，清渣前只能用水管快速在红渣上来回打水一遍。

（3）清渣时，钢钎应顺应结渣与沟帮交接处缝隙撬动，防止把沟帮撬坏。

（4）避免潮铁口出铁，减少主沟两边喷渣厚度，减轻沟帮损坏。

5.4.4.5　打夯机的使用

（1）使用打夯机前必须对各部件进行检查，确认运转部件、电源线连接部件有安全防护装置，电缆线、开关定期更换，严禁电线裸露、开关损坏、电动机带"病"等作业，防止触电伤害。

（2）启动打夯机时，开关处必须留人，防止因视线障碍，信息传递错误或盲目启动造成触电伤害。

（3）使用时，专人扶好电缆线，严禁靠近明火，防止电缆线靠近明火烧坏绝缘层造成漏电、触电伤害。

（4）操作打夯机时，两人要相互配合好，严禁将脚靠近打夯机，防止打夯机砸伤脚。

5.5　典型案例

案例 1　泥炮故障处理

泥炮故障减风堵口事故的案例介绍如表 5 - 5 所示。

表 5 - 5　泥炮故障减风堵口事故

适合工种	炼　铁　工
案例背景	（1）时间：2002 年 11 月 12 日 0：10 左右。 （2）地点：高炉区域 2 号高炉出铁场北场 3 号泥炮处。 （3）过程及背景： 1）11 月 12 日夜班接班，当时 1 号铁口在出铁，不到 1h 堵口后打开 3 号铁口出铁，出铁前点检泥炮试运转均正常。 2）0：10 左右，3 号铁口开始喷煤气火，随即打开 2 号铁口出铁，组长指令 3 号铁口准备堵口，吊开 A 盖，泥炮旋转到铁口上，但是不能挂钩，来回反复几次仍然不能挂钩。铁口越喷越大，煤气火喷出很远，造成悬臂吊小车电缆槽变形，小车移动困难，北场出铁场排风扇电源线烧损，排风扇停止。 3）发现泥炮不能挂钩后，组长立即通知炉内区工泥炮故障发生，做好减风准备。当来回反复动作泥炮几次仍然不能挂钩后，0：12，炉内紧急减风，BV 快速递减，同时立即氧气全停，停止喷煤，停止 TRT，锁住调压阀组；0：16，定压操作，BP：1.2kg，在此过程中，由于大幅减风，铁口煤气火喷溅减小，所以炉前人员仍在反复操作泥炮运转；当 0：20 处于定风压操作时，泥炮动作正常，挂钩成功，然后顺利堵口。组长立即通知炉内区工堵口成功，随即开始回风，到 1：30 为止，风、氧回全（BV：6300m³/min，O₂：8000m³/h），恢复正常生产。3 号铁口放掉主沟残铁临时休止，准备彻底检查 3 号泥炮。经过彻底查看，发现泥炮底座大齿圈的齿轮支架已经断裂，更换大齿圈。 4）白天更换大齿圈后回装泥炮，投入使用，一切动作正常，泥炮工作正常。第二天 3 号铁口投入，生产恢复

适合工种	炼 铁 工
案例结论	(1) 案例性质： 本次泥炮不能挂钩故障完全是因为泥炮底座大齿圈的齿牙磨损大（一代炉龄未更换过，而 2BF 又超期服役），从而造成大齿圈的齿轮支架变形严重，发生断裂所致，属点检人员检修质量问题（事发前几天曾经出现过类似转动过程中停止转动的情况，点检人员反复试运转，又正常，未查出真正原因）。 (2) 案例影响： 本次事故造成悬臂吊小车电缆槽变形，被迫更换，北场出铁场排风扇电源线烧损，更换，另外减风造成产量损失 150t 左右，煤气流稍有波动，顺行受到一定影响
案例分析	(1) 本次泥炮转到铁口上方却不能完成挂钩，当时在场人员以及后来的点检人员均怀疑是泥炮底座根部有大块状的炉渣，在泥炮旋转时扛住了泥炮，造成了泥炮不能挂钩。但是自从前几天发现泥炮转到中间过程时偶尔会不动后，每次铁口出偶铁，都要进行泥炮根部清渣，所以这样的怀疑可以排除。而泥炮的液压系统及其油位等均正常，所以也可以排除液压系统的因素。打泥过程操作规范，也没有操作的失误或不当。因此故障原因肯定是泥炮内部造成，最终泥炮彻底拆开的结果证实了这一点，正是由于泥炮大齿圈的几个齿牙断裂，造成了此次事故的发生。 (2) 通观本次事故可以发现，其实泥炮故障的事故隐患在故障发生前就已经存在了，大齿圈的齿牙长期磨损严重，不断的磨损使得齿轮支架变形严重，最终造成断裂。当大齿圈旋转时，如果位置、受力合适，断裂部位就会卡住大齿圈旋转，这样看似泥炮又正常了，所以当更换了大齿圈后，泥炮动作一切正常。 (3) 泥炮故障发生时，高炉炉况稳定，顺行良好，炉热充沛，炉前和炉内人员信息联络及时，果断减风，抑制了事态的进一步发展，为最后堵口成功，及时复风，提供了有利条件，所以未对高炉顺行造成大的影响，另外由于正值出渣铁后期，炉内渣铁业已出净，所以未使高炉受憋
案例处理	本次泥炮故障，造成减风堵口，事实上在事发前几天就已经发现了隐患，当时若及时地彻底查清原因，就不会发生后面的事故。当泥炮故障发生时，炉内人员首先要考虑渣铁是否出干净，是否具备减风甚至临时休风的条件，同时立即准备减风，另外炉前人员配合，继续操作泥炮，并要准备改常压人工堵口，还得确保打开另一个铁口及时下渣。 案例处理的技术难点： 本次故障发生，表象上是泥炮偶尔转到铁口上方时不能前进，导致泥炮挂不上钩，在排除泥炮根部积渣扛炮，液压系统等问题后，就集中在炮身机械传动上，但由于使用过程中（出铁间隙）不易打开检查，所以没能及时发现大齿圈的齿牙磨损严重，以致齿轮支架变形严重，发生断裂，而这正是影响大齿圈转动的根本原因
案例启示	(1) 教训及启示： 1) 此次泥炮故障应该说是可以避免的，在事先发现泥炮故障后，应该跟踪点检人员，及时处理，紧追不放，彻底查清楚设备原因，及时检修，保证泥炮的正常工作。 2) 炉前工作首要任务还是出净渣铁，以免发生因设备故障被迫减、休风时应对被动，当然炉内操作在保证顺行、稳定的同时，保持充沛的炉热也很关键。 3) 碰到类似设备故障，在对高炉顺行或者设备将要产生破坏时，要及早判断，在第一时间采取有效的遏制措施，该减风、临时休风的行动要快，避免造成进一步的损失。 (2) 预防措施： 泥炮设备严格按标准化作业要求按时点检，有问题做到第一时间发现，并及时解决问题，不让问题设备工作
思考与相关知识	(1) 问题思考： 泥炮正常工作的影响因素有哪些？如何通过表象去判断影响因素？发生故障时应该如何应对？ (2) 专业知识： 液压泥炮的结构图，液压驱动和机械传动原理

案例 2　主沟漏铁烧坏冷却壁水管和电缆处理

主沟漏铁烧坏冷却壁水管和电缆处理的案例介绍如表 5 - 6 所示。

表 5 - 6　主沟漏铁烧坏冷却壁水管和电缆处理

适合工种	炼铁工、大铸工
案例背景	(1) 时间：1997 年 9 月 27 日 17：00。 (2) 地点：3 号高炉炉前出铁场 2 号主沟。 (3) 过程及背景： 　1997 年 9 月 27 日炉前出铁为 1 号、2 号、4 号 TH，15：05 打开 2 号 TH 出铁，出铁后期，17：00 左右发现 2 号 TH 主沟接头处漏铁，炉前紧急堵口，漏下的铁水将炉缸冷却壁 H3 - 06 - 07 第 10 根联络水管和部分炉底电偶电缆烧坏，引起漏水致使强化系补水困难，17：50 高炉被迫减风减氧，最后 BV 为 4000m³/min，氧停。经过抢修将漏水处焊补，19：32 回风，22：30 回全
案例结论	(1) 案例性质： 　主沟漏铁烧坏设备引起减风的生产事故。 (2) 案例影响： 　事故引起高炉减风减氧，损失产量 500t，并烧坏炉缸电偶电缆，一时无法修复，给正常生产带来较大的影响
案例分析	引发 2 号主沟漏铁烧坏设备的主要原因有： (1) 2 号沟投入使用一周，通铁量在 2.5 万吨左右，主沟侵蚀不严重。 (2) 本次漏铁是靠移盖机侧主沟接头开裂引起的，主要是试用新的接头料，质量不稳定，造成使用不久就开裂。 (3) 对主沟的点检力度不够，出铁后期渣铁流加大，加大对沟底的冲刷，加剧接头开裂，引起漏铁。 (4) 漏铁烧穿主沟下面没有耐材保护的工字钢，大量铁水直接流向炉皮上，从而烧坏水管和电缆
案例处理	(1) 案例处理的原始过程（安全处理过程）： 　17：00 左右发现 2 号 TH 主沟接头处漏铁，将炉缸冷却壁 H3 - 06 - 07 第 10 根联络水管和部分炉缸电偶电缆烧坏，引起水管漏水，炉前立即采用紧急堵口，将 2 号 TH 堵掉，并将主沟残铁放掉，同时打开 1 号 TH 出铁。由于水管大量漏水导致冷却壁强化系补水困难，立即对漏水水管进行焊补。由于水压高，17：50 高炉减风减氧，18：50 氧停，19：20BV 为 4000m³/min。对漏水的水管进行焊补，19：32 水管焊补好，开始回风回氧，22：30 回全，部分烧坏的电偶电缆等下次定修休风时处理。 (2) 案例处理的技术难点： 　1) 发现主沟漏铁后，紧急堵口和放残铁要有一定的时间，在这段时间内，铁水会继续漏下去，烧坏设备。 　2) 主沟下面炉缸区域空间小，煤气浓度高，漏铁烧坏设备后确认和处理的困难很大。 　3) 冷却壁强化系水压高、水量大，联络管漏水后带水焊补困难，处理时间长。 　4) 炉缸电偶的电缆被烧坏后一时无法恢复，要等定修休风时更换，给生产中监视炉缸、炉底温度变化带来不便
案例启示	(1) 教训及启示： 　1) 加强沟料质量管理，尤其是接头料。 　2) 沟料试用期间，加强对主沟的检查，点检有困难时可以放残检查，发现侵蚀严重时，及时采取措施，防止事故发生。 　3) 加强出铁中的巡视，发现漏铁，及时采取紧急堵口和放残铁等措施

适合工种	炼铁工、大铸工
案例启示	(2) 预防措施： 1) 由于主沟漏铁会烧坏主沟下面的设备，严重时会引起高炉休风，所以一旦发现主沟漏铁，一定要果断紧急堵口和放残铁，防止事故扩大。 2) 对主沟下面的工字钢表面加衬耐火砖防护墙，以保护工字钢不被烧坏。 3) 保证接头用耐材质量和接头施工质量
思考与相关知识	(1) 问题思考： 1) 出铁前、中、后炉前点检的内容有哪些？ 2) 什么情况下要紧急堵口？ (2) 专业知识： 目前大沟用沟料单耗在1.0kg/t左右

情境 6 冷却操作

6.1 知识目标

（1）冷却工作制度；
（2）高炉冷却设备。

6.2 能力目标

（1）熟悉高炉冷却设备；
（2）能确定冷却工作制度。

6.3 知识系统

知识点 1 高炉冷却一般知识

A 冷却的目的

（1）保护炉壳及各种钢结构，使其不因受热或变形而破坏。

（2）对耐火材料的冷却和支撑，可提高耐火材料的抗侵蚀和抗磨损能力，对高炉内衬起支撑作用，增加砌体的稳定性。

（3）维持合理的操作炉型，使耐火材料的侵蚀内型线接近操作炉型，对高炉内煤气流的合理分布、炉料的顺行起到良好作用。

（4）当耐火材料大部分或全部被侵蚀后，能依靠冷却设备上的渣皮继续维持高炉生产。

B 冷却介质

常用的冷却介质有：水、空气和气水混合物，即水冷、风冷和汽化冷却。对冷却介质的要求是：有较大的热容量和导热能力；来源广、容易获得、价格低廉；介质本身不会引起冷却设备及高炉的破坏。

根据每立方米水中钙、镁离子的物质的量表示水的硬度，水可分为软水（小于 $3mol/m^3$）、硬水（$3 \sim 9mol/m^3$）、极硬水（大于 $9mol/m^3$）。高炉冷却用水如果硬度过高，则在冷却设备中容易结垢，水垢的热导率极低，1mm 厚水垢可产生 $50 \sim 100℃$ 的温差，从而降低冷却设备效率，甚至烧坏冷却设备。水的软化处理就是将水中钙、镁离子除去，通常采用的方法是以不形成水垢的钠阳离子置换。置换过程经过一中间介质，即离子交换剂来实现。

C 高炉冷却结构形式

高炉冷却结构可分为外部冷却结构和内部冷却结构。内部冷却结构又可分为冷却壁、冷却板、板壁结合冷却结构及炉底冷却。

　　高炉使用的冷却器从铸造材质上分为含铬耐热铸铁、高伸长率球墨铸铁、钢和铜四种；按安装在高炉内的形式分为卧式冷却板和立式冷却壁，前者也叫扁水箱，是点冷却；后者也称立冷板，为面冷却。冷却板有双室、四室、六室、八室。冷却壁分光面、镶砖、带凸台，冷却壁内的冷却通道有单排和双排。冷却器的发展趋势是冷却壁或板壁结合代替全冷却板，炉身中下部、炉腰和炉腹关键部位的镶砖冷却壁改为双排，铜冷却壁代替铸铁冷却壁。

　　D　高炉冷却方式

　　（1）工业水冷却；

　　（2）汽化冷却；

　　（3）软水闭路循环冷却；

　　（4）炉壳喷水冷却。

　　E　高炉风口小套损坏的主要原因

　　（1）铁水熔损、磨损、开裂；

　　（2）渣铁与风口直接接触，在极短时间内热流急剧增大，使风口内冷却水产生膜状沸腾，传热受阻，风口壁温度急剧上升，超过铜的融化温度（1083℃）时铜被熔化，造成风口烧坏；

　　（3）煤粉与喷枪的出口位置不对导致磨损。炉料和焦炭对风口的磨损；

　　（4）风口本身存在龟裂和砂眼，且长时间承受热疲劳和机械疲劳。

　　F　冷却器结垢后冲洗的五种常用方法

　　（1）高压水冲洗；

　　（2）压缩空气冲洗；

　　（3）蒸汽冲洗；

　　（4）砂洗；

　　（5）化学清洗。

知识点2　高炉冷却系统冷却设备概况及冷却制度

　　A　冷却制度

　　常压水压力不低于0.3MPa，流量不低于2900m³/h；中压水压力不低于0.6MPa，流量不低于900m³/h；高压水压力不低于1.0MPa，流量不低于600m³/h。

　　常压水进水温度不超过35℃，因为气候的原因，也不应超过40℃，尤其出水温度不能超过45℃。高炉冷却壁水温差见表6-1。

表6-1　高炉冷却壁水温差

名　　称		水温差/℃
冷 却 壁	12 段	目前已全部卡死
	11 段	<5~8
	10 段	<5~8
	9 段	<5
	8 段	<5

名　称		水温差/℃
冷 却 壁	7 段	<5
	6 段	<3 ~ 8
	5 段	<3 ~ 8
	4 段	<3 ~ 8
	3 段	<3 ~ 5
	2 段	<4.5
	1 段	<4.5
风 口	大套	<3
	二套	<5
	小套	<18
渣 口	大套	<3
	二套	<3
	三套	<5
	小套	<5

B　冷却设备概况

冷却设备概况见表 6 – 2。

表 6 – 2　× × 高炉主要冷却设备

名　称		类　型	数　量
冷 却 壁	12 段	倒扣式冷却壁	20
	11 段	光面冷却壁	28
	10 段	凸台冷却壁	28
	9 段	凸台冷却壁	30
	8 段	凸台冷却壁	30
	7 段	凸台冷却壁	32
	6 段	凸台冷却壁	32
	5 段	双排冷却壁	32
	4 段	双排冷却壁	32
	3 段	光面冷却壁	32
	2 段	光面冷却壁	30
	1 段	光面冷却壁	32
风口大套		铸铁	16
风口二套		铜	16
风口小套		铜	16
渣口大套		铸铁	1
渣口二套		铸铁	1

名　　称	类　型	数　　量
渣口三套	铜	1
渣口小套	铜	1
热风阀	闸阀	3
倒流阀	闸阀	1
冷风大闸	闸阀	1
气密箱	开口式	1

6.4　岗位操作

6.4.1　冷却岗位操作

6.4.1.1　交接班

A　操作情况交接班

（1）交接班在风口平台进行。接班配管不认可，交班配管不可以下班，须按接班要求处理好后方可以下班。

（2）交班时喷煤顺畅，无枪堵及枪断枪弯现象，无煤粉磨风口现象。重点检查喷煤是否有煤、顺畅、不磨风口（从视孔观察煤枪端部应靠近风口中心点；喷出煤粉应能顺利通过风口小套，煤粉团不与风口小套接触；风筒插枪管不发红，无泄漏，弹子阀工作正常；无倒煤；喷煤管道阀门无堵塞、无泄漏）。

（3）交接班时风渣口各套内干净清爽无杂物，特别是无水迹。风口区域是否正常（视孔玻璃应完好明亮，否则放视孔换视孔玻璃，以能清晰观测风口内部状况；观测到的风口应呈正圆，否则须考虑是否视孔不正导致视线偏移，须及时调整；炉况正常时风口应明亮耀眼，如发暗、挂渣、发黑，须及时检查该风口，以排除冷却设备损坏；风口各套间如有煤气火焰泄漏，正常应为蓝色，如发黄发红须考虑是否附近冷却设备损坏，另须注意空气中灰尘较多，如出铁时烟尘混杂时，会导致煤气火焰发黄发红；风口各套间应干爽无水迹，如发现有水，排除搞卫生时溅水可能后，立即检查是否有风口或其他冷却设备损坏）。

（4）送风装置是否正常（应无发红及漏风现象，如有须及时报告值班室，并采取应急措施，如接压缩空气或雾化喷水冷却，必要时休风焊补灌浆或更换）。

（5）热风炉、风口平台排水箱各排水应正常（风渣口各套、炉缸及砂坝冷却水、堵渣机及内外水套冷却水排水压力及流量应无异常，如发现排水量小或无，应立即采取措施补救并查明原因）。

（6）贵重备品（包括铜套、各类贵重阀门、测量仪器等）应齐全无损。

B　设备情况交接班

（1）常、高压水过滤器压差正常，增压泵运转正常。

（2）各冷却设备正常。

C　安全情况交接班

已知及应知各类安全通告交接班传达，或签字确认。开好安全班前会并有文字记录。灭火器材交接班时要点清，如有使用须有使用记录并及时更换。

6.4.1.2　工艺技术操作标准

（1）正点 10min 内填写安全班前会记录本，如实记录配管交接班本各项内容，包括常、中、高压水压力（常压水压力不低于 0.3MPa，中压水压力不低于 0.6MPa，高压水压力不低于 1.0MPa）；气密箱冷却水温度（<70℃）、流量（1.5~2.0m³/h）等，查阅本班未当班期间交接班本记录内容，及上班遗留事项，做到对本高炉冷却系统近况有起码的了解。接班 60min 内对高炉本体及热风炉冷却设备、砂坝做仔细认真的点检，见表 6-3，检查排水压力及流量是否正常（如发现排水量小、水中带花或断水等异常情况须检查确认是否损坏）；检查增压泵运转是否正常（如听其运转声音是否有异）；检查常、高压水过滤器前后压差是否在规定范围内（如压差大于 0.03MPa 须手动清洗过滤器）；将检查结果如实记录。损坏冷却壁水量控制必须到位（排水头应无打手感觉，目测水头清澈透明、无压甚至带花，排水量过大会导致往炉内大量漏水影响炉况，排水量过小冷却壁容易断水甚至炉皮发红）。检查蒸汽、压缩空气、氧气、氮气、煤气及水管路是否正常（如压力表是否完好有效，压力是否在正常范围内；各管路应完好无破损泄漏）。

表 6-3　点检项目、标准、方法及周期

部　位	项　目	标　准	方　法	周期/次·班⁻¹
冷却水	水压	水压表正常，数字准确	眼看	2
	水温差	水温表正常，数字准确	眼看	2
	流量	流量表正常，数字准确	眼看	2
风渣口	风口情况	不漏水，不漏风	眼看、耳听	2
	渣口情况	不漏水，渣沟完好	眼看	2
热风炉	阀门	不漏水	眼看	2
冷却水管	管路	不漏水	眼看	2
冷却壁	水头	流量流速正常	眼看	2
炉皮	外部	无开裂无发红无蹿水	眼看、耳听	2

（2）正点 60min 内应压水检查一遍风渣口小套。首先应排除风渣口管路无破损泄漏，以免压水时从漏点混入空气尤其是操作三通旋塞阀门时，有些阀门密闭性能下降，压水时空气易从三通混入，导致送水时排水带花引起误判；其次如排水浑浊发黑，应活动阀门清洗管路，待排水清澈后再查。

（3）每次出铁前后检查一遍喷煤及风渣口状况。每隔 2h 检查高炉本体及热风炉冷却设备一次，并记录在点检本上。判断冷却设备及风渣口各套漏水要及时准确。各段出水保持畅通，水量不正常应及时处理。

（4）班中要保证喷煤顺畅，不磨风口。必要时及时通枪、调枪、换枪，不得拖延，努力提高喷煤比、全风口喷煤率。视孔要保持明亮，视孔玻璃要完好无损，以利于观察风口工作状况及检查喷煤状况。

（5）更换风渣口。

1）发现风渣口损坏，要按照更换风渣口操作规程操作，并注意：休风或长时间低压须关闭损坏冷却壁进水，送风后恢复冷却壁送水并调整冷却水量，须避免停水时间过长导致送风后送水不进，高温区每隔 30min 应送水一次，确认管路畅通后立即停水。

2）更换完风渣口，应及时将相应备品做好并试压，打上制作人钢印。旧的风渣口要卸掉管子并回收妥善保管好。如送风时间距正点下班不足 60min，则备品由下班做。

（6）弹子阀、可修复的煤枪阀门及煤枪卡子要及时回收。

（7）下班前 1h 清洗风口大套内杂物，保证风口各套内干净便于观察。下班前冲扫炉台，打扫休息室及更衣室。冲洗炉台时严禁打湿电气设备。

（8）定期清洗冷却设备。

（9）休风或低压作业。

1）确认休风或低压时间后，须在最后一次出铁前检查一遍风渣口，如发现有损坏，应组织休风或低压更换。

2）拉风后压力降低，要随之控制损坏冷却设备水量，防止向炉内大量漏水，尤其是损坏冷却壁，休风后要将进水关闭。高温区损坏冷却壁闭水后应每隔 30min 送水一次，送水时须提防蒸汽烫伤和蒸汽爆炸，出水管见水流出后立刻关闭进水，防止长时间闭水后送水不进及送水太多往炉内大量漏水。

3）计划休风 4h 以上的，休风后 1h 开始降水量，炉身上部降水量 1/3，一般炉缸水量不降，休风后将坏的冷却设备和外部喷水关闭，送风前打开。送风前 1h 由值班工长通知配管工恢复水量到正常范围，进行全面检查出水正常后，可通知值班工长送风。

4）长期休风须检查所有煤枪并视情况换新。

5）送风后检查损坏冷却壁冷却水，并及时调整。

（10）冷却制度。

1）风渣口备品制作及检漏。

①所有管道接头处要上好油、麻，避免漏水。用 900mm 大管钳拧紧风渣口进出水长管，必要时用套管，务必拧紧，不可松动。

②风口进出水长管弯头一端间距约为 500mm，其 90°弯头朝向应水平，或略下。渣口进出水长管异径弯头处间距约为 260mm。渣口备品立管短管不必太紧，要有适当活动余地，便于管道连接。

③备品做完后通高压水（1.2MPa）试压检漏，20min 后无砂眼、无冒汗、无泄漏即可。确认合格后将备品内余水吹出，不可残留杂物并注意流量。打上制作班钢印后按规定摆放，并记录在案。

2）风筒验收存放及备品制作。

目前 2 号高炉主要使用 1460mm、1465mm、1470mm、1475mm 规格风筒。

验收风筒备品主要包括以下几个方面：

①风筒内耐火材料要求干燥无开裂。

②插枪孔前端距风筒前端不大于 16cm。

③插枪孔法兰片应平整、符合规定，能与弹子阀紧密接触形成密封面不致使用后

漏风。

④插枪孔道与风筒夹角应为 11°。

⑤风筒长度要符合规定，表面无缝钢管应无缺陷。

制作风筒备品主要包括以下几个方面：

①检查插枪孔是否畅通。

②检查法兰片是否平整符合规定。

③检查耐火材料是否有开裂，如开裂则该风筒报废，注明"报废"字样后回收。

④安装弹子阀时首先考虑该风筒备品插枪孔方向是左是右，确认后将弹子阀朝上安装，要求弹子阀内弹子能够自由沿导轨下落封闭弹子阀，并能在适当外力作用下沿导轨上滑以使煤枪顺利插入风筒插枪孔。安装弹子阀时拧紧螺母须遵循对称原则，均匀拧紧，使弹子阀与风筒插枪孔法兰片紧密接触不漏风。

6.4.1.3　设备操作标准

高、常压水过滤器清洗方法及注意事项如下：

（1）如过滤器前后压差超过 0.03MPa，则须清洗过滤器。清洗过滤器前通知值班室，并请值班室注意清洗过滤器期间相关压力不得低于规定下限。

（2）以常压过滤器为例，2 号高炉常压过滤器有两个。其中靠近高炉的称为 1 号过滤器，另一个是 2 号过滤器。1 号、2 号过滤器分别与 1 号、2 号配电箱相对应。

（3）如需清洗 1 号过滤器，首先将配电箱内四个空气开关全部合上。合电源时要用大拇指扳动，手臂伸直，手上或手套干燥无水，工作鞋应干燥，不可站立在水洼中。

（4）开 1 号过滤器排污阀，确认排污管道有污水流出。

（5）将 1 号配电箱排污旋钮旋到左旋或右旋位置，使过滤器主电动机转动，开始排污。排污时要注意确认主电动机确实转动，做到电动机故障及时发现。

（6）3min 后更换旋转方向，即将排污旋钮改为右旋或左旋。

（7）见排污管道无污水即可停止排污。

（8）将排污旋钮旋到停止位置。

（9）关闭排污阀。

（10）将配电箱内四个空气开关落下。

（11）检查过滤器前后压差是否合格。如不合格，须增加清洗次数，或计划休风开盖清洗过滤器内部过滤网。

（12）清洗完毕，通知值班室。

6.4.1.4　设备维护标准

配管主要负责设备高、常压过滤器及增压泵。煤粉喷吹系统高炉段包括两台锥式喷煤过滤器。高、常压水过滤器及增压泵每班点检两次。锥式喷煤过滤器每次计划休风时清理。每天按规定点检配管所属设备，并加油润滑。

A　设备点巡检标准

设备点巡检标准见表 6-4。

表 6 - 4 设备点巡检标准

部 位	项 目	标 准	方 法	周期/次·班$^{-1}$
冷却水	水压	水压表正常，数字准确	眼看	2
	水温差	水温表正常，数字准确	眼看	2
	流量	流量表正常，数字准确	眼看	2
风渣口	风口情况	不漏水，不漏风	眼看、耳听	2
	渣口情况	不漏水，渣沟完好	眼看	2
热风炉	阀门	不漏水	眼看	2
冷却水管	管路	不漏水	眼看	2
冷却壁	水头	流量流速正常	眼看	2
炉皮	外部	无开裂无发红无蹿水	眼看、耳听	2

B 设备润滑标准

各类阀门每月上旬抹油一次，并记录。

C 设备紧固标准

配管无设备紧固标准。

D 设备清扫标准

每月上旬对常、高压过滤器用压缩空气进行吹灰清扫，锥式喷煤过滤器每次计划休风清扫。

6.4.2 紧急处理高炉断水操作

6.4.2.1 高炉断水紧急处理

（1）水压急剧下降时，立即汇报值班工长，并和动力厂联系查明原因，同时要维持风口用水。

（2）如停电、停水时间过长，风口发红过热，冷却壁内水已烧干，应将进水阀门关闭，然后逐个缓慢通水。

（3）防止蒸汽爆炸。水压恢复后，各出水正常以后，通知值班工长送风，复风后检查冷却设备是否漏水。

6.4.2.2 水温差异常处理

（1）首先检测水量、水压是否正常。若水压低，联系提高水压并清洗过滤器；其次检查各部阀门、管道是否有堵塞现象，若堵塞，应设法疏通；检测热流强度是否超标，若超标，按热流强度控制办法处理；风渣口必须检查是否损坏，若损坏，按规程处理。

（2）输电线路故障、雷雨电击等原因造成紧急停电时，立即查看风口有没有风，冷却器有没有水。若因断电而使风机停风，应按风机突然停风处理；若引起紧急停水，立即按紧急停水处理；若停风停水两者同时出现，则先按风机突然停风处理，再进行紧急停水处理。

（3）风机突然停风的主要危险：

1）煤气向送风系统倒流，造成送风管道及风机爆炸。

2）因突然停风机，可能造成全部风口、风筒及弯头灌渣。

3）因煤气管道产生负压而引起爆炸。

所以，发生风机突然停风时，应立即进行以下处理：

1）关混风调节阀，停止喷煤和富氧。

2）停止上料。

3）停止加压阀组自动调节。

4）打开炉顶放散阀，关闭煤气切断阀。

5）向炉顶和除尘器、下降管处通蒸汽。

6）发出休风信号，通知热风炉关热风阀，打开冷风阀和烟道阀。

7）组织炉前工人检查各风口，发现进渣立即打开弯头的大盖，防止炉渣灌死风筒和弯头。

8）当发现水压降低时，应立即做好紧急停水的准备，首先减少炉身各部的冷却水，保证风口冷却。

9）立即放风，组织出渣出铁，力争早休风，争取风口不灌渣。

10）开始正常送水，水压正常后应按以下顺序操作：

①检查是否有烧坏的风渣口，如有，迅速组织更换。

②把进水总阀门关小。

③先通风口冷却水，如发现风口冷却水已烧干或产生蒸汽，则应逐个缓慢通水，以防蒸汽爆炸。

④风渣口通水正常后，由炉缸向上分段缓慢回复通水，注意防止蒸汽爆炸。

⑤只有各段冷却设备通水正常、水压正常后才能送风。

⑥送风后立即检查是否有冷却壁损坏。

情境 7　安全生产及管理

7.1　知识目标

(1) 安全生产知识；
(2) 生产管理。

7.2　能力目标

(1) 掌握高炉安全生产知识；
(2) 能进行高炉生产管理。

7.3　知识系统

知识点 1　安全知识

A　识别危险源

a　目的与目标

为保护劳动者的人身安全，劳动者必须学会识别危险源。

b　知识要点

(1) 危险源的定义：在作业区域内，产品、设备或操作内部和（或）外部潜伏着受激发因素作用而发展为伤害、损失的事物称为危险源。

(2) 常见危险源：

1) 生产过程、设备使用过程中的危险源（如炉前出铁、出渣、冲渣等）。

2) 有爆炸、中毒危险的场所。

3) 有坠落危险的场所。

4) 有触电危险的场所。

5) 有灼烫危险的场所。

6) 有落物、坍塌、碎裂使人受伤害的场所。

7) 有被物体挂、夹、撞等伤人的场所。

8) 有被绊倒或滑倒的场所。

(3) 识别危险源：

1) 知道生产工艺过程中常见的危险源。

2) 知道设备使用中常见的危险源。

3) 知道企业中的安全标志（禁止标志、警告标志、命令标志、提示标志）。

B　预防事故

a　目的与目标

任何事故的发生都是有原因的，是可以预防的。通过对事故原因的探讨，能认清事故的真相，防患于未然，最大可能地防止事故的发生。

b　知识要点

（1）事故分类

1）人身伤害事故。

2）设备事故。

3）其他事故。

（2）事故致因

1）人的原因。由于操作者未按安全规程和操作规程执行所引起的事故。

2）物的原因。由于设备维护不利、工作环境内存在危险物、没有安全防护装置等引起的事故。

3）环境原因。由于照明、湿度、通风、噪声、空气质量等缺陷引起的事故。

（3）预防措施

1）进行安全教育。

①安全思想教育。

②安全技术知识教育。

③专业安全技术教育。

④安全生产经验和事故事例教育。

2）安全生产教育的形式。

①厂级安全教育（包括劳动保护的意义和任务、工厂概括、企业安全生产规章制度、钢铁厂生产特点等）。

②车间安全教育（围绕车间的特点、生产设备、要害部位、危险区域、生产工艺原理、安全等方面进行）。

③班组安全教育（主要是操作规程、安全规程、设备维修规程、岗位责任制等）。

（4）急救与现场保护

1）应急措施：

①紧急停机（切断电源和有害气体的输送管道，紧急停止发生事故的机器设备的运行）。

②急救处理（救出伤员，力所能及地进行处理）。

③联络（及时把事故发生情况通知现场人员）。

④报告（及时向上级报告）。

⑤处理。

⑥保存现场。

2）急救措施：发生工伤后，要争分夺秒抢救病人，优先救护重伤员。

C　防火

a　目的与目标

使工人掌握防火、灭火的基本技能和基本知识。

b　知识要点

（1）燃烧与火灾：

1）燃烧是可燃物质与氧或氧化剂发生伴有放热和发光的一种激烈的化学反应。燃烧发生必须具备的条件如下：

①有可燃物质存在。如木材、煤、煤气等。

②有助燃物质存在。如空气、氧气等。

③有火源存在。如明火、炽热物体等。

2）燃烧一旦失去控制，超出了燃烧的范围，就成为火灾。火灾发生的特点如下：

①突发性（人们往往意想不到，突然发生）。

②复杂性（引发的原因复杂，调查分析困难）。

③严重性（一旦发生，将造成巨大经济损失和人员伤亡）。

（2）防火措施：

1）严格控制火源。

2）加强检查，发现异常及时处理。

3）采用耐火材料和防火设备。

4）配备消防器材。

（3）灭火措施：

1）消防用水。

2）泡沫灭火剂。

3）干粉灭火剂。

D 防爆炸与灼烫

a 目的与目标

使工人掌握防爆炸与防灼烫的基本技能。

b 知识要点

（1）爆炸。高炉常见的爆炸是高温铁水遇水发生爆炸事故。因此出铁前主沟、支沟、砂口、铁水罐等必须烤干。

（2）灼烫。炼铁过程的灼烫主要是高温铁水、炉渣对人体的伤害。因此必须穿戴好劳保服装，严格执行安全操作规程。

E 防毒

a 目的与目标

使工人掌握防毒及急救的基本技能。

b 知识要点

（1）CO 中毒。炼铁厂中毒主要是 CO 中毒。CO 是无色、无味、无臭的气体，若吸入 CO，其会立即与血红蛋白结合形成碳氧血红蛋白，轻者造成头痛、眩晕，严重者昏迷、死亡。

（2）预防措施：

1）管道、阀门、设备应注意检修，防止漏气。

2）加强作业场所通风。

3）加强安全防毒教育。

4）严格遵守安全操作规程，到有 CO 场所检修设备，应戴防毒面具，同时俩人操作。

5）作业场所 CO 最高允许质量浓度为 $30mg/m^3$，有条件者应安装自动报警器。

（3）急救处理：

1）迅速脱离中毒现场，呼吸新鲜空气或氧气。

2）昏迷初期及时强刺人中等穴位，有利于患者苏醒。

3）呼吸困难或刚停止呼吸者，立即进行人工呼吸。

4）迅速送入医院急救。

F　防机械设备伤害

a　目的与目标

使工人掌握防机械设备伤害的技能。

b　知识要点

（1）机械设备伤害是指由机械设备与工具引起的人身伤害。

（2）机械设备伤害的原因：

1）运动部件的伤害。

2）静止部件的伤害。

3）其他伤害。

（3）预防措施：

1）机器部件易发生危险的部位，必须有安全标志。

2）机器的制动装置可靠，能有效地制动。

3）做好日常维护保养。

4）对传动装置进行润滑、清理或维修时，应有专人监护，或挂有"不准开动"牌。

G　防高处坠落

a　目的与目标

使工人掌握防高处坠落的方法。

b　知识要点

预防检修时的高处坠落和物体打击的措施包括：

（1）施工中搭建的脚手架必须坚固、可靠。

（2）根据不同的施工条件设置安全网。

（3）高处作业应挂好安全带。

（4）进入施工现场必须戴好安全帽。

（5）吊运物体要严格遵守起重作业规定。

（6）搬运物体要注意安全。

H　防触电

a　目的与目标

使工人掌握防触电的基本技能及急救基本知识。

b　知识要点

（1）触电形式：

1）人体直接接触带电体。

2）人体接触发生故障的电气设备。

3）与带电体距离过小。

4）跨步电压触电。

（2）触电事故的原因：缺乏电器安全知识，违反操作规程，设备不合格，维修不善，思想麻痹等。

c　预防触电措施：

1）绝缘；

2）屏护；

3）漏电保护装置；

4）安全电压；

5）接地接零保护；

6）电器隔离；

7）按规定穿戴好劳保用品；

8）使用符合安全要求的工具。

I　防中暑

a　目的与目标

使工人掌握防高温中暑及中暑急救的基本方法。

b　知识要点

（1）防暑降温措施：

1）加强通风；

2）隔热；

3）制定合理的劳动休息制度；

4）加强个人防护；

5）供给必要的茶水、清凉饮料和保健食品。

（2）中暑的急救：

1）有中暑先兆及轻症者，立即离开高温环境，到阴凉处休息，松解衣服，并喝茶水、清凉饮料；

2）重症者，需急救。迅速降温，送医院治疗。

知识点 2　班组管理

班组是企业管理生产经营活动的基本单位，"两个文明"建设的第一线，是企业活动的源头。加强班组管理是企业在市场竞争中取胜的重要保证。因此，为深化企业改革，促进企业发展，学习班组管理的基本知识，掌握班组管理的基本技能，具有十分重要的现实意义。

A　组织班组的各类学习

a　目的与目标

具备组织员工积极参加政治、文化、技术和业务学习的能力，不断提高员工的政治和技术素质，锻炼和培养人才。

b　操作步骤

（1）制订学习计划。班组根据上级组织对班组学习的要求，针对本班组的实际情况，制订具体的学习计划。学习计划一般按月制订，内容包括：学习内容、达到目的、时间安排、学习方式、交流总结等几个方面。

（2）制定学习制度。学习要有制度保障。学习制度包括：态度要求、时间安排、出勤考核、奖惩规定等。

（3）班组学习的方法和形式：

1）集中看书，轮流讲解。

2）事先准备，重点发言。对理论性较强的内容，先由骨干准备，然后由他们作启发发言，引导大家开展讨论。

3）当场发问，相互作答。

4）抓住重点，开展讨论。

5）考试测评，答题竞赛。

6）写好心得，交流体会。

7）开展班组之间交流。

（4）班组在企业中的地位和作用。

1）班组在企业中的地位：

①班组是企业生产活动的基本环节。

②班组是企业管理工作的落脚点。

③班组是企业创造财富的基本单位。

④班组是培养和锻炼工人队伍的主要阵地。

2）班组管理在现代企业中的作用：

①班组管理工作为企业经营决策提供实施的依据。

②班组管理工作为企业有秩序地进行生产活动提供必要的保证。

③班组管理工作为企业提高经济效益提供有力的保证。

④班组管理工作为企业管理现代化提供充分的条件。

（5）社会主义市场经济中的班组职能：

1）组织好生产，保证全面、均衡地完成作业计划或承包任务，这是班组的首要工作。

2）加强班组管理，以降本增效为中心，以质量管理为重点，以岗位经济责任制为基础，建立健全各项管理制度，不断提高班组科学管理和民主管理的水平。

3）做好思想政治工作，加强思想教育，加强以共产主义思想为核心的社会主义精神文明建设。

4）组织职工积极参加文化、技术、业务和政治学习，不断提高职工的政治技术素质，积极培养多方面的人才。

5）开展学先进、赶先进、超先进活动，搞好社会主义劳动技术竞赛。

6）搞好安全技术教育，做好安全生产和文明生产。

7）关心职工健康和生活，开展各种有益的文体活动。

B　组织班组民主生活会

a　目的与目标

了解组织班组的民主生活会的目的是加强团结，发扬团队精神，充分发挥每个员工的主人翁作用。

b　操作步骤

（1）会议前布置民主生活会主要内容，每人做好会前准备。

（2）会议一般由班组长主持，说明民主生活会中心内容。

（3）针对中心内容，开展批评与自我批评，或进行评议，提高认识。

c　知识要点

（1）班组民主管理的内容：

1）政治民主。班组成员有批评和建议权，有学习和参与管理权。

2）经济民主。每个职工有监督班组经济核算的权利。

3）技术民主。职工有参加技术培训、技术革新、提出合理化建议的权利。

4）生活民主。职工有参与有关福利、困难补助等问题的讨论和监督。

（2）班组民主管理制度。根据企业和车间的要求，结合班组的实际，制定一套行之有效的班组管理制度和工作制度，使班组各项工作有管理标准，做到有章可循，有章可依。

民主管理制度，主要有：

1）思想政治工作制度。

2）岗位责任制度。

3）质量管理制度。

4）设备维护保养制度。

5）经济核算制度。

6）安全生产制度。

7）文化技术学习制度。

8）民主生活会制度。

9）班组会议制度。

C　协调班组生产

a　目的与目标

懂得协调好各岗位工作的重要性，掌握协调方式方法，以保证计划顺利执行和生产任务的完成。

b　操作步骤

（1）开好班前会，明确当天生产任务和各岗位操作人员的职责及操作要求。

（2）抓好关键岗位操作。

（3）抓好各个工序的衔接和生产过程的节奏。

（4）抓好突发事情的协调处理，做到不慌、不乱。

（5）发挥团队精神，相互关心、相互支持、相互帮助。

c　知识要点

（1）冶金工业的生产特点：

1）生产的系统性。钢铁生产的组织，是涉及各方面各领域的系统工程。

2）生产的连续性。各生产工序是相互衔接、相互关联的。

3）生产的平衡性。各生产过程、工序要保持规定的比例关系和一定的节奏。

4）生产的群体性。不少生产环节是团队作战，不是单兵操作。

（2）协调工作的重要性：

1）冶金工业的生产特点，需要协调好各部门、各岗位、各个环节的工作，做到密切配合，协调工作，确保各项任务的完成。

2）解决生产和工作中出现的矛盾，需要协调好各方面关系，做到认识一致，步调一致。

3）做好上、下工序衔接，需要协调好各方面关系，使大家相互关心、相互支持、相互帮助。

D　开好班前、班后会

a　目的与目标

了解开好班前会目的是布置当天生产任务，明确生产要求，提出注意事项。开好班后会目的是总结当天生产情况，肯定成绩，表扬好人好事，同时提出不足，改进今后工作。本技能学习后，使学员学会组织班前、班后会。

b　操作步骤

（1）班前会的召开：

1）上岗前 20min 内召开班前会，要求开会前做好一切上岗准备工作。

2）由生产组长布置当天生产任务，提出要求和注意事项。

3）听取组员意见，协调好各方面关系。

（2）班后会的召开：

1）组员离岗后即召开班后会，由生产组长总结一天生产情况，肯定成绩，指出不足。

2）组员汇报一天生产情况，提出改进建议。

E　实施生产计划

a　目的与目标

了解实施生产计划的重要性，并学会按生产计划组织生产，保证生产任务的完成。

b　操作步骤

（1）班前会布置当日生产任务，提出操作过程中注意事项。

（2）明确本岗位生产任务、要求。

（3）协调好岗位之间、工序之间关系，做好协同工作。

（4）上、下班时，做好交接工作，使生产保持连贯性。

（5）及时、妥善处理生产过程中发生的各种情况、矛盾。

F　落实岗位考核指标

a　目的与目标

学会将车间对班组的各项技术经济指标分解落实到各个岗位，并对各岗位的执行情况进行量化考核，做到职责与权利的统一，保证各项生产指标的完成。

b　操作步骤

（1）制定岗位责任制。

（2）制定岗位考核量化指标，并将各项量化指标分解落实到个人。

（3）执行岗位责任制的讲评考核制度，并做到严格考核。

G　编写事故分析报告

a　目的与目标

学会分析事故（包括质量、设备、生产、安全等）发生的全过程，找出事故发生的原因及事故的责任人，从而吸取教训，采取切实有效措施，进行整改，避免事故再发生，确保生产任务顺利完成。

　b　操作步骤

（1）调查事故现场情况，弄清事故发生的全过程，对过程中的每个细节都要调查清楚，客观反映真相。

（2）对调查材料进行认真分析，排除非影响事故的各类因素，排出引发事故发生的可能性因素，然后抓住要害，进行分析，找出真正原因，并提出切实有效的纠正和预防措施，将事故的损失降到最低程度，并避免类似事故的重复发生。

（3）集思广益，发挥班组每个人作用，参与事故调查、分析。

　c　事故分析报告的书写

（1）事故发生的时间、地点。

（2）事故的性质、类别，事故的责任人。

（3）事故发生的经过。

（4）事故调查基本情况。

（5）事故原因分析、责任分析。

（6）事故应吸取的经验、教训及防范整改措施。

　H　总结技术操作经验

　a　目的与目标

学会对班组或个人的操作技术经验进行总结，通过总结和交流，提高班组操作水平，保质保量地完成各项生产指标和任务。

　b　操作步骤

（1）收集班组生产中各项技术经济数据，收集同行业工种的操作技术先进经验。

（2）分析收集的数据，进行总结，文字要简练。

　I　编写工作总结

　a　目的与目标

通过对班组工作进行总结，以便改进、推动班组各项工作。

　b　操作步骤

（1）进行分类。按内容分可分为工作总结、生产总结、学习总结；按时间分可分为年度总结、季度总结和月度总结；按性质分可分为全面总结、专题总结；按范围分可分为个人总结、班组总结。

（2）编写总结提纲，拟定总结条目。文章结构一般为概况、成效、做法（经验），今后努力方向。

（3）收集材料，并加以整理，进行合理取舍。

（4）文字要精炼，语言要开门见山。

　J　填写各类报表台账原始记录

　a　目的与目标

学会正确填写各类报表、台账和原始记录，从而正确反映和表达企业生产经营过程中各方面的数量、质量、消耗、效率等情况，以便开展分析、监督、备查。填写必须准确、及时。

　b　操作步骤

（1）仔细阅读各类报表、台账和原始记录的填写要求。

（2）认真抄报各类仪表数据，要准确无误。

（3）及时填写，时间准确，不提前预报或滞后回忆。

（4）全面复核，不丢不漏，项目齐全。

（5）书写规范，不潦草马虎，做到整洁。

　c　知识要点

原始记录的种类包括：

（1）劳动出勤原始记录。考勤卡、工时记录等。

（2）产品生产情况原始记录。生产日历进度表、成品验收表等。

（3）产品质量原始记录。工序质量管理图表、质量分析会记录等。

（4）消耗方面记录。领料单、工具报损、材料消耗量等。

（5）设备运转方面记录。日点检卡，大、小、中修记录等。

（6）工艺操作和安全生产记录。事故记录、事故苗子记录、事故处理记录等。

（7）综合台账。反映班组各项指标情况的记录。

（8）反映班组个人各项指标完成情况的记录。

7.4　岗位操作

7.4.1　高炉操作管理

7.4.1.1　炉温管理基准

炉温管理基准见表 7－1。

表 7－1　炉温管理基准

特 定 参 数	PT
基 准 值	1480 ± 20

注：PT 为铁水温度，℃。

7.4.1.2　透气性管理基准

透气性管理基准见表 7－2。

表 7－2　透气性管理基准

特 定 参 数	K
波 动 范 围	基准值 ± 0.05

注：K 为高炉透气性指数，$(10^2 Pa)^2 / (m^3/min)^{1.7}$。

实际操作中可参考压差范围见表 7－3。

表 7－3　实际操作中可参考的压差范围

特定参数	ΔP		
风量值	$3500 \sim 3800$	$3800 \sim 4200$	> 4200
基准值	$140 \sim 150$	$150 \sim 160$	$170 \sim 190$

注：ΔP 为高炉全压差，kPa。

7.4.1.3　煤气流分布管理基准

煤气流分布管理基准见表7-4。

表7-4　煤气流分布管理基准

特定参数	CCT	W	Z	L_{4X}
基准值	500~700	0.4~0.65	9~13	50±5

注：CCT——十字测温中心温度，℃；

　　　W——边沿温度流指数；

　　　Z——中心温度流指数；

　　　L_{4X}——炉腰二层4点最低温度平均值，℃。

7.4.2　装料管理

7.4.2.1　矿批和焦批

（1）正常矿石批重：30~65t。

（2）正常焦炭批重：7~15t。

（3）正常小烧批量：5~10t。

（4）正常小焦批量：0.5~1.5t。

（5）正常采用定矿批法操作。

（6）减风率大于10%，预计减风时间大于1h，应按减风幅度酌情缩矿。一般每小时7~8批料。

7.4.2.2　装入顺序

正常装入顺序有四种：

（1）N（C↓O↓）。

（2）N（C↓O↓S_6↓）。

（3）N_1（C↓O↓）+N_2（C↓O↓）。

（4）N_1（C↓O↓S_6↓）+N_2（C↓O↓S_6↓）。

其中，N、N_1、N_2为装入周期，N、N_1、$N_2 \leqslant 9$，N_1和N_2中的料线、挡位、环数可能不同。

7.4.2.3　料流速度

（1）正常矿石料流速度：400~800kg/s。

（2）正常焦炭料流速度：90~200kg/s。

（3）正常小烧料流速度：250~450kg/s。

7.4.2.4　料线

（1）正常料线：1000~2000mm。

（2）料线零点：炉喉上沿，标高40400mm。

（3）最高安全料线：500mm。

（4）料线变更：料线一般不作为调整煤气流分布手段，如需调整料线时，每次调整量应不大于 300mm，两次调整间隔时间不小于 24h，调整料线由炉长决定。

（5）偏料时，料线以高探尺为准。

（6）三个探尺均应保证正常工作，否则应及时汇报厂调度处理，严禁无探尺作业。

（7）炉长、上料大组长每周应定期检查装料设备工作情况一次，并在报表上做好记录。

7.4.2.5　挡位

（1）布料挡位总数：11 个。

由炉墙至中心线的挡位序数依次为 11、10、9，…，3、2、1。

（2）每罐料最多可选挡位数：8 个。

7.4.2.6　环数

每罐料最多可布环数：12 圈。

7.4.2.7　料线、挡位序号和溜槽倾角关系

料线、挡位序号和溜槽倾角关系见表 7-5。

表 7-5　料线、挡位序号和溜槽倾角关系　　　　　　　　（°）

挡位 料线/m	1	2	3	4	5	6	7	8	9	10	11
1.0~2.5	11	22	27	31	34	36.5	39	41.5	44	46	48
2.5~4.0	11	17	22.5	26.5	29	31	33	35	37	39	42
>4.0	11	13	17.5	22.5	25.5	27	29	31	33	35	38

7.4.2.8　布料方式调整幅度

（1）改变挡位、圈数时，应注意平均倾角的变动量，一般变动量不得过于激烈。

（2）布料方式做长期调整时，两次调整间隔时间一般应不小于 24h。

（3）布料方式做临时调整时，调整时间一般应不大于 4h。

（4）特殊方式布料要经请示，同意后方可进行。

7.4.3　风量管理

高炉原则上采用定风量法操作。

7.4.3.1　风压波动管理

（1）风压波动超上限管理。风压波动上限规定：

$$p = p_0 + 3\delta$$

式中 p，p_0，δ——分别表示波动后风压、正常时风压、正常时风压偏差值，MPa。

1）减风 $100 \sim 300 \mathrm{m}^3/\mathrm{min}$；

2）减风后风压应低于原水平，否则，再减风使风压小于原水平。

（2）回风条件：风压平稳，风压、风量相适应。

7.4.3.2 减风管理

下列情况应减风：

（1）风压超限或炉况失常时。

（2）炉温向凉，不减风不能防止炉凉时。

（3）料线低于正常料线 1m 以上，估计 1h 内无法赶上正常料线或炉顶温度超限，打水也不能制止时。

（4）设备故障、动力故障（水、电、气）或渣铁排放故障危及高炉正常或安全生产时。

（5）原燃料槽位低于总在库量的规定值时。

（6）低料线炉料下达可能造成炉况波动时。

（7）小时料批连续超正常值时。

7.4.3.3 减风注意事项

（1）高炉生产发生异常时，应在确保风口不灌渣铁前提下，将风量尽快减至所需水平。

（2）发生大管道、大崩料等需要大幅度减风时，应采用指定风量法减风，以防风量过小造成风口灌渣。

（3）热风炉换炉期间，应尽量避免减风。若热风炉换炉期间，发生崩料或风压超限等需要小幅度减风时，宜采用指定风压法减风，以防风压过高顶出大的管道或引起悬料、大崩料等。设定的风压必须低于换炉前 0.01MPa，换炉后应及时将定风压操作切换回定风量操作。

（4）减风时，应相应调整炉顶压力。减风幅度超过 $1500\mathrm{m}^3/\mathrm{min}$ 应锁定调压阀组。紧急减压前，必须锁定调压阀组并通知 TRT 停机，同时停煤、停氧。

7.4.3.4 加风管理

下列情况允许加风：

（1）风量低于规定水平，高炉具备接受风量条件时。

（2）减风原因消除时。

7.4.3.5 加风注意事项

（1）加风条件：炉况稳定顺行，炉温充沛，外围条件良好。

（2）风压不大于 0.1MPa，定风压操作阶段，每次加风 $0.01 \sim 0.04$MPa；风压大于 0.1MPa，定风量操作阶段，每次加风 $100 \sim 400\mathrm{m}^3/\mathrm{min}$。若因设备故障导致短时间大幅度减风，回风幅度可酌情大些，第一次回风可达原风量水平的 80%。当风量接近正常风量或炉况基础条件较差时，加风应慎重。

7.4.3.6　高炉放风阀放风管理

（1）放风条件：风压不大于 0.04MPa。

（2）开放风阀前应通知风机房。

7.4.3.7　风口风速管理

（1）风口正常实际风速：250～270m/s。

（2）高炉应尽可能全风操作，使风口风速处于管理基准范围，避免长时间低风量操作，当风量小于 2500m³/min，时间大于 2h，减风原因仍未消除时，应请示厂调度，经批准后按正常休风程序休风。

7.4.4　喷煤管理

（1）喷煤应广喷、匀喷，力争全部风口喷煤。

（2）调剂喷煤量时，应注意其热滞后性。有计划增减煤比时，一般应在负荷调整 3～4h 后，调整煤量。

（3）喷煤量应与风量、风温相适应，风量大于 2500m³/min，风温大于 850℃ 时方可喷煤。

（4）正常情况下，一般每次调煤量不大于 4t/h，每班同向调煤量不大于 8t/h，不得用停煤方式调炉温。

（5）改变煤种时，应注意煤粉质量变化。一般煤焦置换比为 1:0.8。

（6）制粉系统故障时，应迅速了解煤粉仓和喷吹罐存煤情况，有计划地逐步减少喷煤量，相应退够负荷。

（7）突然断煤，短时间无法恢复时，应充分考虑气流变化及风温使用受限的影响，还要考虑断煤对炉渣碱度的影响。应立即停氧，加足补煤净焦和一次退够负荷（高炉安全负荷 2.80），并加适量酸料调剂。

7.4.5　富氧管理

（1）氧量应和风量相适应，避免低风量高氧量操作，风量不小于 4000m³/min 时，方可富氧。

（2）富氧应力求稳定均衡，正常情况下，每次富氧率调整不大于 0.5%。

（3）下列情况允许加氧：

1）计划增加氧量，高炉具备接受氧量条件时。

2）减氧因素消除时。

（4）下列情况应减氧：

1）计划减少氧量时。

2）料速偏快时。

（5）下列情况下应停氧：

1）高炉发生难行、崩料、悬料以及管道时。

2）高炉大量减风时。

3）停氧操作。短时间停氧（<8h），可不做调整，长时间停氧（>8h）应根据气流变化酌情调整料制，并适当增加燃料比 5~10kg/t。

7.4.6 加湿和风温管理

（1）湿分调整仅作为特殊炉况时的处理措施，加湿可一步到位，减湿时，一般每次调湿量不大于 10g/m³。

（2）在高炉能够接受，设备条件允许的情况下，风温应尽可能稳定在最高水平。

（3）提高风温应平缓，每次加风温 20~40℃，每小时可加风温 2~3 次。

（4）降低风温时，可一次降至所需水平。

（5）加湿、风温、喷煤、富氧等要进行综合考虑，以使风口理论燃烧温度 $T_f = 2100 \sim 2300℃$。

7.4.7 高压管理

（1）常压、高压操作切换基准：

1）加风。风量大于 2500~3000m³/min，改高压操作。

2）减风。风量小于 2500~3000m³/min，顶压在 0.04MPa 左右时，改常压操作。

（2）顶压应和风量相适应，在高压阶段，风量每增减 100m³/min，顶压应相应增减 5~7kPa，并使压差维持在合理水平。

（3）一般情况下，调整风量时，顶压应同步调整，但调整风量幅度不大时，可不调整顶压。

（4）调压阀组故障时，应减风使炉顶压力和风量相适应。外部条件不允许高压操作时，压差一般按 0.14MPa 考虑。

（5）TRT 的使用原则。

1）投运条件：

①炉顶压力不小于 100kPa。

②风量不小于 3000m³/min（煤气量不小于 $23 \times 10^4 m³/h$）。

2）在打开炉顶放散阀前通知 TRT 操作室停机。

3）高炉生产遇到特殊故障慢风时，及时设定相应的顶压值并通知 TRT 操作室，顶压降至 40kPa 左右 TRT 改逆功率运行。

7.4.8 负荷管理

（1）炉况失常时负荷变更。

1）减负荷幅度：根据炉况失常的程度，负荷可一次减至所需水平。

2）负荷恢复速度：

①负荷低于正常水平 0.1 以下时，负荷恢复速度由工长视情况决定。两次加负荷间隔 8h 以上。

②负荷低于正常水平 0.1 至正常水平时，负荷恢复速度由炉长决定。一般每次加负荷 0.03 左右，两次加负荷间隔 16h 以上。

（2）日常负荷变更。为降低焦比而进行的日常负荷变更由炉长决定。一般每次加负荷

0.03 左右，两次加负荷间隔 24h。

（3）休风、复风负荷变更。按休风、复风计划执行。

7.4.9　炉温管理

（1）炉温调整动作顺序。

1）提高炉温动作顺序：风温→煤粉→负荷→湿度。

2）降低炉温动作顺序：煤粉→风温→负荷→湿度。

（2）炉温调整倾向管理，如表 7-6 所示。

表 7-6　炉温调整倾向

$PT/℃$ $\diagdown$ $w\,[Si]\,/\%$	>0.55	0.55 ~ 0.35	<0.35
>1500	减热动作	减热动作	维持
1460 ~ 1500	减热动作	维持	观察，若 $w\,[Si]$ <0.30% 则增热动作
<1460	/ 观察	PT <1450℃ 则增热动作	增热动作

（3）炉温调整基准，如表 7-7 所示。

表 7-7　炉温调整基准

参数	现象		调整基准	
	$w\,[Si]\,/\%$（A）	铁水温度 $PT/℃$（B）	A 发生（参考 B）	A、B 同时发生
连续三罐	<0.25	<1440	-O/C 0.15	-O/C 0.20
连续两罐	<0.20	<1430	-O/C 0.20	-O/C 0.25

注：上述现象发生时，如采用的增热措施未见效，再次发生时可酌情加焦。

7.5　典型案例

案例 1　高炉发生煤气泄漏、中毒及燃烧演习

高炉发生煤气泄漏、中毒及燃烧演习案例如表 7-8 所示。

表 7-8　高炉发生煤气泄漏、中毒及燃烧演习案例

适合工种	炼　铁　工
案例背景	（1）时间：2004 年 9 月 7 日 13：00。 （2）地点：1 号高炉炉前北场楼梯附近。 （3）过程及背景： 　　近几年 1 号高炉生产稳定顺行，一批批富有经验的老师傅离开岗位，同时又补充了一批批富有朝气的年轻职工，他们不可能经历很多事故，需要学习各类事故预案，并加以模拟演习，这样可以达到事半功倍的效果。1 号高炉就是在这种背景下连续多次进行各类事故演习。 　　本次演习过程是发现一名职工在炉前北楼梯附近煤气中毒，中控作业长接到报告后，立即到现场确认，并组织有关人员封锁现场、关闭泄漏源，将中毒人员抬离现场进行抢救，同时通知操炉，联系煤防站（电话 149）、"120"、"119"。几分钟后，现场关闭好泄漏煤气管道阀门，在救护车及消防车赶到现场之前已将中毒人员救醒，现场着火点完全灭掉，演习顺利结束

适合工种	炼 铁 工
案例结论	(1)案例性质： 对各种预案学习后的一次模拟演习。 (2)案例影响： 通过演习和实践，不仅学到了许多新知识，同时提高了作业区人员在今后处理应急事故的能力
案例分析	煤气产生的原因：煤气生产、使用，检测设备损坏，故障和检修过程中措施不当引起的煤气泄漏、中毒、火灾、爆炸事故。 现象：煤气泄漏时，检测装置发出报警；焦炉煤气泄漏时有异味；人员发生头晕、呕吐、四肢乏力等中毒症状；火灾、爆炸时伴有明火、浓烟、响爆。 影响：上述现象可能导致人员伤亡、设备损坏、停产
案例处理	(1)案例处理的原始过程（案例处理过程）： 2004 年 9 月 7 日下午 13：12，炉前人员高某在北场楼梯附近发现有煤气泄漏，并发现炉前工冷某已中毒躺在地上，立即用指令电话将现场情况通知炉内作业长。炉内作业长接到指令电话后，携带对讲机立即到炉前现场进行确认，在基本了解现场情况后，立即指示高某将现场煤气区域用安全绳拉好，并接上冷却水管备用，同时立即用对讲机通知中控联系煤防站（电话"149"）、"120"、"119"，并派张某到高炉区域的 073 急救点，让运转人员赵某、卢某带上氧气呼吸器等相应工具，二喷人员顾某、汤某带上防热服、煤气检测器、灭火器、管钳、湿毛巾等工具，立即赶到现场。在二喷人员迅速赶到现场穿上防热服后，炉内作业长立即指示顾某带好湿毛巾对泄漏煤气的管道进行关闭作业，汤某对现场着火点进行灭火工作，接着指示赵某、卢某带上氧气呼吸器将中毒人员抬离现场，到上风口实施人工呼吸抢救。3min 后，现场关闭好泄漏煤气管道阀门，在救护车及消防车赶到现场之前已将中毒人员救醒，现场着火点完全灭掉，演习顺利结束。 (2)案例处理的技术难点： 1）煤气泄漏时的对策和处理措施。 ①向作业长报告煤气泄漏，及时疏散人员，进行现场警戒。 ②作业长指挥人员设置警戒线，佩戴氧气呼吸器，携带 CO 报警器检查泄漏点。 ③对煤气泄漏处进行处理。 2）煤气中毒时的对策和处理措施。 ①抢救人员进入煤气危险区域必须佩戴氧气呼吸器。 ②将中毒者及时救出煤气危险区域，抬到空气新鲜处，解除一切阻碍呼吸的衣物。 ③中毒较重者，应立即组织现场抢救，并通知煤防站（电话"149"）、急救中心赶到现场急救。 ④若中毒者已停止呼吸，现场立即施行人工呼吸，并通知煤防站、急救中心赶到现场急救。 3）煤气着火、爆炸时的对策和处理措施。 ①发现煤气着火、爆炸，应立即拨打"119"报警，呼救时讲明发生火灾的单位、地点、路名、燃烧介质、消防车接应位置、自报电话号码、姓名。若事故中有人受伤，立即拨打"120"进行救护。 ②向作业长（中控）报告发生火灾、爆炸情况。 ③作业长指挥人员停用相关设备，截断煤气来源（管道直径小于 100mm 可直接关闭阀门；管道直径大于 100mm 的煤气管道着火，应逐渐降低煤气压力，并向煤气管道内通入蒸汽或氮气，再慢慢关闭阀门切断煤气），设置警戒线，进行现场灭火并派人接应消防车
案例启示	(1)教训及启示： 此次演习暴露的不足地方有： 1）各作业区有关人员反应速度、配合有待加强，物品携带需规范。 2）在发现煤气中毒人员后，只是将中毒人员抬至空旷区域，并没有将其放在通风口及其上风处。 3）运转人员对中毒人员进行救助时，方式还有待提高；没有将中毒人员头部稍抬高，进行抢救的动作和姿势还不够标准。 4）在发现有煤气泄漏后，在没有首先尝试关闭煤气管道支阀前，就直接去关闭煤气总阀，没有考虑关闭此煤气总阀对正常生产的影响。此外，在现场确认煤气泄漏点及涉及影响范围还不够迅速准确。 (2)预防措施： 类似演习要多次进行，防患于未然，并及时总结

续表 7 – 8

适合工种	炼 铁 工
思考与相关知识	（1）问题思考： 1）在关闭煤气管道时需要注意哪些事项。 2）对中毒人员进行抢救时需要注意哪些事项。 3）发生煤气中毒、泄漏、燃烧时应与哪些单位联系。 （2）相关知识： 1）发生煤气中毒的急救措施为： ①将患者安全地从中毒环境抢救出来，迅速转移到新鲜空气处。 ②如果患者呼吸停止或微弱，立即进行人工呼吸。 ③昏迷程度深，在现场急救而无明显好转者，应送医院医治。 2）煤气爆炸的三要素：密闭容器，一定的混合比，明火

案例2　高炉炉缸清理工溺水身亡事故处理

高炉炉缸清理工溺水身亡事故处理案例情况如表 7 – 9 所示。

表 7 – 9　高炉炉缸清理工溺水身亡事故处理

适合工种	高 炉 大 铸 工
案例背景	（1）时间：1994 年 10 月 26 日早班。 （2）地点：2 号高炉 4 号铁口炉缸处。 （3）过程及背景： 　　1994 年 10 月 26 日上午，大铸作业区安排 7 名职工到 2BF 已休止的 4 号铁口沟进行炉缸残渣铁清理作业。由于残渣铁块较大而且压实得很紧，铁锹挖不动需用风镐打松。在打风镐时发现压缩空气压力低，其中一个人被派去查原因，由于没有走安全通道，而是从污水循环槽坑上跨越，不小心跌入循环水坑内被水冲走。由于当时打风镐噪声大，周围人员没有发觉，到吃饭才发现该人不见了，马上派人去找，发现在循环水坑边有人掉下去的痕迹，判断已掉入坑内，马上到冷却水池打捞，发现其已溺水身亡
案例结论	（1）案例性质： 　　这是一起典型的因违反标准化作业而引起的安全事故。 （2）案例影响： 　　一名刚从宝钢技校毕业的 20 岁青年，本应该在企业大展宏图，发挥自己的才华报答企业的培养，应该在家报答父母的养育之恩时，仅仅因为自我安全保护意识差，不走安全通道的违章行为，葬送了自己年轻的生命，给企业造成了重大的损失和影响，给家庭造成了无法挽回的痛苦和悲伤
案例分析	2 号高炉 4 号铁口炉缸下由于较长时间没清理，堆集了较多的残渣铁。作业区于 1994 年 10 月 25 日安排 7 名职工进行炉缸残渣铁清理作业，清理前作业长召集了全体参加人员，进行了安全教育和清理工作的注意事项及要求交底，并指定由老工人负责此项清理工作。在第一天表层松散残渣清除后，第二天即 10 月 26 日上午继续清理时，发生了职工溺水身亡事故。 　　发生这起溺水身亡事故的原因： 　　（1）溺水人员自我安全保护意识不强，行走攀越污水循环槽坑，而没有走安全通道。另外其精神也不佳，否则宽度只有 600mm 的坑，是不易掉入的。 　　（2）负责清理工作的责任人没有尽到监护责任，没有做到"一同到现场，一同休息"，"离开作业场所必须清点参加清理作业人员齐全，再一起回休息室"的管理制度执行不到位，所以对这起溺亡事故负有直接责任。 　　（3）作业长对清理炉缸的特殊作业，在安全交底上应更加详细，并制定好特殊作业安全事项制度和危险预知书，组织参加作业全员学习签名，另外作业长要不定时地到作业场所巡查，督促大家执行好安全制度，所以要负管理责任。 　　（4）污水循环坑盖腐蚀缺损后没有及时更换增补，未采取措施加以保护，作业现场缺乏照明，都是导致事故发生的原因

适合工种	高 炉 大 铸 工
案例处理	本着对事故"三不放过"原则，由炼铁厂、高炉分厂和作业区组成调查组，调查了全体参与清理炉缸作业的人员和作业区当班全体职工，自下而上地召开了多次事故分析会，最终按照事故的性质对相应的责任人作出了处理。 （1）负责炉缸清理的责任人葛某安全教育不到位，没有详细交代安全注意事项，没有在作业区域内设置照明，没有强调在污水循环槽坑上不能攀越行走，作业时没有过细地进行危险预知和采取相应的措施，安全监护不到位，对这起事故负有直接责任，决定给予行政警告处分，扣发两个月奖金。 （2）当事的作业区作业长由于安全管理不细，安全巡查和现场督促不到位，负有管理责任，决定给予扣发两个月奖金。 （3）当事的分厂厂长和炼铁厂厂长，由于没有认真吸取高炉分厂同年3月3日死亡事故教训，对职工安全教育不够，管理不严，对防止重复事故的督改抓得不力，对事故隐患检查督促不够，对这起死亡事故负有领导责任，决定分别给予行政警告处分，扣发一个月奖金
案例启示	（1）吸取的教训： 一名刚从宝钢技校毕业走上工作岗位的年轻人，由于自我保护意识不强，规章制度、安全规程执行不到位，葬送了自己的宝贵生命。而对于管理者，安全管理不严，安全交底不细，隐患查改督促不力，就有可能导致员工出现重大的伤亡事故。从此事故中，人人要警钟长鸣，引以为戒，自觉执行厂规厂纪、岗位规程、安全规程和贯标体系管理制度，关键要熟悉，了解，落实，管理者要从严管理，落实好管理责任，树立对企业、员工及他们家庭高度负责的态度，抓好安全管理，保一方太平。 （2）预防措施： 1）清理炉缸是非常规作业，作业前必须到现场调查确认危险源因素，掌握安全第一手资料。 2）根据危险源制定好危险预知书和炉缸清理安全管理制度。 3）指定炉缸清理负责人进行安全监护交底，对参加清理作业人员集中进行安全教育和危险预知活动，人人签名确认。 4）对所有污水循环槽坑、安全设施、照明和行走路线全面确认，确保安全可靠再开展清理工作
思考与相关知识	问题思考： （1）通过此案例学习，你是否应该反思查找自己存在的安全意识不足之处，引以为戒，做好整改？ （2）你是否对日常在安全上推行的"严是爱，松是害"和有章必依，违章必纠有更深的理解？ （3）班前会要求组织大家学习针对当天作业的岗位规程，让大家熟悉、了解标准上岗操作，班组长能否执行到位？ （4）要求全员上岗前根据当天作业内容对照危险源、环境因素、习惯性违章行为等防范措施，做到熟悉标准上岗操作，你认为对安全生产有作用吗？你是否愿意自觉执行？ （5）公司、厂部、分厂和作业区对查纠违章手不软的做法，目的是确保安全生产，而真正受益的是谁，你了解吗？

附　　录

附录1　炼铁中级工理论知识复习资料

一、填空

1. （专业知识，易，炼铁概念）高炉炼铁是用_____在高温下将铁矿石或含铁原料还原成液态生铁的过程。

2. （专业知识，中等，经济指标）焦比是指_____；煤比是指_____。

3. （专业知识，易，除尘系统）煤气的除尘系统包括_____、_____、_____、文氏管、脱水器。

4. （专业知识，难，经济指标）煤焦置换比为_____。它表示_____，一般煤粉的置换比为_____。

5. （专业知识，易，经济指标）高炉一代寿命是指从_____到_____之间的冶炼时间。

6. （专业知识，难，经济指标）计算钢液消耗量时要考虑_____、_____和短锭损失等。一般单位钢锭的钢液消耗系数为_____。

7. （专业知识，难，炼铁计算）吨钢的铁水消耗取决于_____、_____、废钢消耗等，一般为_____。

8. （专业知识，中等，炼铁车间产量）高炉炼铁车间产量 = _____。

9. （专业知识，中等，炼铁车间）高炉炼铁车间总容积 = _____。

10. （专业知识，易，炼铁车间布置）高炉炼铁车间平面布置形式根据铁路线的位置可分为一列式、_____、_____、岛式四种。

11. （专业知识，易，高炉本体）高炉本体包括_____、钢结构、_____、_____以及高炉炉型设计等。

12. （专业知识，中等，高炉炉型）高炉炉型是指_____，又称为_____。

13. （专业知识，中等，高炉有效高度）高炉有效高度（H_u）指_____到_____的距离。

14. （专业知识，难，高炉有效容积）有效容积 V_u _____为小炉型；V_u _____为中炉型；V_u _____为大炉型。

15. （专业知识，难，高宽比）随着高炉有效容积的增加 H_u/D（有效高度/炉腰直径）在逐渐_____。

16. （专业知识，易，高炉高宽比）巨型高炉的 H_u/D 约为_____，小型高炉的 H_u/D 约为_____。

17. （专业知识，易，高炉炉缸）炉缸的上、中、下部为分别设有_____、_____与_____。

18. （专业知识，易，高炉炉缸）炉缸下部容积盛装_____、上部空间_____。

19. （专业知识，中等，炉缸截面燃烧强度）炉缸截面燃烧强度是指_____，一般为_____。

20. （专业知识，易，渣口）小型高炉设一个渣口，大型高炉设_____渣口，有效容积大于2000m³的高炉一般设_____铁口，不设渣口。

21. （专业知识，易，风口）风口高度是指_____与_____之间的距离。

22. （专业知识，中等，炉腹）炉腹呈_____形，炉腹的形状适应了炉料熔化滴落后体积的收缩，_____。

23. （专业知识，中等，炉腹）炉腹的结构尺寸包括_____和_____。

24. （专业知识，难，炉身角）原料燃料条件好，炉身角取_____。

25. （专业知识，难，炉身角）高炉冶炼强度高，喷煤量大，炉身角取_____。

26. （专业知识，易，炉喉）炉喉的作用是_____。

27. （专业知识，易，炉衬）高炉炉衬是_____。

28. （专业知识，中等，炉底）采用炉底冷却的大高炉，炉底侵蚀深度约为_____，没有炉底冷却的大高炉，侵蚀深度可达_____。

29. （专业知识，易，耐火材料）高炉的耐火材料主要有_____和_____两大类。

30. （专业知识，中等，陶瓷质耐火材料）陶瓷质耐火材料包括_____、_____、_____、不定性材料。

31. （专业知识，中等，碳质耐火材料）碳质耐火材料包括_____、_____、_____、氮结合碳化硅砖等。

32. （专业知识，易，不定形耐火材料）不定形耐火材料主要有_____、_____、_____、泥浆、填料等。

33. （专业知识，易，砖型）砖型包括_____、_____。

34. （专业知识，中等，炉腰形式）炉腰有_____、_____、_____三种形式。

35. （专业知识，易，冷却介质）冷却介质有_____、_____。

36. （专业知识，易，冷却方式）现代高炉冷却方式有_____和_____两种。

37. （专业知识，难，冷却水压）确定冷却水压力的重要原则是_____。

38. （专业知识，难，冷却系统）高炉冷却系统可分为_____、_____、_____。

39. （专业知识，易，送风管路）高炉送风管路由_____、_____、_____及风口等组成。

40. （专业知识，中等，热风围管）热风围管的作用是_____。

41. （专业知识，中等，送风支管）送风支管由_____、_____、_____等组成。

42. （专业知识，中等，风口损坏原因）风口的损坏原因主要有_____、_____、_____三种。

43. （专业知识，易，高炉本体钢结构）高炉本体钢结构包括_____、_____、_____、平台和梯子。

44. （专业知识，易，皮带运输机）皮带机的运输能力应满足高炉对_____的要求，同时还应考虑物料的特性如_____、_____、动堆积角等因素。

45. （专业知识，易，运料方法）将原料按品种和数量称量并运送到料车的方法有_____、_____。

46. （专业知识，中等，料车坑）料车坑中安装的设备有_____、_____、_____。

47. （专业知识，易，上料机）上料机主要有_____、_____、_____三种。

48. （专业知识，中等，皮带上料机）皮带上料机的倾角最小为_____，最大为_____。

49. （专业知识，易，料车）料车结构由_____、_____、_____三部分组成。

50. （专业知识，易，马基式布料器）马基式布料器由大钟、_____、_____、小钟、小料斗和_____组成。

51. （专业知识，易，布料器）布料器可分为_____、_____、_____三种。

52. （专业知识，中等，快速旋转布料器）快速旋转布料器的容积为有效容积的_____倍。

53. （专业知识，中等，空转螺旋布料器）空转螺旋布料器与快速旋转布料器相比，其特点是_____。

54. （专业知识，易，无钟炉顶装料设备）无钟炉顶装料设备分为_____和_____结构。

55. （专业知识，中等，并罐式无钟炉顶结构）并罐式无钟炉顶结构由_____、_____、中心喉管、_____、气密箱五部分组成。

56. （专业知识，中等，并罐式称量料罐）并罐式称量料罐有两个，一般一个料罐_____，另一个料罐_____。

57. （专业知识，中等，无钟炉顶布料）无钟炉顶布料形式有_____、_____、_____、定点布料四种。

58. （专业知识，难，探料装置）探料装置的作用是_____。

59. （专业知识，难，微波斜面计）微波斜面计也称微波雷达，分_____和_____两种。

60. （专业知识，易，高炉送风系统）高炉送风系统包括_____、_____、_____、热风管路以及管路上的各种阀门等。

61. （专业知识，中等，鼓风温度）提高鼓风温度可以_____、_____。

62. （专业知识，中等，高炉鼓风机）常用的高炉鼓风机有_____、_____两种。

63. （专业知识，易，轴流式鼓风机）轴流式鼓风机是由_____和_____以及吸气口、排气口组成的。

64. （专业知识，中等，热风炉的加热能力）热风炉的加热能力用_____表示。

65. （专业知识，中等，热风炉）热风炉分为三种基本结构形式，分别为_____、_____、_____。

66. （专业知识，易，传统型内燃式热风炉）传统型内燃式热风炉的基本结构包括_____、_____、_____炉壳、炉箅子、支柱、管道及阀门等。

67.（专业知识，中等，燃烧室断面形状）燃烧室断面形状有_____、_____、_____三种。

68.（专业知识，易，蓄热室）蓄热室是热风炉进行热交换的主体，它由_____砌筑而成。

69.（专业知识，易，小格子砖）常用小格子砖基本上分两类：_____和_____。

70.（专业知识，易，炉墙）炉墙一般由_____、_____、_____组成。

71.（专业知识，中等，燃烧器）燃烧器就其材质而言可分为_____和_____。

72.（专业知识，中等，陶瓷燃烧器）陶瓷燃烧器包括_____、_____、_____、_____。

73.（专业知识，中等，热风炉）热风炉设备分为_____的阀门及装置，以及_____的阀门两大类。

74.（专业知识，易，切断阀）切断阀是用来切断_____、_____、_____及烟气。

75.（专业知识，中等，切断阀）切断阀的结构有_____、_____、_____等。

76.（专业知识，中等，混风调节阀）混风调节阀用来调节_____。

77.（专业知识，易，放风阀）放风阀安装在_____和_____之间的冷风管道上。

78.（专业知识，中等，内燃式热风炉）内燃式热风炉的_____和_____易破损。

79.（专业知识，难，热风炉悬链线拱顶）热风炉悬链线拱顶是指_____。

80.（专业知识，中等，外燃式热风炉按结构分类）外燃式热风炉按结构可分为_____、_____、_____、新日铁式四种。

81.（专业知识，难，获得高风温的主要途径）获得高风温的主要途径是_____。

82.（专业知识，易，最高设计风温）目前，最高设计风温水平是设计风温为_____。

83.（专业知识，易，热风炉一个工作周期）热风炉一个工作周期包括_____、_____和_____三个过程。

84.（专业知识，易，高炉喷煤系统的结构）高炉喷煤系统的结构包括_____、_____、_____、热烟气和供气系统。

85.（专业知识，中等，煤粉制备工艺）煤粉制备工艺是指_____。

86.（专业知识，中等，制粉工艺按磨制的煤种分类）制粉工艺按磨制的煤种可以分为_____、_____和_____三种。

87.（专业知识，中等，制粉工艺）基于防爆的要求，烟煤制粉工艺和烟煤与无烟煤混合制粉工艺增加了_____、_____、_____三个系统。

88.（专业知识，易，球磨机分类）球磨机按不同转速可分为_____、_____。

89.（专业知识，中等，中速磨煤机）中速磨煤机主要有_____、_____、_____三种结构形式。

90.（专业知识，中等，给煤机）给煤机位于原煤仓下，用于_____，目前常用刮板给煤机。

91.（专业知识，易，刮板给煤机）刮板给煤机由_____、_____、_____组成。

92.（专业知识，中等，锁气器）锁气器是一种_____设备。常用的锁气器有_____、_____两种。

93.（专业知识，中等，喷吹设施）根据煤粉容积收压情况可将喷吹设施分为_____、_____两种。

94. (专业知识，易，串罐喷吹工艺）串罐喷吹工艺从上向下 3 个罐依次为_____、_____、_____。

95. (专业知识，易，分类器）目前使用效果好的分类器有_____、_____、_____等。

96. (专业知识，中等，混合器）混合器是_____设备，由_____和_____组成。

97. (专业知识，易，喷枪分类）喷枪按插入方式可分为_____、_____、_____三种。

98. (专业知识，难，输送延迟）输送延迟是指_____。

99. (专业知识，易，热烟气系统）热烟气系统由_____、_____和_____组成。

100. (专业知识，易，燃烧炉）燃烧炉由炉体、烧嘴、_____、_____、_____、烟囱及助燃风机组成。

101. (专业知识，易，助燃风机）助燃风机是为_____提供_____，一般选用_____。

102. (专业知识，易，浓相输送）浓相输送按出料口在喷吹罐的位置不同，可以分为_____和_____两种。

103. (专业知识，易，炉顶排出煤气的成分）炉顶排出的大量煤气中含有_____、_____、_____等可燃气体。

104. (专业知识，易，煤气除尘设备）煤气除尘设备可分为_____、_____两种。

105. (专业知识，易，干法除尘）干法除尘有_____和_____两种。

106. (专业知识，中等，粗除尘设备）粗除尘设备包括_____和_____。

107. (专业知识，难，半精细除尘设备）半精细除尘设备在粗除尘设备之后，用来_____，主要有洗涤塔和_____。

108. (专业知识，难，洗涤塔除尘效果）影响洗涤塔除尘效果的主要因素有_____、_____和_____。

109. (专业知识，中等，精细除尘的主要设备）精细除尘的主要设备有_____、_____、_____。

110. (专业知识，易，文氏管）文氏管由_____、喉口、_____三部分组成，一般在_____设两层喷水管。

111. (专业知识，易，静电除尘器电极形式）静电除尘器电极形式有_____和_____两种。

112. (专业知识，中等，静电除尘器的种类）静电除尘器的种类有_____、_____、_____。

113. (专业知识，难，布袋除尘器）布袋除尘器主要由_____、_____、_____构成。

114. (专业知识，易，出铁场）出铁场是_____、_____的炉前工作平台。

115. (相关知识，易，出铁场渣处理）宝钢 1 号高炉是 $4063m^3$ 的巨型高炉，出铁场可以处理_____、_____两种炉渣。

116. （专业知识，中等，风口平台和出铁场的结构）风口平台和出铁场的结构有_____、_____两种。

117. （专业知识，易，主出铁沟）主出铁沟是从_____到_____之间的出铁钩。

118. （专业知识，中等，炉前设备）炉前设备主要有_____、_____、_____、换风口机、炉前吊车等。

119. （专业知识，易，开铁口机按动作原理）开铁口机按动作原理分为_____、_____两种。

120. （专业知识，中等，电动泥炮）电动泥炮主要由_____、_____、_____组成。

121. （专业知识，易，泥炮分类）按驱动方式可将泥炮分为_____、_____、_____三种。

122. （专业知识，难，短泥炮）短泥炮是指_____。

123. （专业知识，易，换风口机）换风口机按行走方式可分为_____和_____两类。

124. （专业知识，中等，铁水处理设备）铁水处理设备包括_____和_____两种。

125. （专业知识，易，铁水罐车）铁水罐车可分为两种形式：_____、_____。

126. （专业知识，易，铸铁机）铸铁机是_____的机械化设备。

127. （专业知识，难，高炉渣处理）高炉渣处理的方法有_____、_____、_____。

128. （专业知识，中等，膨渣）膨渣是指_____。

129. （专业知识，易，高炉透平发电机）高炉透平发电机有三种形式：_____、_____、_____。

130. （专业知识，中等，炉顶余压透平回收方式）从透平机的能力和对炉顶压力控制两方面考虑，炉顶余压透平回收方式有三种：_____、_____、_____。

131. （专业知识，难，炉顶余压透平发电机）在高炉煤气系统设置透平发电机组，与调压阀组并联，利用_____发电。

132. （专业知识，中等，热管式热交换器分类）热管式热交换器在结构上可分为_____和_____。

133. （专业知识，易，余热回收装置）目前常用的余热回收装置有_____和_____两种。

二、选择

1. （专业知识，中等，焦炭消耗量）焦炭消耗量约占生铁成本的（　　　）。
   A. 30% ~ 40%　　　B. 40% ~ 50%　　　C. 50% ~ 55%　　　D. 20% ~ 30%

2. （专业知识，中等，高炉炉龄）衡量高炉炉龄的指标除了高炉的炉龄外还有（　　　）。
   A. 炉龄内单位容积的产铁量　　　B. 装入量
   C. 总产量　　　　　　　　　　　D. 高炉有效容积的利用系数

3. （专业知识，中等，休风率）休风率降低1%，产量可提高（　　　）。
   A. 1%　　　　　B. 2%　　　　　C. 3%　　　　　D. 4%

4. （专业知识，中等，煤粉的置换比）一般煤粉的置换比为（　　　）。
   A. 0.5 ~ 0.7　　　B. 0.7 ~ 0.9　　　C. 0.9 ~ 1.0　　　D. 1.0 ~ 1.1

5. （专业知识，易，冶炼强度）高炉每昼夜每立方米有效容积燃烧的焦炭量称（　　）。
　　A. 冶炼强度　　　B. 利用系数　　　C. 燃料比　　　D. 焦比

6. （专业知识，中等，冶炼强度）根据利用系数、焦比、冶炼强度之间关系，当焦比一定时，利用系数随着（　　）。
　　A. 冶炼强度的降低而提高　　　　　　B. 冶炼强度的降低而降低
　　C. 冶炼强度的变化而保持不变　　　　D. 不确定

7. （专业知识，难，高炉有效容积利用系数）高炉有效容积利用系数的选择一般是（　　）。
　　A. 大高炉选低值，小高炉选高值　　　B. 大高炉选高值，小高炉选低值
　　C. 大小高炉均选高值　　　　　　　　D. 大小高炉均选低值

8. （专业知识，中等，吨钢的铁水消耗系数）吨钢的铁水消耗系数的取值（　　）。
　　A. 炉容较大的选低值　　　　　　　　B. 炉容较大的选高值
　　C. 不考虑炉容　　　　　　　　　　　D. 不确定

9. （专业知识，易，高炉年工作日）高炉年工作日一般取日历时间的（　　）。
　　A. 85%　　　　　B. 90%　　　　　C. 95%　　　　　D. 100%

10. （基础知识，中等，最大有效容积）世界上高炉有效容积最大的是（　　）。
　　A. 5530m³　　　　B. 5580m³　　　　C. 5555m³　　　　D. 6000m³

11. （专业知识，易，高宽比）大型高炉的 H_u/D 的范围是（　　）。
　　A. 2.0 ~ 2.3　　　B. 2.3 ~ 2.5　　　C. 2.5 ~ 3.1　　　D. 3.0 ~ 3.3

12. （专业知识，中等，高炉炉型）（　　）是高炉炉型中直径最大的部位。
　　A. 炉腹　　　　　B. 炉腰　　　　　C. 炉喉　　　　　D. 炉身

13. （相关知识，易，高炉五个带）整个高炉的最高温度区域是（　　）。
　　A. 风口带　　　　B. 燃烧带　　　　C. 软熔带　　　　D. 滴落带

14. （相关知识，中等，冷却用水）以每 $1m^3$ 水中（　　）摩尔数表示水的硬度。
　　A. Ca，Mg　　　B. Ca，Al　　　　C. Al，Mg　　　　D. Ca，Si

15. （专业知识，中等，冷却用水）对冷却水水温的要求，进水温度应低于（　　）。
　　A. 30℃　　　　　B. 35℃　　　　　C. 40℃　　　　　D. 45℃

16. （专业知识，易，风口中套）风口中套的材质是（　　）。
　　A. 合金　　　　　B. 镀镍　　　　　C. 紫铜　　　　　D. 耐火材料

17. （专业知识，难，铁口角度）到炉役后期的高炉，一般铁口角度为（　　）。
　　A. 5 ~ 7℃　　　　B. 10 ~ 12℃　　　C. 17 ~ 25℃　　　D. 15 ~ 17℃

18. （专业知识，中等，铁口区域耐火砖）铁口区域耐火砖常用（　　）。
　　A. 黏土砖　　　　B. 高铝砖　　　　C. 炭砖　　　　　D. 刚玉砖

19. （专业知识，易，高炉烘炉）高炉烘炉的重点是（　　）。
　　A. 炉喉和炉身　　B. 炉腰和炉腹　　C. 炉底和炉缸　　D. 炉身和炉腰

20. （相关知识，中等，高炉内的温度分布）沿高炉高度方向的温度分布与（　　）有关。
　　A. 焦比　　　　　　　　　　　　　　B. 风温
　　C. 炉内煤气分布状况　　　　　　　　D. 三者都有关

21. （专业知识，中等，称量工艺）矿槽下多采用（　　）皮带机运输的槽下工艺流程。
　　A. 集中筛分，集中称量　　　　　　　B. 分散筛分，分散称量

C. 分散筛分，集中称量　　　　　　　　D. 均可

22. （专业知识，中等，斜桥的倾角）斜桥的倾角取决于铁路线数目和平面布置形式，一般为（　　）。
    A. 50°~60°　　　B. 55°~65°　　　C. 60°~70°　　　D. 65°~75°

23. （专业知识，中等，马基式布料器）马基式布料器，钟壁与水平面的角度为（　　）。
    A. 40°~50°　　　B. 30°~40°　　　C. 45°~55°　　　D. 50°~60°

24. （专业知识，中等，马基式布料器）马基式布料器，常压高炉大钟的寿命为（　　）。
    A. 2~4 年　　　B. 3~5 年　　　C. 5~7 年　　　D. 7~9 年

25. （专业知识，易，探料尺）每座高炉设有（　　）个探料尺。
    A. 2　　　　　　B. 3　　　　　　C. 4　　　　　　D. 5

26. （专业知识，中等，鼓风温度）目前鼓风温度一般为（　　）。
    A. 1000~1200℃　B. 1200~1400℃　C. 1400~1600℃　D. 1600~1700℃

27. （专业知识，易，热风炉）热风炉实质上是一个（　　）。
    A. 加热炉　　　　B. 保温炉　　　　C. 冷却炉　　　　D. 热交换器

28. （专业知识，难，燃烧室）燃烧室是燃烧煤气的空间，内燃式热风炉位于（　　）。
    A. 炉内一侧靠紧大墙　　　　　　　　B. 炉外一侧靠紧大墙
    C. 炉内一侧远离大墙　　　　　　　　D. 不能确定

29. （专业知识，易，调解阀）调解阀的作用是（　　）。
    A. 调节流量　　　　　　　　　　　　B. 切断
    C. 调节流量和切断　　　　　　　　　D. 既不调节流量也不切断

30. （专业知识，难，热风炉）热风炉要求所用的高炉煤气含尘量应小于（　　）。
    A. $1g/m^3$　　　B. $1mg/m^3$　　　C. $10mg/m^3$　　　D. $10g/m^3$

31. （专业知识，中等，布料方式）炉内发生偏料或局部崩料时采用（　　）。
    A. 定点布料　　　B. 环形布料　　　C. 扇形布料　　　D. 螺旋布料

32. （专业知识，中等，铁水沟）铁水沟在出铁过程中破损的主要原因是（　　）。
    A. 高温烧损　　　　　　　　　　　　B. 渣铁流机械冲刷
    C. 机械冲刷和化学侵蚀　　　　　　　D. 化学侵蚀

33. （专业知识，中等，出铁）渣铁出不净，容易造成下次铁铁口（　　）。
    A. 过浅　　　　　B. 过深　　　　　C. 没关系　　　　D. 开口困难

34. （专业知识，易，喷吹煤粉）喷吹煤粉的主要目的是（　　）。
    A. 高炉顺行　　　B. 便于调剂炉况　　C. 降低焦比　　　D. 提高冶炼强度

35. （专业知识，易，高炉休风操作）任何种类的高炉休风操作，首先要关闭的阀门是（　　）。
    A. 热风阀　　　　B. 冷风阀　　　　C. 混风阀　　　　D. 烟道阀

36. （专业知识，难，爆炸气体）下列情况下，（　　）不会形成爆炸气体。
    A. 高炉休风时混风阀忘关
    B. 煤气压力过低，热风炉继续烧炉
    C. 高炉长期休风，炉顶没点火
    D. 热风炉燃烧改送风时，先关煤气阀，后关空气阀、烟道阀

37. （专业知识，易，高炉喷吹燃料）我国高炉喷吹燃料以（　　）为主。
    A. 天然气　　　　　B. 重油　　　　　　C. 无烟煤　　　　　D. 烟煤

38. （专业知识，中等，炉顶压力）常压高炉炉顶压力应能满足（　　）的需要。
    A. 煤气除尘系统阻力损失和煤气输送　　B. 余压发电
    C. 煤气除尘系统阻力损失　　　　　　　D. 煤气输送

39. （专业知识，中等，对煤粉的要求）高炉喷吹系统对煤粉的要求是，粒度小于 $74\mu m$ 的占（　　）。
    A. 70%　　　　　　B. 80%　　　　　　C. 90%　　　　　　D. 100%

40. （专业知识，难，喷吹方法）喷吹高挥发分的烟煤时，采用（　　）喷吹。
    A. 单管路　　　　　B. 多管路　　　　　C. 并罐式　　　　　D. 串罐式

41. （专业知识，中等，重力除尘器的除尘效率）重力除尘器的除尘效率可达到（　　）。
    A. 70%　　　　　　B. 80%　　　　　　C. 90%　　　　　　D. 100%

42. （专业知识，中等，粗煤气管道）粗煤气管道中，应该保证下降管倾角（　　）。
    A. >40°　　　　　　B. <40°　　　　　　C. =40°　　　　　　D. 不确定

43. （专业知识，中等，出铁）每个出铁口都有两条专用的鱼雷罐车停放线，与出铁场垂直，这样可以（　　）。
    A. 减小铁水温度降　　　　　　　　　　B. 增大铁水温度降
    C. 不影响铁水温度降　　　　　　　　　D. 与铁水温度降无关

44. （专业知识，中等，热量的传递介质）高炉内的（　　）是热量的主要传递介质。
    A. 炉料　　　　　　B. 热风　　　　　　C. 煤气　　　　　　D. 铁水

45. （专业知识，中等，余压发电）（　　）方式的发电能力较高，设备投资低。
    A. 平均回收　　　　B. 全部回收　　　　C. 部分回收　　　　D. A 和 C 均正确

46. （专业知识，中等，余压发电）高炉正常生产情况下，部分回收方式设计通过透平机的煤气量（　　）高炉产生的煤气量。
    A. 大于　　　　　　B. 小于　　　　　　C. 等于　　　　　　D. 不确定

47. （专业知识，中等，热风阀寿命）在允许的条件下用（　　）直径的热风阀，对延长热风阀寿命有利。
    A. 小　　　　　　　B. 大　　　　　　　C. 均可　　　　　　D. 无关

48. （相关知识，中等，炉身角）炉身角对高炉煤气流的合理分布和炉料顺行影响较大，其高度占高炉有效高度的（　　）。
    A. 30% ~40%　　　B. 40% ~50%　　　C. 50% ~60%　　　D. 60% ~70%

49. （相关知识，中等，高炉炉衬的寿命）高炉炉衬的寿命决定（　　）。
    A. 高炉一代寿命的长短　　　　　　　　B. 炉衬的侵蚀情况
    C. 炉底侵蚀情况　　　　　　　　　　　D. 炉缸侵蚀情况

三、判断

1. （专业知识，中等，高炉有效容积利用系数）高炉有效容积利用系数是指高炉每昼夜的生铁产量与高炉有效容积之比。（　　）

2. （专业知识，难，高炉有效容积利用系数）高炉的有效容积利用系数越大，高炉的生产

率越高。（　　）

3.（专业知识，难，冶炼强度）冶炼强度越高，高炉产量越低。（　　）

4.（专业知识，易，休风率）休风率是指高炉休风时间占规定作业时间的百分数。（　　）

5.（专业知识，易，生铁合格率）生铁合格率是衡量产品质量的指标。（　　）

6.（专业知识，易，还原剂）高炉内的还原剂是 CO、H_2 和 C。（　　）

7.（专业知识，中等，焦比）焦比是冶炼 1t 生铁所需的湿焦量。（　　）

8.（专业知识，易，高炉有效容积）在有效高度范围内，炉型所包括的容积为高炉有效容积。（　　）

9.（专业知识，中等，高宽比）中型高炉 H_u/D 的范围是 2.9～3.5。（　　）

10.（专业知识，中等，出铁口数目）出铁口数目取下限，有利于强化高炉冶炼。（　　）

11.（专业知识，中等，渣口高度与风口高度之比）渣口高度与风口高度之比一般取 0.5～0.6，渣量大取高值。（　　）

12.（专业知识，易，高炉炉型）高炉在一代炉役中，炉型始终不变。（　　）

13.（专业知识，中等，喷吹管）早期的直吹管没有喷吹管和冷却管路，增加喷吹管的目的是用于向高炉炉缸内喷吹煤粉，降低焦比，强化冶炼。（　　）

14.（专业知识，易，厚壁炉腰）厚壁炉腰的优点是热损失少。（　　）

15.（专业知识，中等，向炉顶通蒸汽目的）休风时向炉顶通入蒸汽的目的主要是降温。（　　）

16.（专业知识，中等，近代高炉炉型）近代高炉炉型向着"大型横向"发展。（　　）

17.（专业知识，易，近代高炉炉型）近代 $V_u > 5580m^3$ 的高炉称为巨型高炉。（　　）

18.（专业知识，难，燃料消耗）在相同炉容和冶炼强度条件下，增大有效高度，有利于降低燃料消耗。（　　）

19.（专业知识，中等，高宽比）随着高炉有效容积的增加，H_u/D 在逐渐降低。（　　）

20.（专业知识，中等，风口数目）风口数目多有利于减小风口间的"死料区"，改善煤气分布。（　　）

21.（专业知识，中等，离心式鼓风机）高炉的离心式鼓风机一般都是多级的，级数越多，鼓风机出口风压也越高。（　　）

22.（专业知识，难，鼓风机的并联）鼓风机的并联可以降低风量。（　　）

23.（专业知识，中等，格子砖的当量厚度）格子砖的当量厚度总是比实际厚度大。（　　）

24.（专业知识，易，放气孔）放气阀上的放气孔是直的。（　　）

25.（专业知识，易，热风炉送风）当热风炉送风时，打开放风阀可以把高炉鼓风机鼓出的冷风送入热风炉。（　　）

26.（专业知识，易，风口材质）风口、渣口小套均为铜制，因为铜的熔点高。（　　）

27.（专业知识，难，生铁的渗碳）生铁的渗碳是在炉腰和炉腹部位开始的，在炉缸渗碳最多。（　　）

28.（专业知识，中等，炮泥）有水炮泥和无水炮泥的区别主要是指水分的多少。（　　）

29.（专业知识，易，喷吹煤种）高炉喷吹煤种一般选用烟煤和无烟煤。（　　）

30.（专业知识，中等，全风堵铁口的目的）渣铁出净后全风堵铁口的目的是使泥包容易形成。（　　）

31. （专业知识，易，内燃式热风炉）内燃式热风炉的隔墙和拱顶易破损。（　　）

32. （专业知识，中等，风机的选择）设计高炉车间时，选择风机的主要依据是高炉有效容积和冶炼条件。（　　）

33. （专业知识，中等，返风管）返风管在生产实践中起到了利用干燥气余热提高球磨机入口温度和在风速不变的情况下减轻布袋收粉器负荷的作用。（　　）

34. （专业知识，难，球磨机）球磨机圆筒筒体内半径越小，临界转速越小。（　　）

35. （专业知识，中等，排粉机的旋转方向）排粉机的旋转方向应当与普通离心风机的旋转方向相反。（　　）

36. （专业知识，易，喷吹罐）并罐喷吹时，两个喷吹罐同时喷煤。（　　）

37. （专业知识，中等，多管路喷吹）多管路喷吹使用于远距离喷吹。（　　）

38. （专业知识，易，单管路喷吹）单管路喷吹必须设置分配器。（　　）

39. （专业知识，难，浓相输送）实现浓相输送的适宜气流速度应是大于临界流化速度且小于煤粉的悬浮速度。（　　）

40. （专业知识，易，输送）增大输送距离会降低输送浓度。（　　）

41. （专业知识，易，高炉煤气）高炉煤气排出后可直接收集作为燃料。（　　）

42. （专业知识，中等，重力除尘器）重力除尘器中，煤气在除尘器内的流速必须小于灰尘的沉降速度。（　　）

43. （专业知识，中等，旋风除尘器）旋风除尘器中环形通道越小，除尘效率越低。（　　）

44. （专业知识，易，高炉重力除尘器）高炉重力除尘器利用离心力，使炉尘撞击器壁失去动能而达到除尘目的。（　　）

45. （专业知识，中等，煤气精除尘）高压操作高炉的煤气调压阀组，还起煤气精除尘作用。（　　）

46. （专业知识，中等，鱼雷罐车）每个出铁口都有两条专用的鱼雷罐车停放线，并且与出铁场平行。（　　）

47. （专业知识，易，渣沟）渣沟中设置沉铁坑的主要目的是回收渣中带的铁。（　　）

48. （专业知识，易，高炉透平发电机）高炉透平发电机的三种形式中，轴流反动式透平机质量小、效率高。（　　）

49. （专业知识，中等，眼镜阀）眼镜阀的作用是在透平机停止运行时调节高炉煤气的量。（　　）

50. （专业知识，中等，平面布置）在平面布置时应尽量保持 TRT 设施与高炉煤气净化系统间距离。（　　）

51. （专业知识，中等，高炉本体）高炉本体最外层是由钢板制成的炉壳，在炉壳里面是耐火材料。（　　）

52. （专业知识，中等，煤气除尘系统）煤气除尘系统的主要任务是回收废气。（　　）

53. （专业知识，易，高炉有效容积利用系数）一般高炉炉型越小，高炉有效容积利用系数越高。（　　）

54. （专业知识，中等，冶炼强度）冶炼强度表示高炉的作业强度，鼓入高炉的风量越多冶炼强度越高。（　　）

55. （专业知识，中等，一代炉龄）一代炉龄内单位容积的产铁量可以用来衡量高炉炉龄

的指标。（　　　）

56. （专业知识，中等，确定高炉座数）确定高炉座数的原则应保证在场地和投资允许的情况下，高炉座数越多越好。（　　　）

57. （专业知识，中等，热风炉与高炉间距离）热风炉距高炉近，热损失少，故应尽可能缩短热风炉与高炉间的距离。（　　　）

58. （专业知识，中等，高炉炼铁车间日产量）利用高炉炼铁车间日产量和高炉有效容积利用系数可以计算出高炉炼铁车间总容积。（　　　）

59. （专业知识，中等，有效高度）增加有效高度，对炉料下降不利，甚至破坏高炉顺行。（　　　）

60. （专业知识，中等，风口数目）确定风口数目时应考虑风口直径与入炉风速，风口数目一般取偶数。（　　　）

61. （专业知识，中等，风口直径）风口直径由出口风速决定，一般出口风速为 $100m/s$ 以上，当前设计的 $4000m^3$ 左右巨型高炉，出口风速可达 $200m/s$。（　　　）

62. （专业知识，中等，炉腹角）炉腹角过大会增大炉料下降的阻力，不利于高炉顺行。（　　　）

63. （专业知识，中等，冶炼强度）高炉冶炼强度高，喷煤量大，炉身角取大值。（　　　）

64. （专业知识，中等，软熔带）炉腰处恰是冶炼的软熔带，透气性变差，炉腰的存在扩大了该部位的横向空间，改善了透气条件。（　　　）

65. （专业知识，中等，死铁层厚度）高炉冶炼不断强化，死铁层厚度有减少的趋势。（　　　）

66. （专业知识，中等，熔结层）熔结层形成后，砖缝已不再是铁水渗入的薄弱环节了。（　　　）

67. （专业知识，中等，炉缸砖衬的破坏）高炉炉渣偏碱性，而常用的耐火砖偏酸性，故在高温下化学性渣化，对炉缸砖衬是最主要的破坏因素。（　　　）

68. （专业知识，中等，炉衬）在实际生产中，往往开炉不久这部分炉衬便很快就被完全侵蚀掉，故砌筑炉衬时应尽量增加炉衬厚度。（　　　）

69. （专业知识，中等，炉衬）在实际生产中，往往开炉不久这部分炉衬便很快就被完全侵蚀掉，靠冷却壁上的渣皮维持生产。（　　　）

70. （专业知识，中等，炉喉）炉喉受到炉料落下时的撞击作用，故对于大中型高炉来说，炉喉部位是整个高炉的薄弱环节。（　　　）

71. （专业知识，难，荷重软化点）荷重软化点能够更确切地评价耐火材料的性能。（　　　）

72. （专业知识，中等，炭砖砌筑）使用炭砖时都砌有保护层。（　　　）

73. （专业知识，中等，砌筑炉衬用砖）砌任意直径的环圈，可不用楔形砖，用半块的直形砖配合使用。（　　　）

74. （专业知识，中等，炉底）宝钢1号 $4063m^3$ 高炉在大修前采用全炭砖炉底，全炭砖水冷炉底厚度可以进一步加厚。（　　　）

75. （专业知识，中等，炉身温度分布）炉身上部温度较高，主要因为温度高而破损。（　　　）

76. （专业知识，中等，喷水冷却）喷水冷却装置对于大、小型高炉都适用。（　　　）

77. （专业知识，中等，冷却板）冷却板又称扁水箱，材质有铸铜、铸钢、铸铁和钢板焊接件等。（　　）

78. （专业知识，中等，冷却壁热面温度）较低的冷却壁热面温度是冷却壁表面渣皮形成和脱落后快速重建的必要条件。（　　）

79. （专业知识，中等，铜冷却壁）高炉使用铜冷却壁，主要是靠砌筑在其前端的耐火材料来维持高炉生产，因此，铜冷却壁前端的耐火材料的耐久性和质量十分重要。（　　）

80. （专业知识，中等，冷却强度）单位表面积炉衬或炉壳由冷却水带走的热量称为冷却强度。（　　）

81. （专业知识，中等，冷却设备）增加冷却设备并联个数是提高冷却水温度差的方法之一。（　　）

82. （专业知识，中等，冷却设备）清洗冷却设备可以延长其使用寿命。（　　）

83. （专业知识，中等，高炉汽化冷却）高炉汽化冷却是把接近饱和温度的软化水送入冷却设备内，热水在冷却设备中吸热汽化并排出，从而达到冷却设备的目的。（　　）

84. （专业知识，中等，风口）风口也称风口小套或风口三套，发生熔损的主要部位是风口中部，熔损处往往能发现被铁水冲蚀的空洞。（　　）

85. （专业知识，中等，中套）中套的工作位置与风口小套相比，离炉缸较近。（　　）

86. （专业知识，中等，风口中套）风口中套用合金制作。（　　）

87. （专业知识，中等，高炉本体）高炉下部钢壳较薄，主要是由于安装渣口、铁口和风口，开孔较多的缘故。（　　）

88. （专业知识，中等，高炉基础承受的荷载）高炉基础承受的荷载中温度造成的热应力的作用最危险。（　　）

89. （专业知识，中等，卷扬机）卷扬机是牵引料车在斜桥上行走的设备。（　　）

90. （专业知识，中等，大钟与大钟杆的连接方式）大钟与大钟杆的连接方式有绞式连接和刚性连接两种。（　　）

91. （专业知识，中等，双倾斜角的大钟）采用双倾斜角的大钟，可减小煤气流对接触面以上的大钟表面的冲刷作用。（　　）

92. （专业知识，中等，马基式布料器）马基式布料器布料均匀。（　　）

93. （专业知识，中等，空转螺旋布料器）空转螺旋布料器，不利于改善煤气的利用。（　　）

94. （专业知识，中等，布料方式）当炉内产生偏析或局部崩料时，采用定点布料方式。（　　）

95. （专业知识，中等，风机的串联）风机的串联可以提高风压。（　　）

96. （专业知识，中等，风机的串联）风机的串联可以提高风量。（　　）

97. （专业知识，中等，蓄热室）热烟气穿过蓄热室时，将蓄热室内的格子砖加热。（　　）

98. （专业知识，中等，炉墙）炉墙仅起支撑作用并在高温下承载。（　　）

99. （专业知识，中等，燃烧器）燃烧器是用来将煤气和空气混合，并送进燃烧室内燃烧的设备。（　　）

100. （专业知识，中等，外燃式热风炉）大型高炉的外燃式热风炉，多采用栅格式陶瓷燃烧器。（　　）

附录 2　炼铁中级工理论知识复习资料答案

一、填空

1. 还原剂；2. 冶炼每吨生铁消耗的焦炭量，冶炼每吨生铁消耗的煤粉量；3. 煤气管道，重力除尘器，洗涤塔；4. 单位质量的煤粉所代替的焦炭的质量，煤粉利用率的高低，0.7~0.9；5. 点火开炉，停炉大修；6. 浇注方法，喷溅损失，1.010~1.020；7. 炼钢方法，炼钢炉容大小，1.050~1.10t；8. 年产量/年工作日；9. 日产量/高炉有效容积利用系数；10. 并列式，半岛式；11. 高炉基础，炉衬，冷却设备；12. 高炉内部工作空间剖面的形状，高炉内型；13. 高炉大钟下降位置的下缘，铁口中心线间；14. <100m³，=250~620m³，>620m³；15. 降低；16. 2.0，3.7~4.5；17. 风口，渣口，铁口；18. 液态渣铁，风口燃烧带；19. 每小时每平方米炉缸截面积所燃烧的焦炭数量，1.00~1.25t/（m²·h）；20. 两个，多个；21. 风口中心线，铁口中心线；22. 倒截锥，稳定下料速度；23. 炉腹高度，炉腹角；24. 大；25. 小；26. 承接炉料，稳定料面，保证炉料合理分布；27. 耐火材料砌筑的实体；28. 1~2m，4~5m；29. 陶瓷质材料，碳质材料；30. 黏土砖，高铝砖，刚玉砖；31. 炭砖，石墨炭砖，石墨碳化硅砖；32. 捣打料，喷涂料，浇注料；33. 楔形砖，直形砖；34. 厚壁炉腰，薄壁炉腰，过渡式炉腰；35. 水，空气和气水混合物；36. 外部冷却，内部冷却；37. 冷却水压力大于炉内静压；38. 汽化冷却，开式工业水循环冷却系统，软水密闭循环冷却系统；39. 热风总管，热风围管，送风支管；40. 将热风总管送来的热风均匀地分配到各送风支管中去；41. 送风支管本体，送风支管张紧装置，送风支管附件；42. 熔损，开裂，磨损；43. 炉壳，炉体框架，炉顶框架；44. 原燃料，粒度，堆密度；45. 皮带机运输，用称量漏斗称量；46. 焦炭称量设备，碎焦运出设备，矿石称量漏斗；47. 料罐式，料车式，皮带机上料；48. 11°，14°；49. 车体，车轮，辕架；50. 大料斗，煤气封盖，受料漏斗；51. 马基式旋转布料器，快速旋转布料器，空转螺旋布料器；52. 0.3~0.4；53. 旋转漏斗的开口做成单嘴的；54. 并罐式结构，串罐式结构；55. 受料漏斗，称量料罐，旋转溜槽；56. 装矿石，装焦炭；57. 环形布料，螺旋形布料，扇形布料；58. 准确探测料面下降情况，以便及时上料；59. 调幅，调频；60. 鼓风机，冷风管路，热风炉；61. 降低焦比，增大喷煤量；62. 离心式，轴流式；63. 装有工作叶片的转子，装有导流叶片的定子；64. 每立方米高炉有效容积所具有的加热面积；65. 内燃式热风炉（传统型和改进型），外燃式热风炉，顶燃式热风炉；66. 炉衬，燃烧室，蓄热室；67. 圆形，眼睛形，复合形；68. 格子砖；69. 板状砖，块状穿孔砖；70. 砌体（大墙），填料层，隔热层；71. 金属燃烧器，陶瓷燃烧器；72. 三孔式陶瓷燃烧器，栅格式陶瓷燃烧器，套筒式陶瓷燃烧器；73. 控制燃烧系统，控制鼓风系统；74. 煤气，助燃空气，冷风；75. 闸板阀，曲柄盘式阀，盘式烟道阀；76. 混风的冷风流量，使热风温度稳定；77. 鼓风机，热风炉组；78. 隔墙，拱顶；79. 耐火砖砌体的内轮廓线（或外轮廓线）是一条悬链线；80. 拷贝式，地得式，马琴式；81. 改进热风炉的结构和操作；82. 1440℃；83. 燃烧，送风，换炉；84. 原煤储运，煤粉制备，煤粉喷吹；85. 通过磨煤机将原煤加工成粒度及水分含量均符合高炉喷煤要求的煤粉的工艺过程；86. 烟煤制粉工艺，无烟煤制粉工艺，烟煤与无烟煤混合制粉工艺；87. 氮气系统，热风炉烟道废气引入系统，系统内 O_2，CO 含量的监测系统；88. 低速磨煤机，中速磨煤机；89. 平盘磨，碗式磨，MPS 磨；90. 向磨煤机提供原煤；91. 链轮，链条，壳体；92. 只能让煤粉通过而不允许气体通过的，锥式，斜板式；93. 常压，高压；94. 煤粉仓，中间罐，喷吹罐；95. 瓶式，盘式，锥形分配器；96. 将压缩空气与煤粉混合并使煤粉启动的，壳体，喷嘴；97. 斜插式，直插式，风口固定式；98. 输送完一仓煤粉所需时间明显超过正常输送时间；99. 燃烧炉，风机，烟气管道；100. 进风门，送风阀，混风阀；101. 煤气燃烧，助燃空气，离心风机；102. 上出料式，下出料式；103. CO，H_2，CH_4；104. 湿法除尘，干法除尘；105. 耐热尼龙布袋除尘器（BDC），干式电除尘器（EP）；106. 重力除尘器，旋风除尘器；107. 除去粗除尘设备不能沉降的细颗粒粉尘，溢流文氏管；108. 水的消耗量，水的雾化程度，煤气流速；109. 文氏管，布袋除尘器，电除尘器；110. 收缩管，扩张管，收缩管；111. 平板式，管式；112. 管式，套筒式，平板式；113. 箱体，布袋，清灰设备及反吹设备；114. 布置铁沟，安装炉前设备，进行出铁放渣操作；115. 干渣，水渣；116. 实心的，架空的；117. 高炉出铁口，撇渣器；118. 开铁口机，堵铁口泥炮，堵渣机；119. 钻孔式，冲钻式；120. 打泥机构，压紧机构，锁炮机构和转炮机构；121. 汽动泥炮，电动泥炮，液压泥炮；122. 泥炮在非堵铁口和堵铁口位置时，均处于风口平台以下，不影响风口平台的完整性；123. 吊挂式，炉前地上走行式；124. 运送铁水的铁水罐车，铸铁机；125. 上部敞开式，混铁炉式；126. 把铁水连续铸成铁块；127. 炉渣水淬，放干渣，冲渣棉；128. 膨胀的高炉渣渣珠；129. 轴流向心式，轴流冲动式，轴流反动式；130. 平均回收方式，全部回收方式，部分回收方式；131. 煤气的压力能和热能；132. 整体式热管换热器，分离式热管换热器；133. 热管式换热器，热媒式换热器。

二、选择

1. A；2. A；3. B；4. B；5. A；6. B；7. A；8. A；9. C；10. B；11. C；12. B；13. A；14. A；15. B；16. C；17. D；18. B；19. C；20. D；21. B；22. B；23. C；24. B；25. A；26. A；27. D；28. A；29. A；30. C；31. C；32. C；33. A；34. C；35. C；36. D；37. C；38. A；39. B；40. A；41. B；42. A；43. A；44. C；45. A；46. B；47. B；48. C；49. A。

三、判断

1. √；2. √；3. ×；4. √；5. √；6. √；7. ×；8. √；9. √；10. ×；11. ×；12. ×；13. √；14. √；15. √；16. √；17. √；18. √；19. √；20. √；21. √；22. √；23. √；24. √；25. ×；26. √；27. √；28. ×；29. √；30. √；31. √；32. √；33. √；34. ×；35. √；36. √；37. √；38. √；39. √；40. √；41. √；42. √；43. √；44. √；45. √；46. √；47. √；48. √；49. √；50. √；51. √；52. √；53. √；54. √；55. √；56. ×；57. √；58. √；59. √；60. √；61. √；62. √；63. √；64. √；65. √；66. √；67. √；68. ×；69. √；70. ×；71. √；72. √；73. √；74. √；75. √；76. √；77. √；78. √；79. √；80. √；81. √；82. √；83. √；84. √；85. √；86. √；87. √；88. √；89. √；90. √；91. √；92. ×；93. ×；94. ×；95. √；96. ×；97. √；98. ×；99. √；100. ×。

参 考 文 献

［1］周传典．高炉炼铁生产技术手册［M］．北京：冶金工业出版社，2002.
［2］张殿有．高炉冶炼操作技术［M］．北京：冶金工业出版社，2006.
［3］王宏启，王明海．高炉炼铁设备［M］．北京：冶金工业出版社，2008.
［4］胡先．高炉热风炉操作技术［M］．北京：冶金工业出版社，2006.
［5］刘全兴．高炉热风炉操作与煤气知识问答［M］．北京：冶金工业出版社，2005.
［6］郝素菊，蒋武锋，赵丽树，等．高炉炼铁500问［M］．北京：化学工业出版社，2008.
［7］张玉柱．高炉炼铁［M］．北京：冶金工业出版社，1995.
［8］徐矩良，刘琦．高炉事故处理一百例［M］．北京：冶金工业出版社，1986.
［9］胡先．高炉炉前操作技术［M］．北京：冶金工业出版社，2006.
［10］尹春鸣．钢铁厂生产现场五大员技术操作标准规范［M］．北京：当代中国音像出版社，2005.
［11］范广权．高炉炼铁操作［M］．北京：冶金工业出版社，2008.

冶金工业出版社部分图书推荐

书　名	作　者	定价（元）
物理化学（第 3 版）（本科国规教材）	王淑兰	35.00
现代冶金工艺学（钢铁冶金卷）（本科国规教材）	朱苗勇	49.00
冶金专业英语（第 2 版）（高职高专国规教材）	侯向东	估 32.00
钢铁冶金学（炼铁部分）（第 3 版）（本科教材）	王筱留	60.00
钢铁冶金原理（第 4 版）（本科教材）	黄希祜	82.00
冶金原燃料及辅助材料（本科教材）	储满生	59.00
冶金热工基础（本科教材）	朱光俊	36.00
炉外精炼教程（本科教材）	高泽平	39.00
冶金与材料热力学（本科教材）	李文超	65.00
连续铸钢（第 2 版）（本科教材）	贺道中	38.00
冶金工厂设计基础（本科教材）	姜　澜	45.00
冶金设备（第 2 版）（本科教材）	朱　云	56.00
冶金基础知识（高职高专教材）	丁亚茹　等	36.00
冶金原理（高职高专教材）	卢宇飞	36.00
炼铁技术（高职高专教材）	卢宇飞	29.00
冶金制图（高职高专教材）	牛海云	32.00
冶金制图习题集（高职高专教材）	牛海云	20.00
矿热炉控制与操作（第 2 版）（高职高专教材）	石　富	39.00
稀土冶金分析（高职高专教材）	李　锋	25.00
高炉炼铁设备（高职高专教材）	王宏启	36.00
炼铁工艺及设备（高职高专教材）	郑金星	49.00
炼钢工艺及设备（高职高专教材）	郑金星	49.00
转炉炼钢实训（高职高专教材）	张海臣	30.00
冶金炉热工基础（高职高专教材）	杜效侠	37.00
烧结矿与球团矿生产（高职高专教材）	王悦祥	29.00
转炉炼钢生产仿真实训（高职高专教材）	陈　炜　等	21.00
铁合金生产工艺与设备（高职高专教材）	刘　卫	39.00
稀土永磁材料制备技术（第 2 版）（高职高专教材）	石　富	35.00
冶金电气设备使用及维护（高职高专教材）	高岗强　等	29.00
高炉冶炼操作与控制（高职高专教材）	侯向东	49.00
转炉炼钢操作与控制（高职高专教材）	李　荣	39.00
连续铸钢操作与控制（高职高专教材）	冯　捷	39.00
炉外精炼操作与控制（高职高专教材）	高泽平	38.00